ピボットテーブルも
関数も
ぜんぶ使う!

Excelでできる
データの集計・分析を
極めるための本

No more going on and on with useless work.
オールカラー版

森田貢士 著

ソシム

はじめに

　データの集計も分析も、思いっきりExcelの得意領域です。なのに、次のような状況に陥っている人が大量にいるのは、なぜでしょうか?

> ・単なる「力技」集計になっていて、時間だけを無駄に浪費してしまう
> ・時間をかけて出した分析結果から得られるものがなく、データを仕事に全く活かせない

　それは、自分が得意な機能、あるいは使いこなせる機能だけで対処しようとしているからです。ピボットテーブルも関数も、それぞれ便利な機能であることは間違いありません。但し、それぞれ得手不得手があることも事実。大事なのは、適材適所に各機能を使い分けることです。

　つまり、ピボットテーブルも関数も、パワーピボットもパワークエリも、ケースに応じて良いとこ取りで使い倒す。Excelを全方位的にフル活用する。それが、「Excelで行うデータ集計/分析」を極めるための近道であり、本書ではそのノウハウを徹底的に追求しています。

　また本書では、集計作業の前処理となる「データ整形」についても重視しています。実務では、綺麗なデータの方が少ないため、整形→集計という流れをきっちりと押さえないと、せっかくの集計テクニックが活かせないからです。

　もう一つ、本書では「ダウンロードしたサンプルファイルを使って、実際に手を動かしながらノウハウを身につける」という主旨の演習ページを、各章のラストに設けています。ただ書籍を読み通すだけでは、「わかった気になれる」だけ。本当に理解し、実務でExcelをフル活用していくためには、「自分の手を動かす」ことに勝る手段はありません。

　本書に掲載されているノウハウを一通り身につけることができれば、集計作業に費やす時間を劇的に短縮できます。もちろん、「質」の高い分析結果を導き出せるようにもなります。すると当然、実現性の高い計画・戦略の立案や、データを根拠に関係者の納得や承諾を得ることが容易になるでしょう。つまり、圧倒的に成果を上げやすくなるわけです。

　ぜひ、本書を通じて、Excelを良いとこ取りで使い倒せるようになってください!

contents

第3章　集計精度を格段に上げる「前処理」の作業＝データ整形を極める

第4章　集計元データの転記＆表レイアウト変更のテクニック

第5章　データ分析は「データの視覚化」から

第6章　データの「問題点」を発見し、重点的に分析する

第7章　データ間の「関連性の強さ」を分析する

第8章　ビッグデータ時代の集計方法

本書の作業環境について

本書の紙面は、Windows 10、Excel for Microsoft 365（2020年8月時点）を使用した環境で作業を行い、画面を再現しています。異なる OS や Excel バージョンをご利用の場合は、基本的な操作方法は同じですが、一部画面や操作が異なる場合がありますので、ご注意ください。なお、本書は原則 Excel2013 までのバージョンを想定し、解説する機能を選別しています。一部機能は旧バージョンでは使用できないものがありますので、併せてご注意ください。

サンプルファイルについて

　本書では「ダウンロードしたサンプルファイルを使って、実際に手を動かしながらノウハウを身につける」という主旨の演習ページを、各章のラストに設けています。その章の中でも特に利用頻度が高く、かつ基本となるテクニックが演習のテーマです。

　ぜひ、サンプルファイルを元に、各演習ページに記載した指示内容を達成できるよう、自分の手を動かしてみてください。

　各演習ページのサンプルファイルですが、下記URLからダウンロードできます。

> https://www.socym.co.jp/support/s-1268#ttlDownload

　また使用するサンプルファイル名は、次のように各演習タイトルの下に記載されています。

▼サンプルファイル名が表記されている位置

演習
6-A

「部署別」を「商品カテゴリ別」へ
ダイシングする

サンプルファイル：[6-A] FY19_売上明細.xlsx

　なお、サンプルファイルは十分なテストを行っておりますが、すべての環境を保証するものではありません。また、ダウンロードしたファイルを利用したことにより発生したトラブルにつきましては、著者およびソシム（株）は一切の責任を負いかねます。あらかじめご了承ください。

第1章

実践的な話の前に、
最低限押さえておいて欲しい
6つの基本について

勘違いしがちですが、「Excelに強い」「Excelが得意」という人は、単純により多くのExcelの機能に詳しいだけではありません。その機能をより効率的・効果的になるよう、Excelの運用方法やデータの扱い方等も上手いのです。だからこそ、実務でExcelを十二分に扱えるわけです。

第1章では、データの集計/分析をより効率的に行うために最低限必要となる基本事項を、6つにまとめて解説します。2章以降で紹介していく各種テクニックをフルに活かしていくための「大前提」なので、きっちりと押さえておいてください。

「このブックを誰が使うか」を 考慮して、使う機能を選ぶこと！

☑ 集計や分析で使うExcel機能をどんな基準で選べば良いのか

Excelは「得たい作業結果」に対して複数の選択肢がある

Excelを学んでいくと、得たい作業結果に対して、複数の手段・方法が存在することが分かるようになります。

例えば、図1-1-1のように、集計元データ「7月度売上明細」の商品コードに対応するカテゴリ・商品名・単価を、別表「商品一覧」から参照したいとしましょう。この場合、あなたならどんな方法で対応しますか？

図1-1-1 「7月度売上明細」へ「商品一覧」データを参照するイメージ

▼集計元データ（7月度売上明細）

売上番号	日付	商品コード	カテゴリ	商品名	単価	数量	売上金額
0001	2018/7/1	PB002				39	0
0002	2018/7/1	PB003				45	0
0003	2018/7/1	PA002				42	0
0004	2018/7/1	PD004				51	0
0005	2018/7/3	PA002				39	0
0006	2018/7/3	PB001				57	0
0007	2018/7/3	PB003				57	0
0008	2018/7/4	PB006				54	0
0009	2018/7/4	PD001				42	0
0010	2018/7/6	PA002				39	0
0011	2018/7/7	PC004					
0012	2018/7/7	PC001					
0013	2018/7/7	PC001					
0014	2018/7/8	PD004					
0015	2018/7/10	PD003				60	0
0016	2018/7/10	PE004				36	0
0017	2018/7/10	PD004				45	0
0018	2018/7/10	PA006				54	0
0019	2018/7/10	PA006				48	0
0020	2018/7/12	PB008				57	0
0021	2018/7/13	PC007				54	0
0022	2018/7/13	PC003				60	0
0023	2018/7/15	PA005				57	0
0024	2018/7/15	PE008				60	0
0025	2018/7/15	PA006				48	0

▼商品一覧

商品コード	カテゴリ	商品名	販売単価	原価
PA001	清涼飲料水	コーラ	4000	600
PA002	清涼飲料水	サイダー	4300	580
PA003	清涼飲料水	オレンジジュース	5600	1180
PA004	清涼飲料水	ぶどうジュース	5360	1776
PA005	清涼飲料水	りんごジュース	6000	2540
PA006	清涼飲料水	レモンスカッシュ	4000	500
PB001	お茶	緑茶	2760	500
PB002	お茶	ウーロン茶	2600	400
PB003	お茶	麦茶	2400	430
PB004	お茶	無糖紅茶	2800	500
		ミルクティー	4000	760
		レモンティー	4000	640
		ほうじ茶	2600	400
		ジャスミン茶	3000	600
PC001	コーヒー飲料	無糖コーヒー	4000	400
PC002	コーヒー飲料	微糖コーヒー	4000	450
PC003	コーヒー飲料	加糖コーヒー	4000	500
PC004	コーヒー飲料	カフェオレ	5000	666
PD001	飲料水	ミネラルウォーター	1600	400
PD002	飲料水	炭酸水	3600	500
PD003	飲料水	炭酸水レモン	3600	540
PD004	飲料水	炭酸水グレープフルーツ	3600	560
PE001	アルコール	ビール	9600	2466
PE002	アルコール	日本酒	48000	16000
PE003	アルコール	麦焼酎	40000	13776

該当の商品コードの情報を参照

ざっと考えられる方法は以下の通りです。

- ・手作業で1件ずつコピペを繰り返す
- ・関数で自動化する（VLOOKUP等）
- ・パワークエリで自動化する
- ・マクロ（VBA）で自動化する

「手作業」はナンセンスなので除外します。よって、基本は自動化できる2〜4番目の方法にすべきですね。

次に考慮すべきは、「自分以外のユーザーのExcelスキルでも問題なく使える機能を選択すること」です。組織で使うExcelブックは、大体自分以外にもユーザーがいるものですが、こうした考慮をしておくと、日々の運用や作業の引継ぎが楽になります。

なお、「マクロ」は要注意です。ユーザーの誰かがVBAの知識を持っていないと、エラー時に作業がストップするリスクがあるためです。そして、VBAは一種のプログラミング言語であり、習得の敷居は高めです。以上を踏まえると、他の機能で代替可能であれば、極力VBAを使わない方がベターだと言えます。

自分以外のユーザーの「環境」も考慮すべき

自分以外のユーザーがいる場合は、相手のExcelスキル以外にも、相手の「Excelのバージョン」も考慮しておきましょう。なぜなら、Excelはバージョンを重ねる度に新機能が追加されますが、その機能は旧バージョンでは使えないためです。

例えば、図1-1-1の作業であれば、Excel for Microsoft365で新たに追加された関数「XLOOKUP」が便利です（図1-1-2）。

図1-1-2　XLOOKUPのイメージ

セル D2 の数式: `=XLOOKUP($C2,商品一覧!$A:$A,商品一覧!B:B,"")`

	売上番号	日付	商品コード	カテゴリ	商品名	単価	数量	売上金額
2	0001	2018/7/1	PB002	お茶	ウーロン茶	2,600	39	101,400
3	0002	2018/7/1	PB003	お茶	麦茶	2400	45	108,000
4	0003	2018/7/1	PA002	清涼飲料水	サイダー	4300	42	180,600
5	0004	2018/7/1	PD004	飲料水	炭酸水グレープフルーツ	3600	51	183,600
6	0005	2018/7/3	PA002	清涼飲料水	サイダー	4300	39	167,700
7	0006	2018/7/3	PB001	お茶	緑茶	2760	57	157,320
8	0007	2018/7/3	PB003	お茶	麦茶	2400	57	136,800
9	0008	2018/7/4	PB006	お茶	レモンティー	4000	54	216,000
10	0009	2018/7/4	PE001	アルコール	ビール	9600	42	403,200
11	0010	2018/7/6	PA002	清涼飲料水	サイダー	4300	39	167,700
12	0011	2018/7/7	PC004	コーヒー飲料	カフェオレ	5000	48	240,000
13	0012	2018/7/7	PC001	コーヒー飲料	無糖コーヒー	4000	48	192,000
14	0013	2018/7/7	PA002	清涼飲料水	サイダー	4300	45	193,500
15	0014	2018/7/8	PD004	飲料水	炭酸水グレープフルーツ	3600	60	216,000
16	0015	2018/7/10	PD003	飲料水	炭酸水レモン	3600	60	216,000

XLOOKUPは、VLOOKUPの超強化版です。従来は他の機能と組み合わせないとできなかったことも単独で実現できるようになりました。例えば、該当の商品コードがない場合のエラー表示を回避したい場合、従来はVLOOKUP + IFERRORの２種類の関数の組み合わせが必要でしたが、これもXLOOKUPのみでOKです。他にもいろいろ、VLOOKUPでつまずいたポイントが改善されています。

　しかし、これだけすごいXLOOKUPも、相手のExcelバージョンで対応していなければ意味がありません。相手が旧バージョンであれば、逆に「VLOOKUPが最適」というケースの方が多いくらいです。

　これはあくまでも一例ですが、他の機能においても同じことが言えます。よって、相手のバージョンを確認する、あるいは古いバージョンでも問題なく動作する機能を予め選択するようにしましょう。そうしておけば、思わぬエラーが発生するリスクを防げます。

1-2 Excelの表は、「人向け」か「PC向け」かでレイアウトを分けないとダメ

☑ 集計や分析を行う上で、Excelの表はどんなレイアウトが使いやすいのか

表のレイアウトは作業効率に影響する

当たり前ですが、Excelで集計や分析を行う際は「表」にまとめたデータを取り扱います。そして、案外Excelに強い人しか気づいていないものですが、表が「どんなレイアウトか」で作業効率は大きく左右されるものです。

では、表はどんなレイアウトが良いのか。そのためのポイントは、その表が「人向け」なのか、「PC向け」なのかを理解することです。それにより、最適なレイアウトは変わります。

一例として、図1-2-1を見てください。

図1-2-1 7月度売上明細

	A	B	C	D	E	F	G	H
1	売上番号	日付	商品コード	カテゴリ	商品名	単価	数量	売上金額
2	0001	2018/7/1	PB002	お茶	ウーロン茶	2,600	39	101,400
3	0002	2018/7/1	PB003	お茶	麦茶	2400	45	108,000
4	0003	2018/7/1	PA002	清涼飲料水	サイダー	4300	42	180,600
5	0004	2018/7/1	PD004	飲料水	炭酸水グレープフルーツ	3600	51	183,600
6	0005	2018/7/3	PA002	清涼飲料水	サイダー	4300	39	167,700
7	0006	2018/7/3	PB001	お茶	緑茶	2760	57	157,320
8	0007	2018/7/3	PB003	お茶	麦茶	2400	57	136,800
9	0008	2018/7/4	PB006	お茶	レモンティー	4000	54	216,000
10	0009	2018/7/4	PE001	アルコール	ビール	9600	42	403,200
11	0010	2018/7/6	PA002	清涼飲料水	サイダー	4300	39	167,700
12	0011	2018/7/7	PC004	コーヒー飲料	カフェオレ	5000	48	240,000
13	0012	2018/7/7	PC001	コーヒー飲料	無糖コーヒー	4000	48	192,000
14	0013	2018/7/7	PA002	清涼飲料水	サイダー	4300	45	193,500
15	0014	2018/7/8	PD004	飲料水	炭酸水グレープフルーツ	3600	60	216,000
16	0015	2018/7/10	PD003	飲料水	炭酸水レモン	3600	60	216,000
17	0016	2018/7/10	PE004	アルコール	芋焼酎	57776	36	2,079,936
18	0017	2018/7/10	PC001	コーヒー飲料	無糖コーヒー	4000	45	180,000

この表から「商品毎に日別売上を知りたい」という場合、分かりやすいと思いますか？　きっと、ほとんどの方が分からないと思います。なぜなら、これは人向けの表ではないからです。これを人向けにまとめたものが、図1-2-2です。

図1-2-2　商品別日次売上集計表

カテゴリ	商品名	2018/7/1	2018/7/3	2018/7/4	2018/7/6	2018/7/7	2018/7/8	2018/7/10
合計 / 売上金額		日付						
⊟アルコール	スコッチ							
	ビール			403,200				
	芋焼酎							2,079,936
	赤ワイン							
	白ワイン							
アルコール 集計				403,200				2,079,936
⊟お茶	ウーロン茶	101,400						
	ジャスミン茶							
	レモンティー			216,000				
	麦茶	108,000	136,800					
	無糖紅茶							
	緑茶		157,320					
お茶 集計		209,400	294,120	216,000				
⊟コーヒー飲料	カフェオレ					240,000		
	加糖コーヒー							
	微糖コーヒー							
	無糖コーヒー					192,000		180,000
コーヒー飲料 集計						432,000		180,000
⊟飲料水	ミネラルウォーター							
	炭酸水							
	炭酸水グレープフルーツ	183,600					216,000	
	炭酸水レモン							216,000
飲料水 集計		183,600					216,000	216,000
⊟清涼飲料水	オレンジジュース							
	コーラ							
	サイダー	180,600	167,700		167,700	193,500		
	ぶどうジュース							

　こちらの方が、商品毎に日別の売上金額が把握できますね。このように、人が
データを見る際は、「商品」や「日」等の条件単位で集計されていないと分かりに
くいものです。つまり、「人向け」のレイアウトとは、特定の条件で集計された表
を指します。

「PC向け」の表はどんなレイアウトが良いのか

　「PC向け」に適した表のレイアウトは、ずばり「テーブル」です。テーブルと
は、図1-2-1のような形式の表のことですね。基本的な用語は1-4で解説しますの
で、ここではざっくりとした特徴を確認していきましょう。

　大きな特徴は、次の3点です（図1-2-3）。

> 1. 見出しが1行
> 2. 1行1データ
> 3. 1列同一種類データ

図1-2-3　テーブル形式の表の特徴

	A	B	C	D	E	F	G	H
1	売上番号	日付	商品コード	カテゴリ	商品名	単価	数量	売上金額
2	0001	2018/7/1	PB002	お茶	ウーロン茶	2,600	39	101,400
3	0002	2018/7/1	PB003	お茶	麦茶	2400	45	108,000
4	0003	2018/7/1	PA002	清涼飲料水	サイダー	4300	42	180,600
5	0004	2018/7/1	PD004	飲料水	炭酸水グレープフルーツ	3600	51	183,600
6	0005	2018/7/3	PA002	清涼飲料水	サイダー	4300	39	167,700
7	0006	2018/7/3	PB001	お茶	緑茶	2760	57	157,320
8	0007	2018/7/3	PB003	お茶	麦茶	2400	57	136,800
9	0008	2018/7/4	PB006	お茶	レモンティー	4000	54	216,000
10	0009	2018/7/4	PE001	アルコール	ビール	9600	42	403,200
11	0010	2018/7/6	PA002	清涼飲料水	サイダー	4300	39	167,700
12	0011	2018/7/7	PC004	コーヒー飲料	カフェオレ	5000	48	240,000
13	0012	2018/7/7	PC001	コーヒー飲料	無糖コーヒー	4000	48	192,000
14	0013	2018/7/7	PA002	清涼飲料水	サイダー	4300	45	193,500
15	0014	2018/7/8	PD004	飲料水	炭酸水グレープフルーツ	3600	60	216,000
16	0015	2018/7/10	PD003	飲料水	炭酸水レモン	3600	60	216,000
17	0016	2018/7/10	PE004	アルコール	芋焼酎	57776	36	2,079,936
18	0017	2018/7/10	PC001	コーヒー飲料	無糖コーヒー	4000	45	180,000
19	0018	2018/7/10	PA006	清涼飲料水	レモンスカッシュ	4000	54	216,000
20	0019	2018/7/11	PD001	飲料水	ミネラルウォーター	1600	48	76,800
21	0020	2018/7/12	PB008	お茶	ジャスミン茶	3000	57	171,000
22	0021	2018/7/13	PD001	飲料水	ミネラルウォーター	1600	54	86,400
23	0022	2018/7/13	PC003	コーヒー飲料	加糖コーヒー	4000	60	240,000
24	0023	2018/7/14	PA005	清涼飲料水	りんごジュース	6000	57	342
25	0024	2018/7/15	PE008	アルコール	スコッチ	43200	60	2,59
26	0025	2018/7/15	PA006	清涼飲料水	レモンスカッシュ	4000	48	192,000

見出しが1行 / 1行1データ / 1列同一種類のデータ

　この形式にまとまっていると、データを蓄積しやすく、かつ集計しやすいです。つまり、集計元データをまとめる表に最適なのです。

　このテーブル形式は、PC（つまりExcel）が理解しやすい表形式のため、さまざまな集計機能をフル活用でき、後の集計作業を効率化できます。

「見やすい集計表」の 基本レイアウトとは

☑ どんな集計表が見やすく分かりやすいのか

ビジネスで頻出の集計表のレイアウトパターン

実は、ビジネスでよくある集計表は、ある程度パターンが決まっています。具体的には、図1-3-1の通りです。

図1-3-1 代表的な集計表レイアウトパターン

①単純集計表（見出しが1行or1列）

見出し
A-1
A-2
A-3
A-4

②クロス集計表（見出しが1行×1列）

見出し	B-1	B-2	B-3
A-1			
A-2			
A-3			
A-4			

③階層集計表（見出しが行列2種類以上）

見出し		
A-1	B-1	
	B-2	
A-2	B-3	
	B-4	
A-3	B-5	
	B-6	

④多重クロス集計表（見出しが1行以上×1列以上）

見出し		C-1	C-2	C-3
A-1	B-1			
	B-2			
A-2	B-3			
	B-4			
A-3	B-5			
	B-6			

自分や関係者が知りたい情報に合わせて、上記いずれかの集計表を選択すれば良いのですが、見やすくするためにはコツがあります。それは、なるべく画面スクロールを少なくするサイズに表を収めることです。データ量が多く、それが難しい場合は、次の3点に留意して集計表を作成しましょう。

1. 見出しは縦方向に並べることを優先
2. 時系列を表す見出しは、横方向に並べることが一般的
3. 見出しの種類は4種類程度に留める

1は、一般的にPCは縦スクロールすることが前提に設計されており、人の認知的にも上から下へ情報を見た方が理解しやすいためです。

3は、特に多重クロス集計表（図1-3-1の④）を作成しようと思った際にご注意ください。集計表は、見出しの種類の数に比例して大きくなり、どんどん表が分かりにくくなってしまうものです。

場合によっては、見出しの切り口を変え、集計表を分割することも検討しましょう。その方が、情報を分かりやすく整理できます。

さらに集計表を分かりやすくするために

もっと分かりやすくために、集計表に加えると良い要素があります。代表例として、まずは図1-3-2をご覧ください。

図1-3-2 集計表に加えると良い要素の一例①

	A	B	C	D
1				
2				
3	カテゴリ ▼	商品名 ▼	合計 / 売上金額	合計 / 売上金額2
4	⊟清涼飲料水	オレンジジュース	302,400	4.89%
5		コーラ	552,000	8.93%
6		サイダー	1,290,000	20.87%
7		ぶどうジュース	804,000	13.01%
8		りんごジュース	342,000	5.53%
9		レモンスカッシュ	768,000	12.43%
10	清涼飲料水 集計		4,058,400	65.66%
11	⊟お茶	ウーロン茶	101,400	1.64%
12		ジャスミン茶	351,000	5.68%
13		レモンティー	636,000	10.29%
14		麦茶	360,000	5.82%
15		無糖紅茶	252,000	4.08%
16		緑茶	422,280	6.83%
17	お茶 集計		2,122,680	34.34%
18	総計		6,181,080	100.00%
19				

構成比
※総計に対する内訳

小計
※階層毎の合計

総計
※全データの合計

まず、「総計」はどのレイアウトにおいても、全体の集計結果を知るために基本的には必要です。

「小計」は、階層がある集計表の場合、基本的にはあった方が良いです。情報量が多い場合は、あえて加えないというのもアリですね。

「構成比」は、各数値が全体のどのくらいの比率を占めるかを把握できるため、基本的に加えておくと良いでしょう。

　集計結果の良し悪しを判断したい場合は、必要に応じて図1-3-3のように、「比較軸」と「比較結果」を加えるのが良いです。

図1-3-3　集計表に加えると良い要素の一例②

カテゴリ	商品名	①売上目標	②売上実績	③予実差異 (②-①)	④目標達成率 (②÷①)
清涼飲料水	オレンジジュース	300,000	302,400	2,400	100.8%
	コーラ	500,000	552,000	52,000	110.4%
	サイダー	1,000,000	1,290,000	290,000	129.0%
	ぶどうジュース	1,000,000	804,000	-196,000	80.4%
	りんごジュース	300,000	342,000	42,000	114.0%
	レモンスカッシュ	750,000	768,000	18,000	102.4%
清涼飲料水 集計		3,850,000	4,058,400	208,400	105.4%
お茶	ウーロン茶	120,000	101,400	-18,600	84.5%
	ジャスミン茶	350,000	351,000	1,000	100.3%
	レモンティー	650,000	636,000	-14,000	97.8%
	麦茶	400,000	360,000	-40,000	90.0%
	無糖紅茶	300,000	252,000	-48,000	84.0%
	緑茶	400,000	422,280	22,280	105.6%
お茶 集計		2,220,000	2,122,680	-97,320	95.6%
総計		6,070,000	6,181,080	111,080	101.8%

（比較軸）

（比較結果　※比較軸との差分や比率）

　ちなみに、比較軸として代表的なものは次の通りです。

> ・計画値（目標・予定等）
> ・過去（前年・前月等）の実績
> ・ライバル（他社・他者・他商品等）の実績

　こうした比較軸と比べることで、データから問題点や課題がぱっと見で分かりやすくなりますね。後は、該当データを深堀って分析して行けば良いわけです。

　念のための注意事項ですが、ここまでの要素を集計表に全て盛り込めば良いというわけではありません。逆に、情報量が多過ぎて、よく分からない集計表になってしまう恐れがあります。あくまでも、「集計表からどんな情報を得たいか」を考えた上で、集計表に盛り込むべき要素を選別しましょう。

1-4　今さら聞けない テーブルの基礎知識

☑ 「テーブル」について何を知っていれば良いのか

☑ Excelでテーブル化しておくと何が良いのか

テーブルの構成要素

1-2でも触れましたが、「テーブル」とは次の3点の特徴を満たしている表のことです。

> 1. 見出しが1行
> 2. 1行1データ
> 3. 1列同一種類データ

テーブルは、図1-4-1の要素で構成されています。Excel上の操作の中でも目にする単語のため、ぜひ覚えておきましょう。

図1-4-1　テーブルの構成要素

売上番号	日付	商品コード	カテゴリ	商品名	単価	数量	売上金額
0001	2018/7/1	PB002	お茶	ウーロン茶	2,600	39	101,400
0002	2018/7/1	PB003	お茶	麦茶	2400	45	108,000
0003	2018/7/1	PA002	清涼飲料水	サイダー	4300	42	180,600
0004	2018/7/1	PD004	飲料水	炭酸水グレープフルーツ	3600	51	183,600
0005	2018/7/3	PA002	清涼飲料水	サイダー	4300	39	167,700
0006	2018/7/3	PB001	お茶	緑茶	2760	57	157,320
0007	2018/7/3	PB003	お茶	麦茶	2400	57	136,800
0008	2018/7/4	PB006	お茶	レモンティー	4000	54	216,000
0009	2018/7/4	PE001	アルコール	ビール	9600	42	403,200
0010	2018/7/6	PA002	清涼飲料水	サイダー	4300	39	167,700
0011	2018/7/7	PC004	コーヒー飲料	カフェオレ	5000	48	240,000
0012	2018/7/7	PC001	コーヒー飲料	無糖コーヒー	4000	48	192,000
0013	2018/7/7	PA002	清涼飲料水	サイダー	4300	45	193,500
0014	2018/7/8	PD004	飲料水	炭酸水グレープフルーツ	3600	60	216,000
0015	2018/7/10	PD003	飲料水	炭酸水レモン	3600	60	216,000
0016	2018/7/10	PE004	アルコール	芋焼酎	57776	36	2,079,936
0017	2018/7/10	PC001	コーヒー飲料	無糖コーヒー	4000	45	180,000
0018	2018/7/10	PA006	清涼飲料水	レモンスカッシュ	4000	54	216,000
0019	2018/7/11	PD001	飲料水	ミネラルウォーター	1600	48	76,800
0020	2018/7/12	PB008	お茶	ジャスミン茶	3000	57	171,000
0021	2018/7/13	PD001	飲料水	ミネラルウォーター	1600	54	86,400
0022	2018/7/13	PC003	コーヒー飲料	加糖コーヒー	4000	60	240,000
0023	2018/7/14	PA005	清涼飲料水	りんごジュース	6000	57	342,000
0024	2018/7/15	PE008	アルコール	スコッチ	43200	60	2,592,000
0025	2018/7/15	PA006	清涼飲料水	レモンスカッシュ	4000	48	192,000

フィールド名 ※見出しのこと

レコード ※データのこと（1行1データ）

フィールド（カラム）※列全体のデータのこと

テーブルには、絶対に入れておくべきフィールドがあります。それは「主キー」です。主キーとは、「テーブル内の各レコードに重複がないことを示すための番号」のことです。

図1-4-1であれば、A列の「売上番号」が該当します（図1-4-2）。

図1-4-2　主キーのイメージ

	A	B	C	D	E	F	G	H	
1	売上番号	日付	商品コード	カテゴリ	商品名	単価	数量	売上金額	
2	0001	2018/7/1	PB002	お茶	ウーロン茶	2,600	39	101,400	← 主キー
3	0002	2018/7/1	PB003	お茶	麦茶	2400	45	108,000	
4	0003	2018/7/1	PA002	清涼飲料水	サイダー	4300	42	180,600	
5	0004	2018/7/1	PD004	飲料水	炭酸水グレープフルーツ	3600	51	183,600	
6	0005	2018/7/3	PA002	清涼飲料水	サイダー	4300	39	167,700	
7	0006	2018/7/3	PB001	お茶	緑茶	2760	57	157,320	
8	0007	2018/7/3	PB003	お茶	麦茶	2400	57	136,800	
9	0008	2018/7/4	PB006	お茶	レモンティー	4000	54	216,000	
10	0009	2018/7/4	PE001	アルコール	ビール	9600	42	403,200	
11	0010	2018/7/6	PA002	清涼飲料水	サイダー	4300	39	167,700	
12	0011	2018/7/7	PC004	コーヒー飲料	カフェオレ	5000	48	240,000	
13	0012	2018/7/7	PC001	コーヒー飲料	無糖コーヒー	4000	48	192,000	
14	0013	2018/7/7	PA002	清涼飲料水	サイダー	4300	45	193,500	
15	0014	2018/7/8	PD004	飲料水	炭酸水グレープフルーツ	3600	60	216,000	
16	0015	2018/7/10	PD003	飲料水	炭酸水レモン	3600	60	216,000	
17	0016	2018/7/10	PE004	アルコール	芋焼酎	57776	36	2,079,936	
18	0017	2018/7/10	PC001	コーヒー飲料	無糖コーヒー	4000	45	180,000	
19	0018	2018/7/10	PA006	清涼飲料水	レモンスカッシュ	4000	54	216,000	
20	0019	2018/7/11	PD001	飲料水	ミネラルウォーター	1600	48	76,800	

この主キーは、実は私たちの身の回りにたくさんあります。例えば、社員番号や製品番号、注文番号等です。社員番号であれば、仮に同姓同名の社員が複数名いたとしても、別人として管理できます。

主キーがあると、そのテーブルのデータに重複がないことを示すだけでなく、他テーブルで情報を参照したい際の目印になるため、必ず盛り込みましょう。

PC向けの表は原則「テーブル化」しておく

このテーブルですが、Excelでは専用の機能があります。それが「テーブルとして書式設定」です。

> リボン「ホーム」タブ → 「テーブルとして書式設定」

この設定を行うことで、表を「テーブル化」できます。なお、テーブル化された表は、表の右下が図1-4-3のようになります。

図1-4-3 テーブル化された表

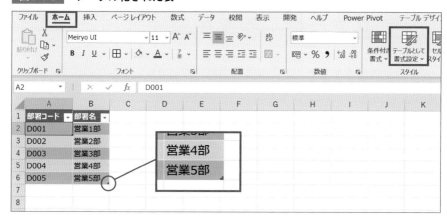

また、テーブル化には次のようなメリットがあります。

- ・フィールド・レコードを追加すると、テーブル範囲が自動拡張する
- ・レコードを追加すると、同じフィールドで設定していた書式や数式、入力規則等も自動的に引き継ぐ
- ・他の機能・数式でテーブル範囲を参照しておくと、テーブルの拡張に合わせて参照範囲も自動的に拡張してくれる
- ・デフォルトでテーブル化した表にフィルターボタンがつく
- ・表のスタイルや体裁をクリック操作で簡単に設定・変更できる
- ・表を下にスクロールしても、見出しが固定される

　これらのメリットにより、テーブル化した表自体の利便性が上がるのはもちろん、他の機能や数式で指定した参照範囲のメンテナンス工数も減ります。また、テーブル化しておくと、テーブルの条件に該当しない「セル結合」機能は非活性となり、見出しを2行にする等もできません。

　つまり、自ずとテーブルの条件を満たした表を作ることができます。だから、特段制約がなければ、集計元データとなる表はテーブル化しておきましょう。

　注意点は「共有ブックでは利用不可」ということです。共有ブックは壊れやすく、ファイル容量も重くなりがちなため、必要以上に共有ブックを多用しない運用を心掛けておくと良いでしょう。

1-5　集計/分析目的から逆算し、必要なデータを用意する

☑ データを用意する上で、どんな点に気を付ければ良いのか

取り扱うデータは大別すると2種類

「データ」には、大別すると「定量」と「定性」の2つがあります。

定量データとは、何かしらの「数」で表せるデータのことです。Excelでは、「数値」「日付」「時刻」のデータが該当します。この定量データは、「数」という共通の物差しで示せるため、誰が見ても変わらない「客観的」なデータとも言えます。

定性データとは、数値で表せないために「言葉」で表されたデータのことです。Excelでは「文字列」が該当します。定量データと比べると、個人の主観や感性が出やすいという特徴があります。

まとめると、図1-5-1のイメージです。

図1-5-1 データ種類のツリー図

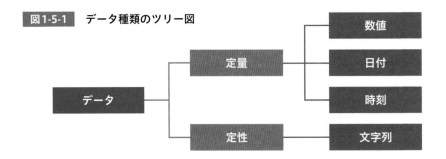

定量データは決まった形式で入力すること

集計/分析において、主軸は定量データです。ビジネスで何かしらの意思決定を行う際、金額や比率等、客観的な「数字」の方が納得を得やすいからです。よって、Excelで集計/分析を行う際は、最終的に「どんな数値を出したいか」を明確にしておく良いでしょう。

　定量データにおける注意事項は、Excelのデータ種類通りにしっかりと入力することです。よくあるミスは、数値を入れれば良いセルに対し、「円」等の単位まで入力してしまうことです（図1-5-2）。

図1-5-2　**数値を文字列にしてしまう例**

	A	B	C	D	E	F	G	H
1	売上番号	日付	商品コード	カテゴリ	商品名	単価	数量	売上金額
2	0001	2018/7/1	PB002	お茶	ウーロン茶	2,600	39	101400円
3	0002	2018/7/1	PB003	お茶	麦茶	2,400	45	108,000
4	0003	2018/7/1	PA002	清涼飲料水	サイダー	4,300	42	180,600
5	0004	2018/7/1	PD004	飲料水	炭酸水グレープフルーツ	3,600	51	183,600
6	0005	2018/7/3	PA002	清涼飲料水	サイダー	4,300	39	167,700
7	0006	2018/7/3	PB001	お茶	緑茶	2,760		
8	0007	2018/7/3	PB003	お茶	麦茶	2,400		
9	0008	2018/7/4	PB006	お茶	レモンティー	4,000		
10	0009	2018/7/4	PE001	アルコール	ビール	9,600	42	403,200
11	0010	2018/7/6	PA002	清涼飲料水	サイダー	4,300	39	167,700
12	0011	2018/7/7	PC004	コーヒー飲料	カフェオレ	5,000	48	240,000
13	0012	2018/7/7	PC001	コーヒー飲料	無糖コーヒー	4,000	48	192,000
14	0013	2018/7/7	PA002	清涼飲料水	サイダー	4,300	45	193,500
15	0014	2018/7/8	PD004	飲料水	炭酸水グレープフルーツ	3,600	60	216,000
16	0015	2018/7/10	PD003	飲料水	炭酸水レモン	3,600	60	216,000
17	0016	2018/7/10	PE004	アルコール	芋焼酎	57,776	36	2,079,936
18	0017	2018/7/10	PC001	コーヒー飲料	無糖コーヒー	4,000	45	180,000
19	0018	2018/7/10	PA001	清涼飲料水	レモンスカッシュ	4,000	54	216,000
20	0019	2018/7/11	PD001	飲料水	ミネラルウォーター	1,600	48	76,800
21	0020	2018/7/12	PB008	お茶	ジャスミン茶	3,000	57	171,000

セル H2 ＝ 101400円

「円」まで入力しており、文字列扱いになっている

　この場合、せっかくの定量データが、Excel上は「文字列」扱いされます。すると、Excelの機能で数値として集計できません。どうしても数値に単位まで表示したい場合は、「セルの書式設定」の「表示形式」で設定するようにしましょう。

定性データは分析に必要なカテゴリ・ラベルを付けること

　続いて、定性データです。集計／分析を行っていくと、どうしても「数値」では表せられないものも出てきます。

　例えば、顧客や従業員の満足度調査や研修のアンケート等で行うことが多いですが、対象者の主観的な心情や感想、意見、要望等も分析にあたっては重要なデータとなります。

　こうした定性データを、いかに分析するかが腕の見せ所です。

重要なのは、定性データを「定量化」するために、データを細分化すること。具体的には、図1-5-3のように、列を追加し、分析の切り口としたいカテゴリやラベル付けを行うと良いでしょう。

図1-5-3　カテゴリ・ラベル付けのイメージ

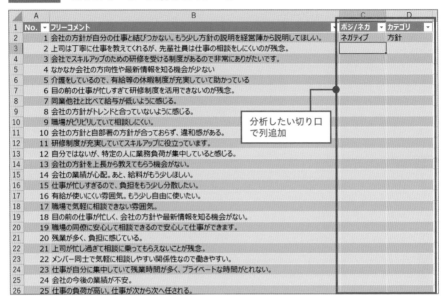

それにより、列単位でデータの件数を集計することで、定量的な集計が可能となります。つまり、どんな切り口のデータが多いか等、定性データの傾向を定量的に示すことができるわけです。

最終的には、「どんなことを知りたいか」という目的を踏まえ、こうした集計/分析の切り口となる列データを事前に追加しておきましょう。

1-6

数字の粒度や扱う用語は「読み手」に合わせること

☑ 集計や分析で数字をまとめる上で、どんな点に気を付けるべきなのか

読み手によって必要な数字の粒度は変わる

　集計結果や分析結果を伝える上で大事なことは、読み手の立場やニーズを踏まえ、見せる数字のレベルを変えることです。

　例えば、図1-6-1のような体制の会社があったとします。

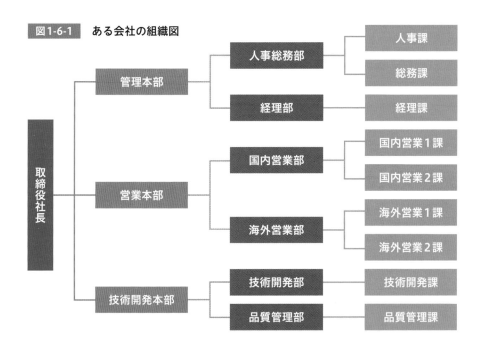

図1-6-1　ある会社の組織図

　仮に売上実績を報告するとして、読み手が「取締役社長」の場合と「国内営業1課の課長」の場合では、報告内容は同じにならないでしょう。取締役社長であれば、基本的に「会社全体」の数字を知る必要があります。そして、国内営業1課の課長であれば、基本的に「国内営業1課」の数字になります。

　さらに、金額の単位も変わる可能性があります。社長であれば、「百万円」単

位、課長であれば「千円」単位になる等、同じデータでも丸める粒度を変えた方が良い場合があるでしょう。

このように、読み手によって必要な数字のレベルは変わるということを踏まえた上で、集計/分析作業を行うようにしてください。

分析手法は読み手のレベルも考慮する

数字のレベル以外にも、専門知識が必要な内容は読み手のレベル感を考慮する必要があります。

特に、統計等のより専門的な分析手法を身に着けた方は要注意です。高度で専門的な分析手法を行うことで、より精度の高い分析ができたとしても、「読み手がその分析結果を理解できない」というリスクがあるためです。

例えば、売上高に気温と曜日のどちらの影響が強いか調べたい場合、「相関分析」が効果的です。相関分析の結果が、図1-6-2です。

図1-6-2　売上高と気温・曜日の相関分析

	A	B	C	D	E	F	G	H	I	J	K	L
1	日付	曜日	売上高	平均気温	最高気温	日	月	火	水	木	金	土
2	2018/4/1	日	81,280	16.0	21.9	1	0	0	0	0	0	0
3	2018/4/2	月	63,095	17.9	24.5	0	1	0	0	0	0	0
4	2018/4/3	火	49,651	17.9	23.4	0	0	1	0	0	0	0
5	2018/4/4	水	79,957	20.1	26.2	0	0	0	1	0	0	0
6	2018/4/5	木	64,665	13.3	15.3	0	0	0	0	1	0	0
7	2018/4/6	金	52,412	18.1	22.4	0	0	0	0	0	1	0
8	2018/4/7	土	94,575	16.2	21.8	0	0	0	0	0	0	1
9	2018/4/8	日	99,481	11.9	16.8	1	0	0	0	0	0	0
10	2018/4/9	月	74,319	13.7	19.9	0	1	0	0	0	0	0
11	2018/4/10	火	68,364	13.6	19.1	0	0	1	0	0	0	0
12	2018/4/11	水	44,549	17.6	21.9	0	0	0	1	0	0	0
13	2018/4/12	木	47,870	19.1	25.9	0	0	0	0	1	0	0
14	2018/4/13	金	57,891	15.5	20.9	0	0	0	0	0	1	0
15	2018/4/14	土	96,055	15.2	18.8	0	0	0	0	0	0	1
16	2018/4/15	日	80,484	17.9	22.1	1	0	0	0	0	0	0

「売上高」と相関が高いデータを調べる

	A	B	C	D	E	F	G	H	I	J	K
1		売上高	平均気温	最高気温	日	月	火	水	木	金	土
2	売上高	1.00									
3	平均気温	-0.02	1.00								
4	最高気温	0.15	0.92	1.00							
5	日	0.49	0.05	0.11	1.00						
6	月	-0.26	-0.05	-0.04	-0.20	1.00					
7	火	-0.28	-0.23	-0.26	-0.18	-0.18	1.00				
8	水	-0.07	0.05	-0.05	-0.18	-0.18	-0.15	1.00			
9	木	-0.10	-0.02	0.00	-0.18	-0.18	-0.15	-0.15	1.00		
10	金	-0.30	0.11	0.10	-0.18	-0.18	-0.15	-0.15	-0.15	1.00	
11	土	0.48	0.09	0.13	-0.18	-0.18	-0.15	-0.15	-0.15	-0.15	1.00
12											

このデータだけだと、相関分析の基礎知識がないと全く分かりません。

右下の表の少数は「相関係数」と言って、1から－1の範囲で影響の強さ（相関の強さ）が分かりますが、次の情報が補足されるとどうでしょうか？

> ・0.7以上：強い正の相関
>
> ・0.4以上0.7未満：正の相関
>
> ・0.2以上0.4未満：弱い正の相関
>
> ・－0.2以上0.2未満：ほぼ相関なし
>
> ・－0.4以上－0.2未満：弱い負の相関
>
> ・－0.7以上－0.4未満：負の相関
>
> ・－0.7未満：強い負の相関

図1-6-2の相関係数を見る限り、売上高と相関が強そうなのは、土日ですね（どちらも約0.5）。つまり、「正の相関」が見られ、「土日だと売上高が上がりやすい」ということが言えます。

このように、どうしても統計等の専門的な分析手法が必要な場合は、しっかりと読み手に前提知識を補足することがMUSTです。

そして可能であれば、なるべく専門的な分析手法を使わずに、よりシンプルに平易に伝えられるとベストですね。

ぜひ、読み手の目線を忘れずに分析を進めてください。

集計作業を高速で
終わらせるためのテクニック

データ集計で大事なのは、とにかく「速度」と「精度」の２点をいかに高めていくかに尽きます。ここでボトルネックになるのは、「人による手作業」です。人の作業スピードは訓練しても限界があります。また、人がやる以上、ヒューマンエラーのリスクはゼロにはできません。

では、どうすればいいのか？ 対応策は、Excelのデータ集計機能をうまく活用し、手作業を最小限にすることです。第２章では、Excel集計機能の活用テクニックについて追求していきたいと思います。

2-1 集計の基本中の基本は「合計」と「個数」

☑ 「合計」と「個数」を集計するにはどうすれば良いのか

実務での登場頻度が最も高い集計が「合計」と「個数」

集計作業において基本となるのは、「合計」と「個数」の2つ。例えば、営業成績を把握したいなら、何件受注できて結果的にいくらの売上になったのかについて、最低限押さえておく必要がありますよね。この場合、営業実績となる元データから、受注件数は「個数」を、売上金額は「合計」を集計することで、それぞれ把握できます。

実際、Excelの集計作業においても、「合計」「個数」の集計は基本中の基本です。まずは、この「合計」と「個数」をExcelでサクッと集計するためのテクニックから解説していきます。

セル範囲をドラッグするだけでも集計できる

言うまでもなく、最も手軽な集計方法は「集計したいセル範囲をドラッグする」ことです。電卓でちまちま計算するよりも圧倒的に速く計算できます。

セル範囲をドラッグすると、図2-1-1のように、Excelシートの右下に集計結果が表示されます。この集計結果が表示される部分を、「ステータスバー」と言います。

デフォルトでは、図2-1-1のように「平均」「データの個数」「合計」を集計できます。

図2-1-1　**ステータスバーでの集計イメージ**

	売上番号	日付	カテゴリ	商品名	数量	売上金額	顧客名	担当営業名	I	J	K
45	0044	2018/7/24	お茶	無糖紅茶	42	117,600	スーパーONE	川西　泰雄			
46	0045	2018/7/26	アルコール	赤ワイン	48	1,152,000	スーパー大西	木下　志帆			
47	0046	2018/7/26	清涼飲料水	コーラ	42	168,000	飯田ストア	河口　里香			
48	0047	2018/7/26	アルコール	ビール	54	518,400	高橋ストア	矢部　雅美			
49	0048	2018/7/27	清涼飲料水	レモンスカッシュ	36	144,000	大石ストア	畠中　雅美			
50	0049	2018/7/27	飲料水	炭酸水	39	140,400	宝塚商店	杉本　敏子			
51	0050	2018/7/27	コーヒー飲料	カフェオレ	39	195,000	橋本商店	金野　栄蔵			
52	0051	2018/7/27	飲料水	ミネラルウォーター	39	62,400	大阪商店	高田　耕一			
53	0052	2018/7/27	お茶	無糖紅茶	48	134,400	橋本商店	沖田　雄太			
54	0053	2018/7/28	コーヒー飲料	カフェオレ	45	225,000	スーパー波留	奥山　忠吉			
55	0054	2018/7/28	お茶	緑茶	39	107,640	高橋ストア	畠中　雅美			
56	0055	2018/7/29	コーヒー飲料	無糖コーヒー	54	216,000	スーパー三上	奥山　忠吉			
57	0056	2018/7/29	飲料水	炭酸水グレープフルーツ	42	151,200	スーパー大西	島田　楓華			
58	0057	2018/7/30	コーヒー飲料	カフェオレ	51	255,000	スーパー三上	河口　里香			
59	0058	2018/7/30	アルコール	白ワイン	60	1,320,000	山本販売店	奥山　忠吉			
60	0059	2018/7/31	コーヒー飲料	微糖コーヒー	39	156,000	大久ストア	沖田　雄太			
61	0060	2018/7/31	清涼飲料水	オレンジジュース	54	302,400	高橋ストア	金野　栄蔵			
62	0061	2018/7/31	お茶	麦茶	48	115,200	立花商店	熊沢　加奈			

ステータスバーに
集計結果が
表示される

7月売上明細

平均: 302,295　データの個数: 61　合計: 18,440,016

もし、集計方法を変更したい場合は、ステータスバー上で右クリックし、メニュー上で希望の集計方法にチェックを入れます（図2-1-2）。

図2-1-2　**ステータスバーの集計方法の変更手順**

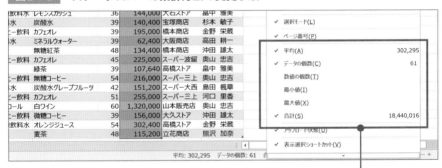

集計したい内容にチェックを入れる

なお、「データの個数」以外の集計は、数値の入ったセルを指定した場合のみ集計結果が表示される仕様です。

このステータスバーでの集計の威力をさらに高めるには、セル範囲を素早く指定するためのショートカットキーを活用しましょう。

図2-1-3のように、起点のセルを指定したら、「Ctrl」キーと「Shift」キーを両方押した状態で、終点のセル方向を示す矢印キー（今回は「↓」キー）を押せばOKです。

図 2-1-3　セル範囲選択のショートカットキー操作手順

① 起点のセルを選択
②「Ctrl」+「Shift」+「↓」

集計したいセル範囲を選択できた

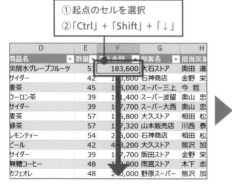

「合計」と「個数」の集計は関数が基本

　ステータスバーでの集計は、お手軽かつ瞬間的な速さはありますが、集計できるのは選択したセル範囲1種類のみです。また、その集計結果もセル範囲を選択している間しか表示されません。実務では、複数のセル範囲を同時に集計したいケースはざらにありますので、ステータスバーだけではどうしても限界があります。

　よって、基本的にExcelの集計は関数を使うことになります。関数なら、集計結果を特定のセル上にずっと表示することができるのです。

　ちなみに、関数は400種類以上あり、それぞれ機能が異なります。「合計」を集計する関数は「SUM」、「個数」を集計する関数は「COUNTA」といった具合です。ぜひ、覚えておきましょう。

> **SUM（数値1,[数値2],…）**
> セル範囲に含まれる数値をすべて合計します。

> **COUNTA（値1,[値2],…）**
> 範囲内の、空白でないセルの個数を返します。

　具体的な集計手順の解説の前に、関数で集計するとどうなるか見てみます。SUMで「合計」を集計したものが、図2-1-4です。

図2-1-4　SUMの集計結果イメージ

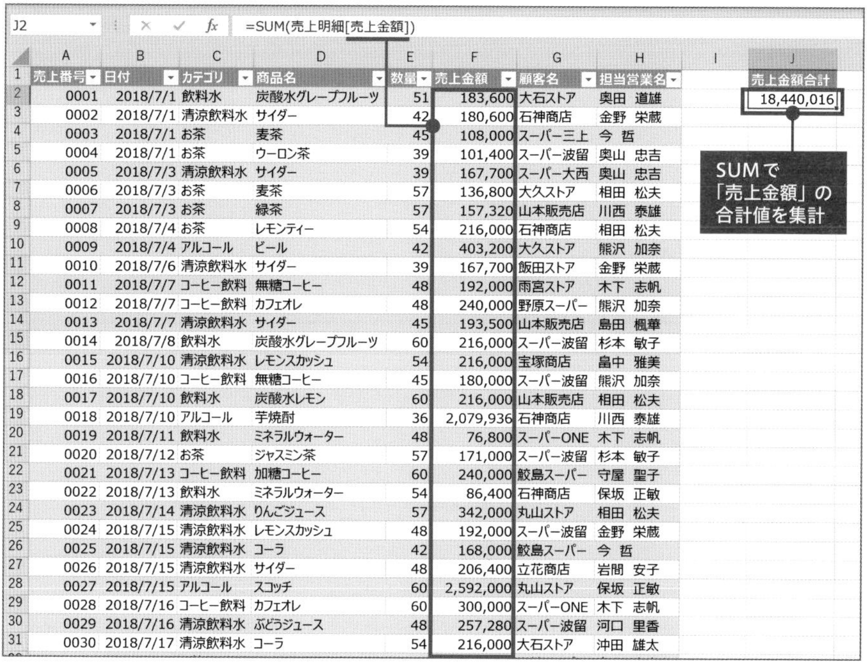

	売上番号	日付	カテゴリ	商品名	数量	売上金額	顧客名	担当営業名		売上金額合計
2	0001	2018/7/1	飲料水	炭酸水グレープフルーツ	51	183,600	大石ストア	奥田　道雄		18,440,016
3	0002	2018/7/1	清涼飲料水	サイダー	42	180,600	石神商店	金野　栄蔵		
4	0003	2018/7/1	お茶	麦茶	45	108,000	スーパー三上	今　哲		
5	0004	2018/7/1	お茶	ウーロン茶	39	101,400	スーパー波留	奥山　忠吉		
6	0005	2018/7/3	清涼飲料水	サイダー	39	167,700	スーパー大西	奥山　忠吉		
7	0006	2018/7/3	お茶	麦茶	57	136,800	大久ストア	相田　松夫		
8	0007	2018/7/3	お茶	緑茶	57	157,320	山本販売店	川西　泰雄		
9	0008	2018/7/4	お茶	レモンティー	54	216,000	石神商店	相田　松夫		
10	0009	2018/7/4	アルコール	ビール	42	403,200	大久ストア	熊沢　加奈		
11	0010	2018/7/6	清涼飲料水	サイダー	39	167,700	飯田ストア	金野　栄蔵		
12	0011	2018/7/7	コーヒー飲料	無糖コーヒー	48	192,000	雨宮ストア	木下　志帆		
13	0012	2018/7/7	コーヒー飲料	カフェオレ	48	240,000	野原スーパー	熊沢　加奈		
14	0013	2018/7/7	清涼飲料水	サイダー	45	193,500	山本販売店	島田　楓華		
15	0014	2018/7/8	飲料水	炭酸水グレープフルーツ	60	216,000	スーパー波留	杉本　敏子		
16	0015	2018/7/10	清涼飲料水	レモンスカッシュ	54	216,000	宝塚商店	畠中　雅美		
17	0016	2018/7/10	コーヒー飲料	無糖コーヒー	45	180,000	スーパー波留	熊沢　加奈		
18	0017	2018/7/10	飲料水	炭酸水レモン	60	216,000	山本販売店	相田　松夫		
19	0018	2018/7/10	アルコール	芋焼酎	36	2,079,936	石神商店	川西　泰雄		
20	0019	2018/7/11	飲料水	ミネラルウォーター	48	76,800	スーパーONE	木下　志帆		
21	0020	2018/7/12	お茶	ジャスミン茶	57	171,000	スーパー波留	杉本　敏子		
22	0021	2018/7/13	コーヒー飲料	加糖コーヒー	60	240,000	鮫島スーパー	守屋　聖子		
23	0022	2018/7/13	飲料水	ミネラルウォーター	54	86,400	石神商店	保坂　正敏		
24	0023	2018/7/14	清涼飲料水	りんごジュース	57	342,000	丸山ストア	相田　松夫		
25	0024	2018/7/15	清涼飲料水	レモンスカッシュ	48	192,000	スーパー波留	金野　栄蔵		
26	0025	2018/7/15	清涼飲料水	コーラ	42	168,000	鮫島スーパー	今　哲		
27	0026	2018/7/15	清涼飲料水	サイダー	48	206,400	立花商店	岩間　安子		
28	0027	2018/7/15	アルコール	スコッチ	60	2,592,000	丸山ストア	保坂　正敏		
29	0028	2018/7/16	コーヒー飲料	カフェオレ	60	300,000	スーパーONE	木下　志帆		
30	0029	2018/7/16	清涼飲料水	ぶどうジュース	48	257,280	スーパー波留	河口　里香		
31	0030	2018/7/17	清涼飲料水	コーラ	54	216,000	大石ストア	沖田　雄太		

J2セルにSUMを挿入していますが、図2-1-4の通り、シート上のJ2セルへ合計金額が表示されていますね。

このSUMの数式を確認したい場合は、J2セルを選択状態にしましょう。すると、図2-1-4上部の「=SUM(売上明細[売上金額])」のように数式を確認することができます。この数式を確認できるバーは、「数式バー」と言います。

ちなみに、今回のSUMの数式のカッコ内は「売上明細[売上金額]」となっています。これは、SUMの計算範囲が「売上明細」というテーブルの「売上金額」フィールド全体だという意味です（今回の集計元データの表はテーブル化しており、テーブル名は「売上明細」です）。

では、実際にこのSUMの数式をどのように挿入していけば良いのか、今回の例を踏まえて解説していきます。手順は図2-1-5の通りです。

図2-1-5 SUMの集計手順

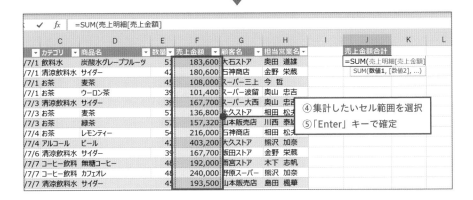

これで図2-1-4のように、J2セルへ合計値を算出できます。

なお、手順②の入力時はIMEの入力モードを「半角英数」で入力しましょう。「ひらがな」モードだとサジェストされませんので、ご注意ください。

ちなみに、今回はSUMを例にしましたが、COUNTAもまったく同じ手順で「個数」を集計できます。使う関数が違うだけなので、「SUM」の部分を「COUNTA」に置き換えればOKです。

関数の挿入方法は、リボン「数式」タブの「関数ライブラリ」から選択していく方法もありますが、今回のようにセルへ直接入力する方法を推奨します。

理由は2点あります。1つは、単純にこちらの方法がスピード的に速いこと。そしてもう1つは、今後複数の関数を1つの数式に組み合わせて使う際に、こちらの方が数式を記述しやすいためです。

基本テクニックも発想次第で応用できる

☑ 基本テクニックだけでどこまでできるのか

SUMやCOUNTAは離れたセル範囲でも集計が可能

2-1で解説した通り、SUMやCOUNTAは基本的に連続したセル範囲の指定が基本です。

ただし、2-1ではSUMのカッコ内の数式が「売上明細［売上金額］」となっていましたが、テーブル化した表の特定のフィールド（列）全体を指定した場合限定の数式なので、ご注意ください。

テーブル化していない表のセル範囲、あるいはテーブル化している表の部分的なセル範囲（フィールドの一部）を指定した場合は、図2-2-1のように「F2:F6」のように表示されます。

図2-2-1 SUM等で連続したセル範囲を選択した場合の数式例

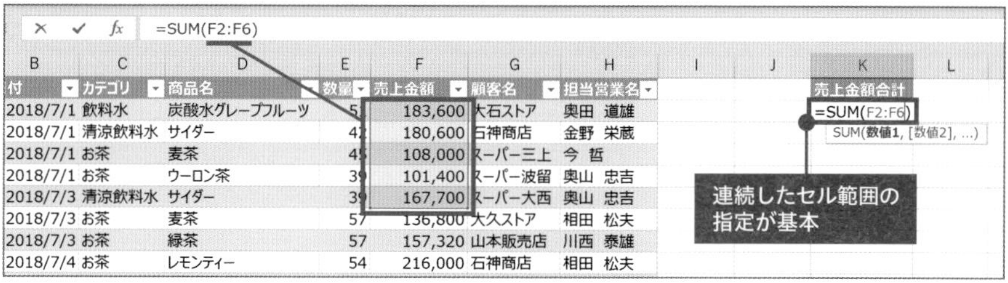

「F2:F6」の意味ですが、図2-2-1で青の枠線で囲われている通り、「F2セルからF6セルまでの範囲」と理解すればOKです。

数式の構成をまとめると、「セル範囲の起点（F2セル）＋コロン（:）＋セル範囲の終点（F6セル）」となります。

なお、このSUMやCOUNTAの計算対象は、図2-2-2のように離れたセルを指定することも可能です。例えば、商品カテゴリが「アルコール」のデータの売上金額の合計を知りたい等の場合に有効です。

図2-2-2　SUM等で離れたセル範囲を複数選択する場合の数式例

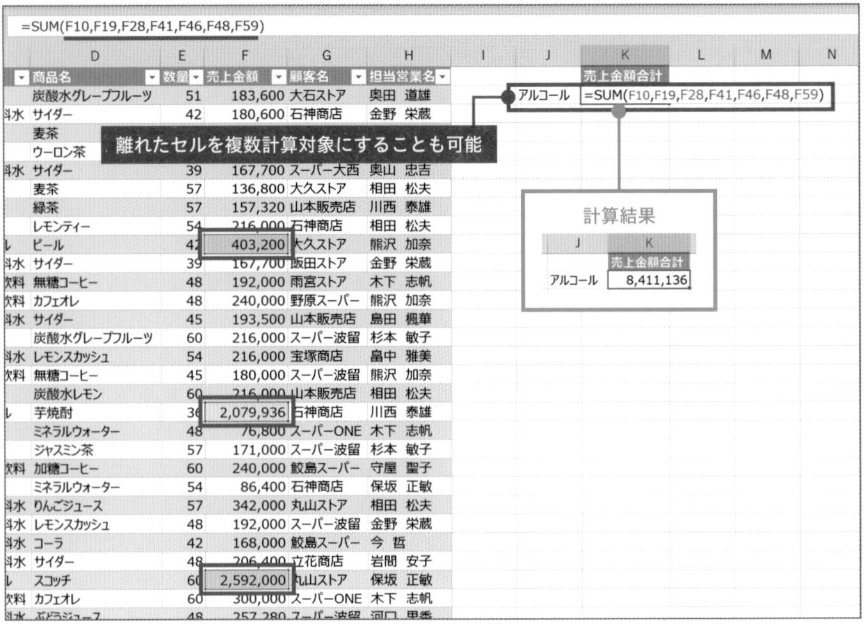

図2-2-2を見てください。離れたセル範囲を指定した数式は、「=SUM(F10,F19, F28,F41,F46,F48,F59)」のように、計算対象のセル範囲の間がカンマ（,）で区切られていますね。

　なお、このカンマ（,）は数式バーで直接入力しても良いですが、セル範囲の選択中に「Ctrl」キーを押しながらセル範囲を選択していくと、自動的に数式にカンマ（,）が加えられます。

　また、離れたセル範囲は最大255まで指定できますが、調子に乗って多くのセル範囲を指定しようとすると、指定する範囲を誤る可能性もありますので、ご注意ください。数式入力後は、必ず数式のセル上で「F2」キーを押して、指定した内容に誤りがないかをチェックしましょう。

「累計」を計算する応用テクニック

　さらに、SUMを応用すれば「累計」も計算可能です。「累計」とは、1データずつ合計を積み重ねていく計算です。実務では、1日から今日時点での売上実績

や残業時間の合計を日々知りたい場合等に有効です。

　Excelで「累計」を計算するには、SUMで指定するセル範囲の参照形式を工夫します。具体的には、図2-2-3のI2セルの数式「=SUM($F$2:F2)」のように、セル範囲の起点のセルのみ「$」を付ければOKです。あとは、その数式をF3セル以降へコピペして完了です。

図2-2-3　SUMでの「累計」の計算イメージ

▼シート上の表記

	D	E	F	G	H	I
		=SUM($F$2:F2)				
▼商品名	▼数量	▼売上金額	▼顧客名	▼担当営業名	売上金額（累計）	
炭酸水グレープフルーツ	51	183,600	大石ストア	奥田 道雄	183,600	
サイダー	42	180,600	石神商店	金野 栄蔵	364,200	
麦茶	45	108,000	スーパー三上	今 哲	472,200	
ウーロン茶	39	101,400	スーパー波留	奥山 忠吉	573,600	
サイダー	39	167,700	スーパー大西	奥山 忠吉	741,300	
麦茶	57	136,800	大久ストア	相田 松夫	878,100	
緑茶	57	157,320	山本販売店	川西 泰雄	1,035,420	
レモンティー	54	216,000	石神商店	相田 松夫	1,251,420	
ビール	42	403,200	大久ストア	熊沢 加奈	1,654,620	
サイダー	39	167,700	飯田ストア	金野 栄蔵	1,822,320	
無糖コーヒー	48	192,000	雨宮ストア	木下 志帆	2,014,320	
カフェオレ	48	240,000	野原スーパー	熊沢 加奈	2,254,320	
サイダー	45	193,500	山本販売店	島田 楓華	2,447,820	
炭酸水グレープフルーツ	60	216,000	スーパー波留	杉本 敏子	2,663,820	
レモンスカッシュ	54	216,000	宝塚商店	畠中 雅美	2,879,820	
無糖コーヒー	45	180,000	スーパー波留	熊沢 加奈	3,059,820	
炭酸水レモン	60	216,000	山本販売店	相田 松夫	3,275,820	
芋焼酎	36	2,079,936	石神商店	川西 泰雄	5,355,756	
ミネラルウォーター	48	76,800	スーパーONE	木下 志帆	5,432,556	
ジャスミン茶	57	171,000	スーパー波留	杉本 敏子	5,603,556	
加糖コーヒー	60	240,000	鮫島スーパー	守屋 聖子	5,843,556	

▼数式の内容

売上金額（累計）
=SUM($F$2:F2)
=SUM($F$2:F3)
=SUM($F$2:F4)
=SUM($F$2:F5)
=SUM($F$2:F6)
=SUM($F$2:F7)
=SUM($F$2:F8)
=SUM($F$2:F9)
=SUM($F$2:F10)
=SUM($F$2:F11)
=SUM($F$2:F12)
=SUM($F$2:F13)
=SUM($F$2:F14)
=SUM($F$2:F15)
=SUM($F$2:F16)
=SUM($F$2:F17)
=SUM($F$2:F18)
=SUM($F$2:F19)
=SUM($F$2:F20)
=SUM($F$2:F21)
=SUM($F$2:F22)

終点セルが下方向に1行ずつ広がっていく

　図2-2-3を見てください。ご覧の通り、I3セル以降の数式は起点のセルはF2セルで固定ですが、終点のセルはF3→F4→F5…のように、1行ずつ広がっていますよね。

　この秘訣は、セル範囲の起点のセルに付けた「$」です。「$」は、この数式をコピーし、別セルへペーストした際に、参照セルが固定されるかどうかの目印です。

　なお、今回は「$F$2」のように、アルファベットと数字両方の前に「$」があります。これは、行列ともに固定されることを意味します。ちなみに、固定することを「絶対参照」、スライドさせることを「相対参照」と言います。

この参照形式のデフォルトは行列ともに相対参照（スライドできる状態）です。参照形式を変えたい場合は、数式入力中にセルを選択したら、「F4」キーを押す回数で参照形式を変更できます（A4セルの場合：A4→$A$4→A$4→$A4→A4… ※以下繰り返し）。

図2-2-4　参照形式の設定方法

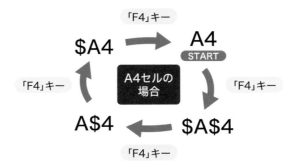

　関数による効率化は、「いかに1つの数式をコピペして複数セルに使い回せるか」が非常に重要です。そのため、参照セルは固定とスライドのどちらが良いか、ぜひ状況に適した設定を行ってください。

　もちろん、コピペ後は各セルの数式に問題ないか、数式のセル上で「F2」キーを押して、忘れずにチェックしましょう。

　なお、テーブル化した表の場合は別の参照形式が適用されます。セルの場合、「売上明細［@商品名］」等と表記され、コピペ後は列が固定、行はスライドします。それ以外の「売上明細［売上金額］」等の表記になった場合は、行列ともに固定されます。

　上記の仕様が不都合であれば、「F2:F6」等の形式に変えましょう。

「通し番号」を自動的に割り当てる

　SUMの「累計」の手法は、COUNTAでも応用できます。

　例えば、図2-2-5です。表の通し番号の自動割り当てが可能です。

図2-2-5　COUNTAでの「通し番号」の割当イメージ

▼シート上の表記　　　　　　　　　　　　　　　　　　　▼数式の内容

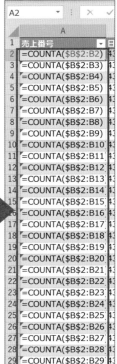

	A	B	C	D	E	F
1	売上番号	日付	カテゴリ	商品名	数量	売上金額
2	0001	2018/7/1	飲料水	炭酸水グレープフルーツ	51	183,
3	0002	2018/7/1	清涼飲料水	サイダー	42	180,
4	0003	2018/7/1	お茶	麦茶	45	108,
5	0004	2018/7/1	お茶	ウーロン茶	39	101,
6	0005	2018/7/3	清涼飲料水	サイダー	39	167,
7	0006	2018/7/3	お茶	麦茶	57	136,
8	0007	2018/7/3	お茶	緑茶	57	157,
9	0008	2018/7/4	お茶	レモンティー	54	216,
10	0009	2018/7/4	アルコール	ビール	42	403,
11	0010	2018/7/6	清涼飲料水	サイダー	39	167,
12	0011	2018/7/7	コーヒー飲料	無糖コーヒー	48	192,
13	0012	2018/7/7	コーヒー飲料	カフェオレ	48	240,
14	0013	2018/7/7	清涼飲料水	サイダー	45	193,
15	0014	2018/7/8	飲料水	炭酸水グレープフ…	60	216,
16	0015					
17	0016	2018/7/10	コーヒー飲料	無糖コーヒー	45	180,
18	0017	2018/7/10	飲料水	炭酸水レモン	60	216,
19	0018	2018/7/10	アルコール	芋焼酎	36	2,079,
20	0019	2018/7/11	飲料水	ミネラルウォーター	48	76,
21	0020	2018/7/12	お茶	ジャスミン茶	57	171,
22	0021	2018/7/13	コーヒー飲料	加糖コーヒー	60	240,
23	0022	2018/7/13	飲料水	ミネラルウォーター	54	86,
24	0023	2018/7/14	清涼飲料水	りんごジュース	57	342,
25	0024	2018/7/15	清涼飲料水	レモンスカッシュ	48	192,
26	0025	2018/7/15	清涼飲料水	コーラ	42	168,
27	0026	2018/7/15	清涼飲料水	サイダー	48	206,
28	0027	2018/7/15	アルコール	スコッチ	60	2,592,
29	0028	2018/7/16	コーヒー飲料	カフェオレ	60	300,
30		2018/7/16	清涼飲料水	サイダー	48	252,

A2　　=COUNTA($B$2:B2)

終点セルが下方向に1行ずつ広がっていく

今回は、A2セルにCOUNTAの数式「=COUNTA($B$2:B2)」をまず設定します。あとは、この数式をコピーし、A3セル以降へペーストします。すると、起点のF2セルは全数式で固定され、終点のセルはB3→B4→B5…のように1行ずつ下方向にスライドしていますね。

なお、今回はB列を参照していますが、COUNTAはデータの入っているセルであれば何でもカウントしますので、別の列を指定しても問題ありません。

ちなみに、図2-2-5の「売上番号」フィールドは、4桁の数字になっています（A2セルであれば「0001」）。これは図2-2-6のように、セルの「表示形式」を「0000」と設定しているためです。

第2章　集計作業を高速で終わらせるためのテクニック

図2-2-6　セルの「表示形式」の設定例

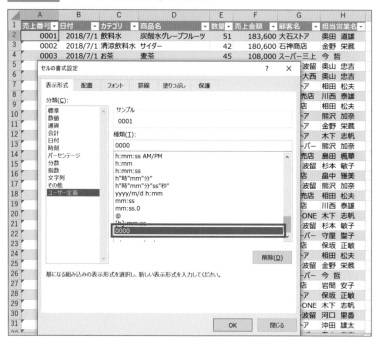

　今回の「売上番号」フィールドのように、主キーの列に対しセルの「表示形式」が役立つケースは多いです。ぜひ、覚えておきましょう。

2-3 ○○別集計を高速化するテクニック

☑ ○○別集計はどうすれば楽に効率化できるのか

SUM等の複数セル範囲の指定は「手作業なし」にできる

2-2で解説したSUMやCOUNTAの離れたセル範囲を集計するテクニックですが、指定するセル範囲が多ければ多いほど、指定するための手作業が増え、誤った範囲を指定してしまうリスクも増えます。

このテクニックは、そもそも集計元データを「商品別」「顧客別」等の一部の項目で、「合計」や「個数」を集計する際に役立つものです。

実務では、この「○○別」の集計は、データから何が言えるかを探る、または相手に理解してもらうために、利用頻度が高く重要です。だからこそ、こうした「○○別集計の手作業を減らすこと」は集計効率アップを図る上では避けては通れない重要ポイントとなります。

では、どうすれば良いのか。それには、「特定のキーワード」を元に「合計」や「個数」を集計できる関数を使いこなしましょう。

具体的には、「SUMIFS」と「COUNTIFS」です。

SUMIFS（合計対象範囲,条件範囲1,条件1,…）
特定の条件に一致する数値の合計を求めます。

COUNTIFS（検索条件範囲1,検索条件1,…）
特定の条件に一致するセルの個数を返します。

具体的な集計手順の解説の前に、SUMIFSとCOUNTIFSで集計するとどうなるか見てみましょう。

図2-3-1は、「売上明細」テーブルの「カテゴリ別」にレコード数と、「売上金額」フィールドの合計値を集計したものです（この集計表は、「売上明細」シートとは別シートです）。

図2-3-1 SUMIFS・COUNTIFSの集計結果イメージ

▼集計元データのシート

	A	B	C	D	E	F	G	H
1	売上番号	日付	カテゴリ	商品名	数量	売上金額	顧客名	担当営業名
2	0001	2018/7/1	飲料水	炭酸水グレープフルーツ	51	183,600	大石ストア	奥田 道雄
3	0002	2018/7/1	清涼飲料水	サイダー	42	180,600	石神商店	金野 栄蔵
4	0003	2018/7/1	お茶	麦茶	45	108,000	スーパー三上	今 哲
5	0004	2018/7/1	お茶	ウーロン茶	39	101,400	スーパー波留	奥山 忠吉
6	0005	2018/7/3	清涼飲料水	サイダー	39	167,700	スーパー大西	奥山 忠吉
7	0006	2018/7/3	お茶	麦茶	57	136,800	大久ストア	相田 松夫
8	0007	2018/7/3	お茶	緑茶	57	157,320	山本販売店	川西 泰雄
9	0008	2018/7/4	お茶	レモンティー	54	216,000	石神商店	相田 松夫
10	0009	2018/7/4	アルコール	ビール	42	403,200	大久ストア	熊本 加奈
11	0010	2018/7/6	清涼飲料水	サイダー	39	167,700	飯田ストア	金野 栄蔵
12	0011	2018/7/7	コーヒー飲料	無糖コーヒー	48	192,000	雨宮ストア	木下 志帆
13	0012	2018/7/7	コーヒー飲料	カフェオレ	48	240,000	野原スーパー	熊本 加奈
14	0013	2018/7/7	清涼飲料水	サイダー	45	193,500	山本販売店	島田 楓華
15	0014	2018/7/8	飲料水	炭酸水グレープフルーツ	60	216,000	スーパー波留	杉本 敏子

▼集計表のシート

B4　fx　=COUNTIFS(売上明細[カテゴリ],$A4)

	A	B	C	D	E	F
1						
2						
3	カテゴリ	売上件数		売上金額合計		
4	清涼飲料水	19		4,058,400		
5	お茶	14		2,122,680		
6	コーヒー飲料	11		2,391,000		
7	飲料水	10		1,456,800		
8	アルコール	7		8,411,136		
9	総計	61		18,440,016		
10						

カテゴリ別の「売上金額」の合計値を集計

カテゴリ別のデータ数を集計

　ご覧のように、条件別に自動的に「合計」や「個数」を集計することができます。

SUMIFSとCOUNTIFSの基本動作をマスターする

　実際に、図2-3-1を例に集計手順を解説していきましょう。

　まずは、関数の数式で指定する項目数が少ないCOUNTIFSから始めます。手順は図2-3-2の通りです。

図2-3-2 COUNTIFSの集計手順

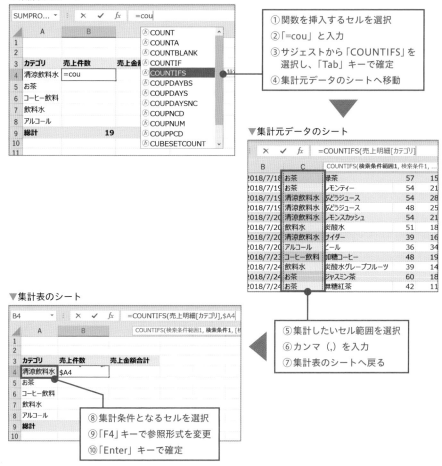

この数式のポイントは、手順⑨です。ここで、コピペ後の動きを想定し、「F4」キーで参照形式をしっかり設定しておきましょう（今回は「F4」キー×3回で列のみ絶対参照）。

なお、ケースによっては、手順⑤で選択した範囲も参照形式を変更した方が良い場合もありますので、ご注意ください。

ちなみに、今回は集計条件が1種類でしたが、COUNIFSは最大127まで設定できます。2種類以上の条件を設定したい場合は、手順⑨の後にカンマ（,）を入力し、条件の数だけ手順④〜⑨を繰り返しましょう。

続いて、SUMIFSの集計手順ですが、図2-3-3の通りです。

図2-3-3　SUMIFSの集計手順

▼集計表のシート

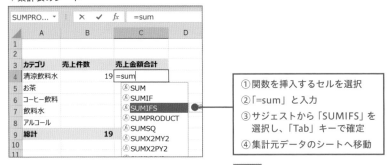

① 関数を挿入するセルを選択
② 「=sum」と入力
③ サジェストから「SUMIFS」を選択し、「Tab」キーで確定
④ 集計元データのシートへ移動

▼集計元データのシート

⑤ 合計したいセル範囲を選択
⑥ カンマ（,）を入力

⑦ 集計したいセル範囲を選択
⑧ カンマ（,）を入力
⑨ 集計表のシートへ戻る

▼集計表のシート

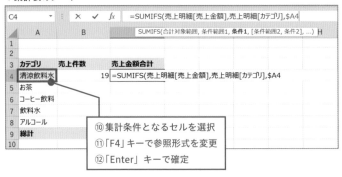

⑩ 集計条件となるセルを選択
⑪ 「F4」キーで参照形式を変更
⑫ 「Enter」キーで確定

基本的には、ほぼCOUNTIFSと同じですが、違うのは手順⑤⑥の部分です。SUMIFSはあくまでも「合計」を求める関数のため、先に合計したいセル範囲を指定しておく必要があります。それ以外は、COUNTIFSと同じだと思っていれば問題ありません（SUMIFSも集計条件は最大127までセット可能）。

SUMIFSのポイントも、コピペ後の動きを計算して参照形式を設定することです。図2-3-3は手順⑪だけにしていますが、必要に応じて手順⑤⑦で設定した各範囲も参照形式を変更してください。

さて、ここまででB4セルにはCOUNTIFS、C4セルにはSUMIFSがセットされました。あとは、この2つの数式をコピーし、5~8行目にペーストします。

ここで、コピペ後の数式が問題ないかのチェックをしっかりと行うことが重要です。コピペ後の数式内容は、図2-3-4の通りです。

図2-3-4　コピペ後の数式内容

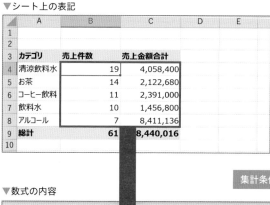

▼シート上の表記

	A	B	C	D	E
1					
2					
3	カテゴリ	売上件数	売上金額合計		
4	清涼飲料水	19	4,058,400		
5	お茶	14	2,122,680		
6	コーヒー飲料	11	2,391,000		
7	飲料水	10	1,456,800		
8	アルコール	7	8,411,136		
9	総計	61	8,440,016		
10					

集計条件のセルが下方向にスライドしている

▼数式の内容

COUNTIFS(売上明細[カテゴリ],$A4)

A	B	C
カテゴリ	売上件数	売上金額合計
清涼飲料水	=COUNTIFS(売上明細[カテゴリ],$A4)	=SUMIFS(売上明細[売上金額],売上明細[カテゴリ],$A4)
お茶	=COUNTIFS(売上明細[カテゴリ],$A5)	=SUMIFS(売上明細[売上金額],売上明細[カテゴリ],$A5)
コーヒー飲料	=COUNTIFS(売上明細[カテゴリ],$A6)	=SUMIFS(売上明細[売上金額],売上明細[カテゴリ],$A6)
飲料水	=COUNTIFS(売上明細[カテゴリ],$A7)	=SUMIFS(売上明細[売上金額],売上明細[カテゴリ],$A7)
アルコール	=COUNTIFS(売上明細[カテゴリ],$A8)	=SUMIFS(売上明細[売上金額],売上明細[カテゴリ],$A8)
総計	=SUM(B4:B8)	=SUM(C4:C8)

ご覧のように、COUNTIFS・SUMIFSの集計条件に指定したセルはコピペ後もちゃんと下方向にスライドできています。

　慣れるまでは、数式をセットしている段階で、こんな完璧に参照形式を設定することは難しいものです。大事なのは、自分の思い通りの結果を得られるまで数式のチェック＆修正を繰り返し、最終的に問題のない数式をセットすることです。

　まずは、コピペ後の動きをイメージしながら、手を動かして何度も数式をセットする経験値を積みましょう。すると、状況に合わせて無意識的に最適な参照形式を設定できるようになっていくものです。

集計表上に集計条件がない場合は「作業セル」を使う

　SUMIFS等のポイントは、集計表上の見出し等のセルを集計条件としてうまく活用することです。

　しかし、実質的に同じでも、「集計表の見出しの表記」と「集計元データ側の表記」が微妙に異なる場合は、Excel的には別データとして扱われてしまいます。

　これでは、せっかくのSUMIFS等の便利機能が発揮できません。

　この場合の対策として、図2-3-5のように余白セルを差し込み、集計条件をそこへ用意しておくと良いです。こうした集計等の作業を効率化するためのセルを、「作業セル」と言います。

図2-3-5　作業セルのイメージ

　ここまで準備ができれば、あとはこの集計条件を活用し、通常通りSUMIFSや
COUNTIFSを活用すれば良いだけです。

　Excelで行う作業は、扱うデータによっては、こうした作業セルをうまく活用
すると一気に効率化できるケースがあります。作業に行き詰ったら、作業セルが
活用できないか検討してみてください。

「〜以上」「〜から始まる」等の
条件で集計するには

☑ ○○別集計をもっと便利にできるのか

関数の集計条件を「フィルター並み」に幅を広げる

　関数の条件付き集計の難点は、「条件との完全一致」が基本となるため、各種フィルター機能よりも柔軟性が低い点です。例えば、図2-4-1のように、フィルターなら顧客名に「スーパー」を含むという条件で絞込みができます。

　このような広めの条件での集計を、SUMIFSやCOUNTIFSで行うことは可能でしょうか？

図2-4-1　フィルターでの絞込みイメージ

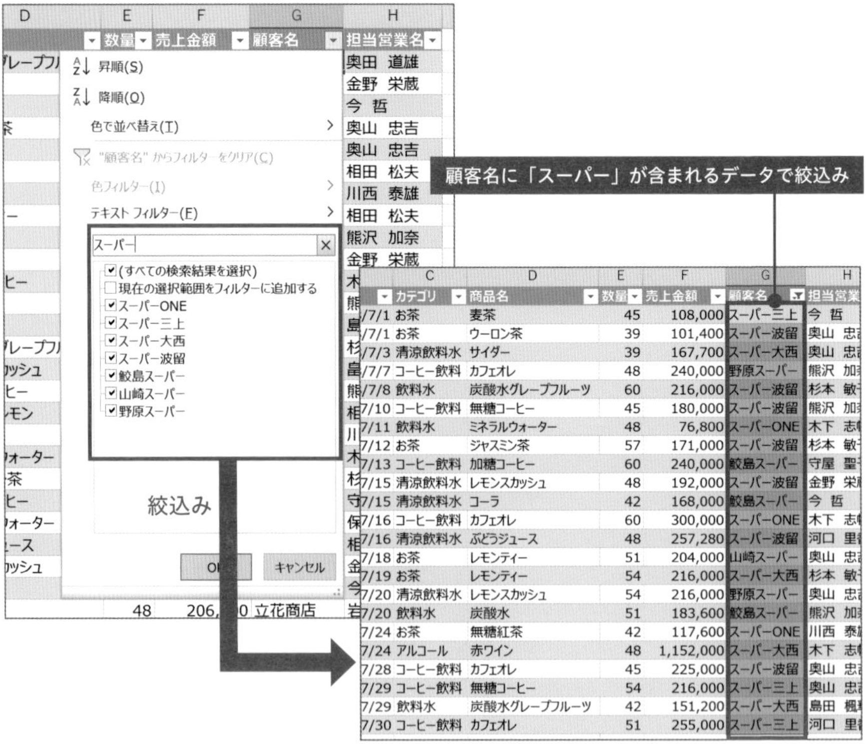

結論から言うと可能です。あるテクニックを使うことで、フィルター並みに集計条件を広げられます。つまり、SUMIFSやCOUNTIFSをパワーアップできるわけですね。

関数で「～で始まる」「～を含む」「～で終わる」等の条件で集計する

まずは、テキストフィルター等の代表的な絞込み条件を関数で設定する方法です。図2-4-1の例の通り、顧客名に「スーパー」を含むレコード数を集計してみたのが図2-4-2です。

図2-4-2 関数での「～含む」の集計例

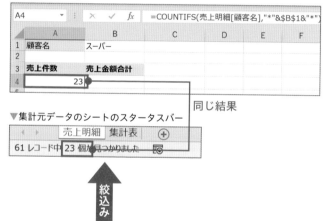

▼集計表のシート

▼集計元データのシートのスタータスバー

▼集計元データのシート（「売上明細」テーブル）

第2章 集計作業を高速で終わらせるためのテクニック

関数の集計結果は、ご覧の通り件数は「23」でした。念のため、集計元データの「顧客」フィールドでも「スーパー」でフィルターをかけてみましたが、結果は同じく「23」なので、計算誤りはありません。

このテクニックのポイントは、関数の集計条件部分を「"*"&$B$1&"*"」のように、アスタリスク（*）を活用することです。

このアスタリスク（*）は「ワイルドカード」と呼ばれ、「任意の文字列の代わり」となります。

ちなみに、アスタリスク（*）は代わりとなる文字数に制限はないですが、1文字単位で制限したい場合は、はてなマーク（?）を使いましょう。こちらは、1文字あたりで任意の文字列の代わりにできます。

ワイルドカードを活用して実現できる集計条件は、図2-4-3の通りです。

図2-4-3	ワイルドカードで実現できる集計条件

集計条件	検索例 ※キーワード例："スーパー"	数式にキーワードを直接入力する場合	キーワードが入力されたセルを参照する場合 ※例：B1セル
～で始まる	"スーパー"で始まる	"スーパー*"	B1&"*"
～で始まらない	"スーパー"で始まらない	"<>スーパー*"	"<>"&B1&"*"
～で終わる	"スーパー"で終わる	"*スーパー"	"*"&B1
～で終わらない	"スーパー"で終わらない	"<>*スーパー"	"<>*"&B1
～を含む	"スーパー"を含む	"*スーパー*"	"*"&B1&"*"
～を含まない	"スーパー"を含まない	"<>*スーパー*"	"<>*"&B1&"*"

※ワイルドカードを1文字単位にしたい場合は、"*"を"?"へ置き換えてください。

このように、キーワード部分を数式に直接入力するか、セルへ入れて参照するかで記述方法が異なります。

基本はキーワードを入れ替えやすいセル参照を推奨しますが、ダブルクォーテーション（"）とアンパサンド（&）が増え、数式が複雑になります。入力漏れや不要な文字を入力しないよう注意しましょう。

ちなみに、図2-4-3だけではイメージが湧かない人向けに、全パターンを集計してみたものが図2-4-4です（セル参照バージョン）。

図2-4-4 ワイルドカードを活用した集計例

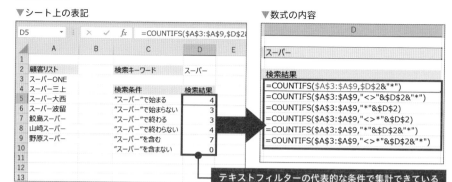

テキストフィルターの代表的な条件で集計できている

関数で「～以上」「～以下」等の条件で集計する

　続いて、数値フィルターや日付フィルター等の代表的な絞込み条件を関数で設定する方法です。一例として、日付が「2018/7/15」以前のレコード数を集計してみたものが、図2-4-5です。

図2-4-5 関数での「~以下」（「~以前」）の集計例

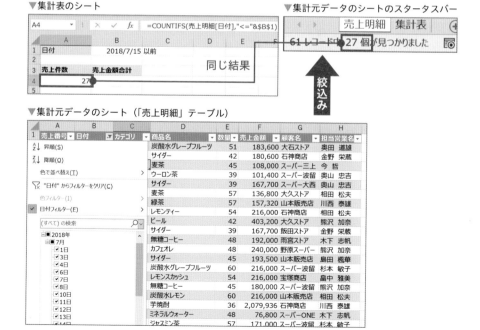

関数の集計結果はご覧の通り、件数は「27」でした。こちらも集計元データの「日付」フィールドで、「2018/7/15」までのアイテムでフィルターをかけてみた結果、同じく「27」です。

このテクニックのポイントは、関数の集計条件部分を「"<="&$B$1」のように不等号（<=等）を活用することです。Excelでは、こうした等号・不等号を「比較演算子」と言います。

比較演算子を活用すると、図2-4-6のような集計条件が実現できます。

図2-4-6　比較演算子で実現できる集計条件

集計条件 （日付の場合）	検索例 ※キーワード例：2018/7/15	数式にキーワードを直接 入力する場合	キーワードが入力された セルを参照する場合 ※例：B1セル
~と等しい	"2018/7/15"と等しい	"2018/7/15" or "=2018/7/15"	B1or "="&B1
~と等しくない	"2018/7/15"と等しくない	"<>2018/7/15"	"<>"&B1
~より大きい （~より後）	"2018/7/15"より後	">2018/7/15"	">"&B1
~以上 （~以降）	"2018/7/15"以降	">=2018/7/15"	">="&B1
~より小さい （~より前）	"2018/7/15"より前	"<2018/7/15"	"<"&B1
~以下 （~以前）	"2018/7/15"以前	"<=2018/7/15"	"<="&B1

こちらもワイルドカード同様に、キーワード部分を数式に直接入力するか、セルへ入れて参照するかで記述方法が異なります。

セル参照バージョンで全パターンを集計したものを、参考までに図2-4-7へまとめてみました。

図2-4-7 比較演算子を活用した集計例

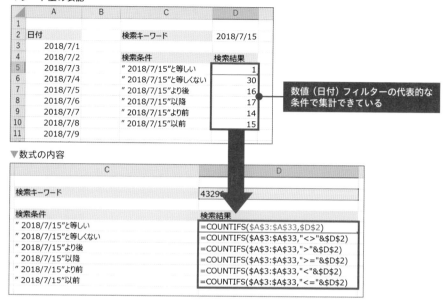

▼シート上の表記

▼数式の内容

さらに、比較演算子の応用として、「～以上」「～以下」等の2つの集計条件を組み合わせ、数値の「範囲内」や日付の「期間内」も集計できます。試しに、日付が「2018/7/1~2018/7/18」という期間内のレコード数を集計したものが、図2-4-8です。

図2-4-8 「期間内」の集計例

このように、COUNTIFS等は、同じ「日付」フィールドで複数条件を指定することもできます。ぜひ覚えておきましょう。

第2章 集計作業を高速で終わらせるためのテクニック

マウス操作のみで
瞬時に集計表をつくる方法

☑ 集計表を手早く作成するにはどうしたら良いか

最速で集計表を作成するならピボットテーブル

　Excelで集計表をつくる最速な手法は、「ピボットテーブル」です。しかも、関数のように手作業で集計表の表組みや、数式の設定作業が必要ありません。マウス操作のみで〇〇別集計もでき、いろいろな型の集計表もピボットテーブル側で自動的に作成できるため、非常に便利です。

図2-5-1　ピボットテーブルの集計イメージ

▼集計元データのシート（「売上明細」テーブル）

	A	B	C	D	E	F	G	H
1	売上番号	日付	カテゴリ	商品名	数量	売上金額	顧客名	担当営業名
2	0001	2018/7/1	飲料水	炭酸水グレープフルーツ	51	183,600	大石ストア	奥田 道雄
3	0002	2018/7/1	清涼飲料水	サイダー	42	180,600	石神商店	金野 栄蔵
4	0003	2018/7/1	お茶	麦茶	45	108,000	スーパー三上	今 哲
5	0004	2018/7/1	お茶	ウーロン茶	39	101,400	スーパー波留	奥山 忠吉
6	0005	2018/7/3	清涼飲料水	サイダー	39	167,700	スーパー大西	奥山 忠吉
7	0006	2018/7/3	お茶	麦茶	57	136,800	大久ストア	相田 松夫
8	0007	2018/7/3	お茶	緑茶	57	157,320	山本販売店	川西 泰雄
9	0008	2018/7/4	お茶	レモンティー	54	216,000	石神商店	相田 松夫
10	0009	2018/7/4	アルコール	ビール	42	403,200	大久ストア	熊沢 加奈
11	0010	2018/7/6	清涼飲料水	サイダー	39	167,700	飯田ストア	金野 栄蔵
12	0011	2018/7/7	コーヒー飲料	無糖コーヒー	48	192,000	雨宮ストア	木下 志帆
13	0012	2018/7/7	コーヒー飲料	カフェオレ	48	240,000	野原スーパー	熊沢 加奈
14	0013	2018/7/7	清涼飲料水	サイダー	45	193,500	山本販売店	島田 楓華
15	0014	2018/7/8	飲料水	炭酸水グレープフルーツ	60	216,000	スーパー波留	杉本 敏子

集計

▼集計表のシート（ピボットテーブル）

	A	B	C	D	E	F	G
1							
2							
3	行ラベル	合計 / 売上金額					
4	アルコール	8,411,136					
5	お茶	2,122,680					
6	コーヒー飲料	2,391,000					
7	飲料水	1,456,800					
8	清涼飲料水	4,058,400					
9	総計	18,440,016					

ピボットテーブルのフィールド

レポートに追加するフィールドを選択してください：

検索

☐ 売上番号
☐ 日付
☑ カテゴリ
☐ 商品名
☐ 数量
☑ 売上金額
☐ 顧客名
☐ 担当営業名

次のボックス間でフィールドをドラッグしてください：

▼ フィルター　　　‖‖ 列

　ピボットテーブルのイメージですが、集計元データから集計表（ピボットテーブルレポート）を新たに作成する機能です（図2-5-1）。

　なお、集計元データの表がしっかり「テーブル」の条件を満たしていないと、ピボットテーブルは作成できません。原則、集計元データをテーブル化しておくことをおすすめします。

ピボットテーブルの基本動作をマスターする

　では、ピボットテーブルでどのように集計していくのか、操作手順を確認していきましょう。

　まず、ピボットテーブル（レポート）の挿入することから始めます。手順は図2-5-2の通りです。

図2-5-2　ピボットテーブル（レポート）の挿入手順

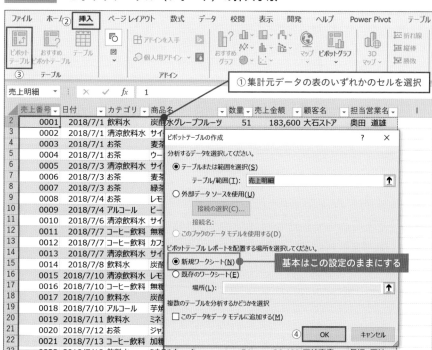

※②~④：クリック

「ピボットテーブルの作成」ダイアログ内のピボットテーブルレポートの配置場所は、「新規ワークシート」がデフォルトです。新規シートの方が管理しやすいため、基本はこの設定のままで問題ありません（必要であれば、既存シートの任意のセルへ変更指定）。

また、手順①で指定した集計元データがテーブル化されていると、仮に集計元データへデータが追加されても、ピボットテーブル側の参照範囲も自動的に同期されるため、集計ミスが減って便利です。

続いて、作成された新規シート側の操作です。新規シート上には自動的に「ピボットテーブルのフィールド」ウィンドウが表示されます（図2-5-3）。

図2-5-3 **「ピボットテーブルのフィールド」ウィンドウのイメージ**

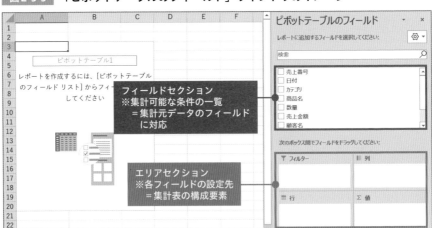

ピボットテーブルの基本動作は、フィールドセクションの任意のフィールド名をドラッグし、エリアセクションにドロップすることです。

なお、エリアセクションで最重要なのは「値」ボックスです。ここが集計機能を担っています。一例として、図2-5-4をご覧ください。

図2-5-4　ピボットテーブルでの「合計」の集計イメージ

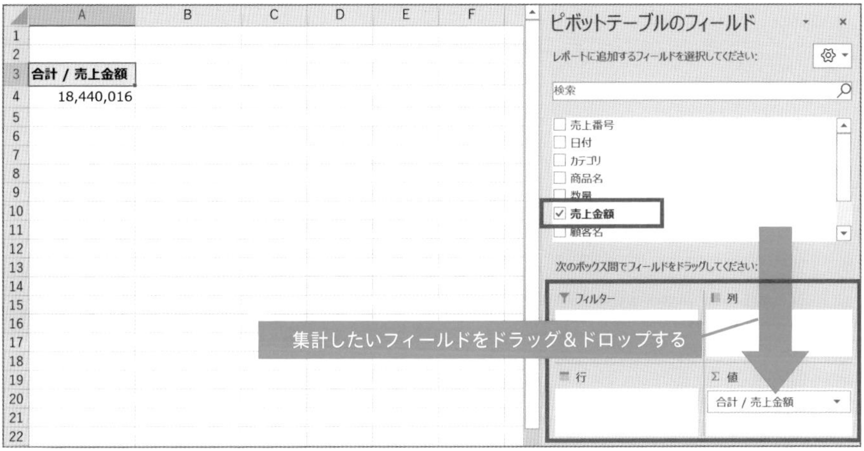

「売上金額」フィールドを「値」ボックスにドロップした結果、A3・A4セルに売上金額の「合計」が集計されました。

このように、エリアセクションにドロップした内容に応じて、集計結果がシート上へ自動的に表示されます。

なお、ピボットテーブルで集計後、集計元データが更新された場合、ピボットテーブル側には自動的に反映されません。反映させたい場合は、ピボットテーブル上で右クリックし、「更新」のクリックが適宜必要です。

集計方法は自由に切り替えることが可能

ピボットテーブルの集計方法は、デフォルトでは「値」ボックスへドロップしたフィールドのデータに応じて、自動的に決まります。

具体的には、数値データのフィールドは「合計」、それ以外のデータは「個数」で集計される仕様ですが、変更することも可能です。

先ほどの「合計」を「個数」へ変更してみましょう（図2-5-5）。

図2-5-5 ピボットテーブルの集計方法の変更手順

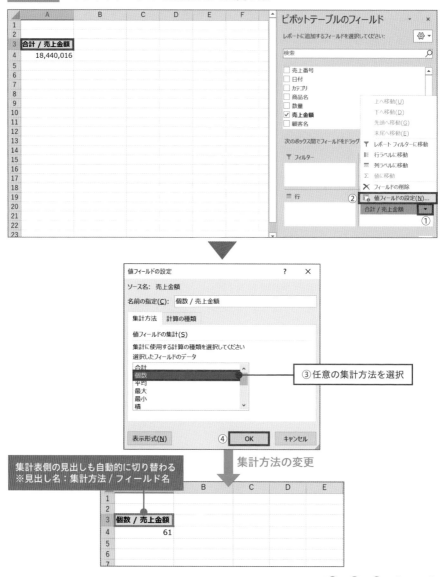

※①、②、④：クリック

　これで、無事にデータの「個数」を集計することができました。なお、シート側の集計表の見出し名も自動的に変更が反映されます（見出し名のルールは「集計方法 / フィールド名」です）。

さまざまなレイアウトの集計表をピボットテーブルで作成する

　続いて、エリアセクションの「行」「列」ボックスの用途ですが、これらは集計表の見出し（縦軸・横軸）となります。慣れるまでは、「行」「列」ボックスのどちらが縦軸か横軸になるか分かりにくいため、代表的なパターンを図2-5-6にまとめました。

図2-5-6　集計表レイアウトパターン別のピボットテーブル設定例

①単純集計表（見出しが1行or1列）

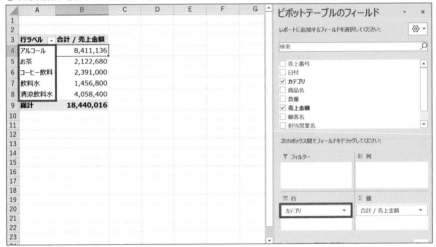

②クロス集計表（見出しが1行×1列）

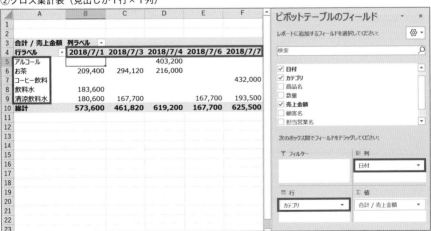

③階層集計表（見出しが行列2種類以上）

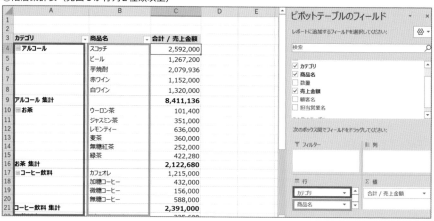

④多重クロス集計表（見出しが1行以上×1列以上）

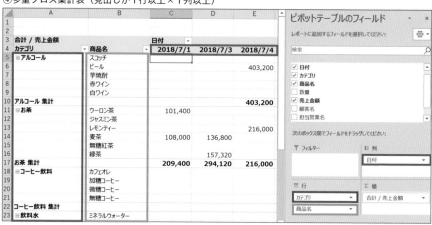

　図2-5-6は分かりやすいように、集計表の見出しと「行」「列」ボックスで同じフィールド部分を色分けしてみました。「行」「列」ボックスは、集計表の縦軸・横軸とほぼ同じ位置にありますね（「行」ボックスは縦軸、「列」ボックスは横軸）。

　このイメージを持っておくと、作成したい集計表をより直感的かつスピーディーに作成することができます。

　なお、図2-5-6の③④の集計表は、実は階層構造を見やすくするためにピボットテーブルのレイアウト形式を「表形式」へ変更しています。

　デフォルトでは、「行」ボックスへ複数フィールドをドロップすると、1列です

べてのフィールドがインデントで階層表示される「コンパクト形式」ですが、見にくい場合は「表形式」へ変更しましょう。

この変更手順は、図2-5-7の通りです。

図2-5-7　ピボットテーブルのレイアウト形式の変更手順

コンパクト形式

表形式

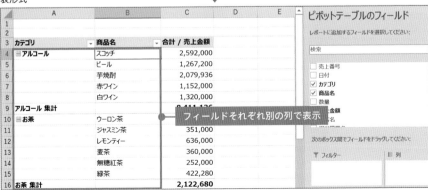

※①～③：クリック

061

2-6 集計範囲を自由自在に切り替える

☑ 集計表の集計範囲は、どうすれば簡単に切り替えできるか

ピボットテーブルなら集計範囲の切り替えが簡単

実務では、集計元データの中から特定の範囲に絞って集計したいケースがあります。例えば、同じ集計元データから顧客や部署ごとに別の集計表を作成する等です。

こうした場合、関数でも作成できますが、ピボットテーブルは手軽に作成できる機能が充実しています。

1番オーソドックスなのが、エリアセクションの「フィルター」ボックス（レポートフィルター）を活用する方法です。

集計範囲を絞る条件となるフィールド名を「フィルター」ボックスへドロップすると、図2-6-1のようになります。

図2-6-1 「フィルター」ボックスの設定イメージ

集計表の上部にフィルター条件が表示されていますね。

最初は、フィルター条件が「(すべて)」になっているため、プルダウンをクリックし、フィルター条件とするアイテム(フィールド配下のデータのこと)を選択しましょう。複数アイテムで絞込みを掛けたい場合は、「複数のアイテムを選択」のチェックを入れれば複数選択可能となります。

なお、他のボックスと同様に、複数フィールドをドロップできます。その場合は、複数フィールドの条件で絞込みが可能です。

集計範囲を視覚化するテクニック

「フィルター」ボックスでの集計範囲を絞込む方法も、デメリットがあります。それは、パッと見でどのような条件で絞り込まれているかが分かりにくいことです。

例えば、「スーパー」を含む顧客名で絞り込んでいた場合、集計表上のB1セルの表示は「(複数のアイテム)」となります(図2-6-2)。これでは、B1セルのプルダウンを開かないと条件が分かりません。

図2-6-2　「フィルター」ボックスで複数アイテム選択時の表示

図2-6-3　スライサーの設定手順

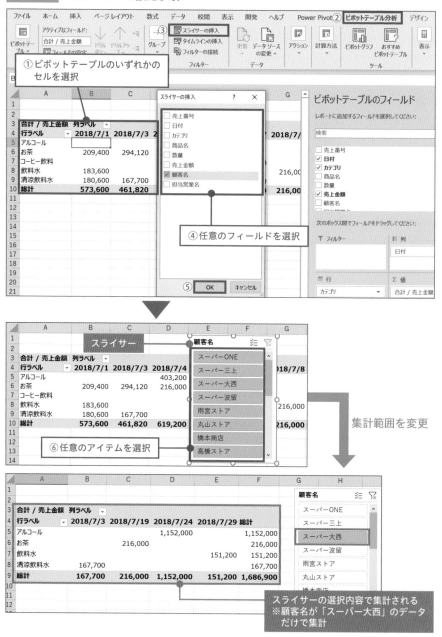

①ピボットテーブルのいずれかのセルを選択

④任意のフィールドを選択

⑤ OK

⑥任意のアイテムを選択

集計範囲を変更

スライサーの選択内容で集計される
※顧客名が「スーパー大西」のデータだけで集計

※②、③、⑤：クリック

　特に、絞込む条件が変わる頻度が高い場合は、いちいちB1セルのプルダウンを開かないといけないのは少し面倒です。

　こういう場合に役立つのが、「スライサー」という機能です。これを活用すると、集計範囲を視覚化できます。

　スライサーを使うと、絞込み条件にしたいフィールドのアイテムが一覧でボタン表示され、クリック操作で条件を設定できます。設定手順は、図2-6-3の通りです。

　今回は、「顧客」フィールドを絞込み条件に選択したため、「顧客」スライサーが挿入されました。

　あとは手順⑥の通り、スライサー上で任意のアイテムをクリック操作で選択することで、実際に絞込みが可能となります。

　なお、アイテムのクリック以外のスライサー操作は、図2-6-4の通りです。

図2-6-4　スライサー上のボタン効果

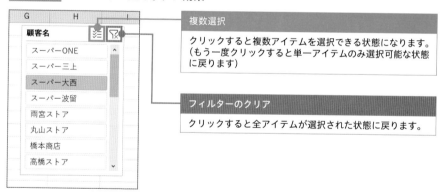

　もし、スライサー自体を削除したい場合は、スライサーを選択して「Delete」キーで削除できます。また、複数フィールドでの絞込みを行いたい場合は、1つのピボットテーブルへ複数のスライサーを挿入することも可能です。

　ちなみに、スライサーはExcel2010から実装された機能のため、Excel2007以前では使用できません。ご注意ください。

視覚的に「時間軸」で集計範囲を絞り込む

スライサーと類似機能ですが、日付に特化して集計範囲を視覚的に絞り込める「タイムライン」という機能もあります。タイムラインは、集計期間をバーで表示

図2-6-5 タイムラインの設定手順

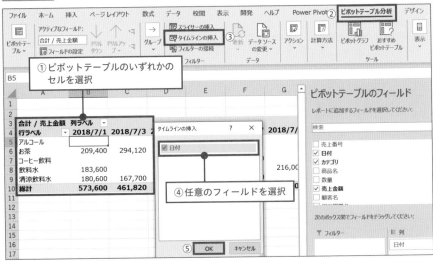

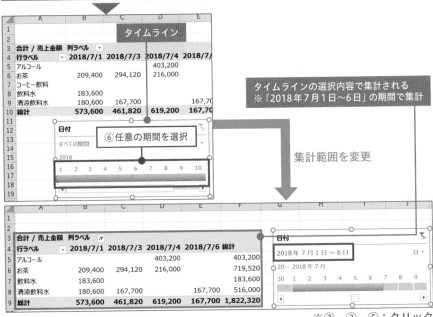

※②、③、⑤:クリック

しており、このバーをドラッグ操作で絞込み設定が可能です。設定手順は、図2-6-5の通りです。

　タイムライン挿入までは、ほぼスライサーと同じです。相違点は、タイムラインが日付データのフィールドのみ対象だということです。

　なお、バーのドラッグ以外のタイムライン操作は図2-6-6の通りです。

図2-6-6　**タイムライン上のボタン効果**

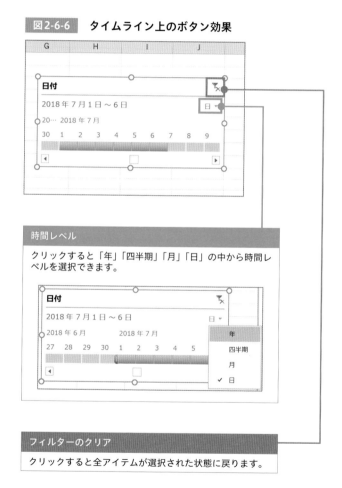

　タイムラインの削除方法や複数挿入の可否については、スライサーと同じです。ちなみに、タイムラインはExcel2013から実装された機能のため、Excel2010以前では使えません。ご注意ください。

なお、スライサー・タイムラインは、図2-6-7のように集計表の上・左の余白へうまく配置すると、見やすく使いやすくなります。

図 2-6-7　スライサー・タイムラインの配置例

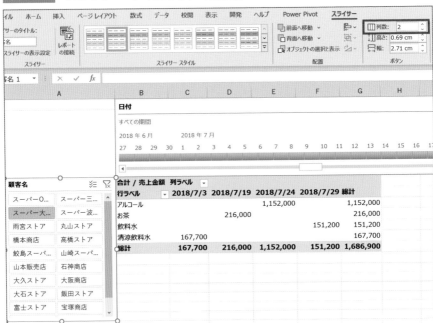

　スライサー・タイムラインのサイズの調整方法は、図形と同じです。一度スライサー・タイムラインを選択し、縦・横・四隅の任意の部分をマウスでドラッグして調整します。

　さらに、スライサーは、列数を複数にした方がコンパクトにまとめられるケースがあります。列数の変更方法は次の通りです。

リボン「スライサー」タブ→「列数」（数値はスピンボタンで選択）

売上明細の全レコード数をカウントする

サンプルファイル：【2-A】201807_売上明細.xlsx

関数で集計元データのレコードの「個数」を集計する

　ここから演習です。今までの解説を実務へ活用していくためにも、サンプルファイルをもとに実際に操作してみましょう。

　まずは、2-1で解説した集計の基本の復習です。サンプルファイルの「売上明細」シートのレコードの「個数」を関数で集計してください。

　「個数」の集計結果を表示するセルはどこでも良いです。なお、図2-A-1のJ2セルと同じ結果となればOKです。

図2-A-1　演習2-Aのゴール

	A	B	C	D	E	F	G	H	I	J
1	売上番号	日付	カテゴリ	商品名	数量	売上金額	顧客名	担当営業名		レコード数
2	0001	2018/7/1	飲料水	炭酸水グレープフルーツ	51	183,600	大石ストア	奥田 道雄		61
3	0002	2018/7/1	清涼飲料水	サイダー	42	180,600	石神商店	金野 栄蔵		
4	0003	2018/7/1	お茶	麦茶	45	108,000	スーパー三上	今 哲		
5	0004	2018/7/1	お茶	ウーロン茶	39	101,400	スーパー波留	奥山 忠吉		
6	0005	2018/7/3	清涼飲料水	サイダー	39	167,700	スーパー大西	奥山 忠吉		
7	0006	2018/7/3	お茶	麦茶	57	136,800	大久ストア	相田 松夫		レコード数をカウントする
8	0007	2018/7/3	お茶	緑茶	57	157,320	山本販売店	川西 泰雄		
9	0008	2018/7/4	お茶	レモンティー	54	216,000	石神商店	相田 松夫		
10	0009	2018/7/4	アルコール	ビール	42	403,200	大久ストア	熊沢 加奈		
11	0010	2018/7/6	清涼飲料水	サイダー	39	167,700	飯田ストア	金野 栄蔵		
12	0011	2018/7/7	コーヒー飲料	無糖コーヒー	48	192,000	雨宮ストア	木下 志帆		
13	0012	2018/7/7	コーヒー飲料	カフェオレ	48	240,000	野原スーパー	熊沢 加奈		
14	0013	2018/7/7	清涼飲料水	サイダー	45	193,500	山本販売店	島田 楓華		
15	0014	2018/7/8	飲料水	炭酸水グレープフルーツ	60	216,000	スーパー波留	杉本 敏子		
16	0015	2018/7/10	清涼飲料水	レモンスカッシュ	54	216,000	宝塚商店	畠中 雅美		
17	0016	2018/7/10	コーヒー飲料	無糖コーヒー	45	180,000	スーパー波留	熊沢 加奈		
18	0017	2018/7/10	飲料水	炭酸水レモン	60	216,000	山本販売店	相田 松夫		
19	0018	2018/7/10	アルコール	芋焼酎	36	2,079,936	石神商店	川西 泰雄		
20	0019	2018/7/11	飲料水	ミネラルウォーター	48	76,800	スーパーONE	木下 志帆		
21	0020	2018/7/12	お茶	ジャスミン茶	57	171,000	スーパー波留	杉本 敏子		
22	0021	2018/7/13	コーヒー飲料	加糖コーヒー	60	240,000	鮫島スーパー	守屋 聖子		
23	0022	2018/7/13	飲料水	ミネラルウォーター	54	86,400	石神商店	保坂 正敏		
24	0023	2018/7/14	清涼飲料水	りんごジュース	57	342,000	丸山ストア	相田 松夫		
25	0024	2018/7/15	清涼飲料水	レモンスカッシュ	48	192,000	スーパー波留	金野 栄蔵		

売上明細

　さて、ここでデータ数をカウントする関数は何か、パッと分かったでしょうか？
そう、「COUNTA」でしたね。では、こちらをどのような手順でセットしてい

くか、実際に手を動かしながら確認していきましょう。

データ数は「COUNTA」でカウントする

今回は、COUNTAをJ2セルへ挿入したいと思います。手順は図2-A-2の通りです。

図2-A-2 **COUNTAの集計手順**

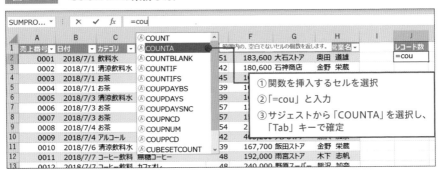

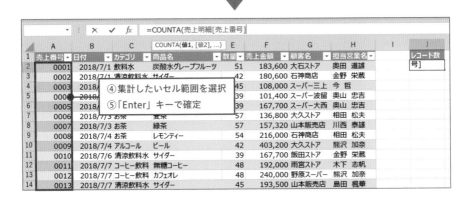

手順②は必ずIMEの入力モードを「半角英数」で入力しないと、関数名がサジェストされませんのでご注意ください。

最終的に、J2セルの結果が「61」となっていればOKです。

もし異なる結果が出た場合は、COUNTAで指定した範囲が誤っている可能性が高いので、「F2」キーで参照範囲を必ず確認してください。

集計元データの全レコード数のカウントは「主キー」を対象にする

　今回のように、集計元データのレコード全体の個数をカウントする場合、カウント対象として指定するフィールドは、基本的に「主キー」にしましょう。なぜなら、集計元データの全レコード数をカウントするには、入力必須であるフィールドが望ましいためです（主キーは基本入力必須）。

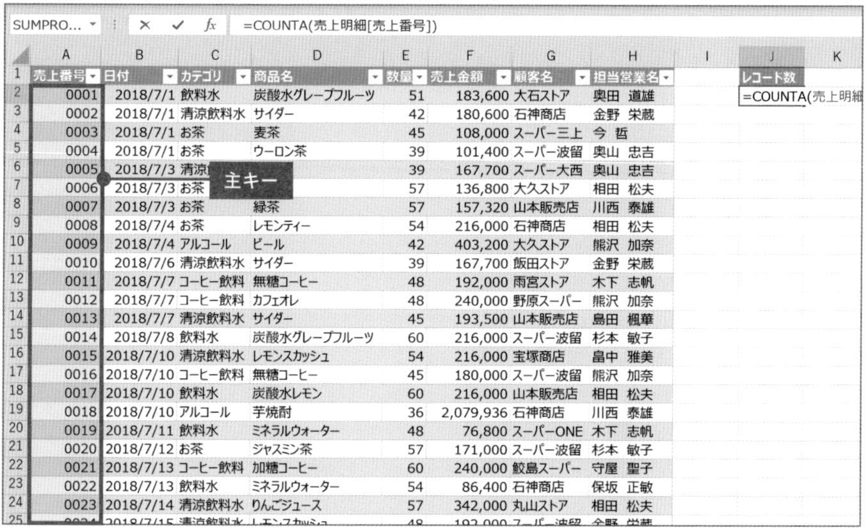

　これが、未入力のレコードがあるフィールドを指定しまうと、カウント誤りが起きるリスクがありますのでご注意ください。

　ちなみに、今回の「売上明細」テーブルの主キーは「売上番号」でした（図2-A-3）。

図2-A-3　「売上明細」テーブルの主キー

　これはCOUNTAに限った話ではありません。ピボットテーブルで集計元データの全レコードをカウントする場合においても、指定するフィールドは「主キー」にしましょう。

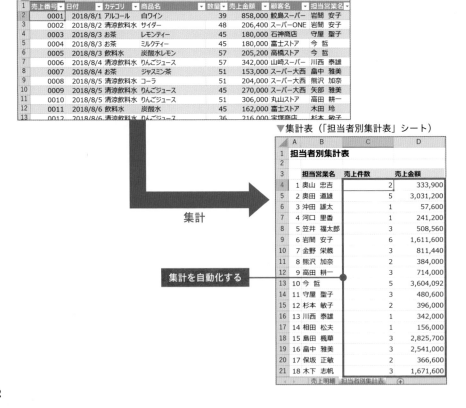

担当者別に「受注件数」「売上金額」を求める

サンプルファイル：【2-B】201808_売上明細.xlsx

関数で担当者別の集計を自動化する

続いての演習は、2-3で解説した「○○別集計」の復習です。

サンプルファイルの「売上明細」シートを集計元データとし、「担当別集計表」シートの担当者別の集計欄に関数をセットしましょう。

なお、図2-B-1の右側の表と同じ結果となればOKです。

図2-B-1　演習2-Bのゴール

▼集計元データ（「売上明細」テーブル）

売上番号	日付	カテゴリ	商品名	数量	売上金額	顧客名	担当営業名
0001	2018/8/1	アルコール	白ワイン	39	858,000	鮫島スーパー	岩間 安子
0002	2018/8/2	清涼飲料水	サイダー	48	206,400	スーパーONE	岩間 安子
0003	2018/8/3	お茶	レモンティー	45	180,000	石神商店	守屋 聖子
0004	2018/8/3	お茶	ミルクティー	45	180,000	富士ストア	今 哲
0005	2018/8/3	飲料水	炭酸水レモン	57	205,200	高橋ストア	今 哲
0006	2018/8/4	清涼飲料水	りんごジュース	57	342,000	山崎スーパー	川西 泰雄
0007	2018/8/4	お茶	ジャスミン茶	51	153,000	スーパー大西	畠中 雅美
0008	2018/8/5	清涼飲料水	コーラ	51	204,000	スーパー大西	熊沢 加奈
0009	2018/8/5	清涼飲料水	りんごジュース	45	270,000	スーパー大西	矢部 雅美
0010	2018/8/5	清涼飲料水	りんごジュース	51	306,000	丸山ストア	高田 耕一
0011	2018/8/6	飲料水	炭酸水	45	162,000	富士ストア	木田 玲
0012	2018/8/6	清涼飲料水	りんごジュース	36	216,000	宝塚商店	杉本 敏子

集計

集計を自動化する

▼集計表（「担当者別集計表」シート）

担当者別集計表

	担当営業名	売上件数	売上金額
1	奥山 忠吉	2	333,900
2	奥田 道雄	5	3,031,200
3	沖田 雄太	1	57,600
4	河口 里香	1	241,200
5	笠井 福太郎	3	508,560
6	岩間 安子	6	1,611,600
7	金野 栄蔵	3	811,440
8	熊沢 加奈	2	384,000
9	高田 耕一	3	714,000
10	今 哲	5	3,604,092
11	守屋 聖子	3	480,600
12	杉本 敏子	2	396,000
13	川西 泰雄	1	342,000
14	相田 松夫	1	156,000
15	島田 楓華	3	2,825,700
16	畠中 雅美	3	2,541,000
17	保坂 正敏	2	366,600
18	木下 志帆	3	1,671,600

売上明細　担当者別集計表

さて、どの関数を使えば良いか、見当はつきましたか？

今回は、「担当者別」という条件付きの集計のため、「売上件数」はCOUNTIFS、「売上金額」はSUMIFSで集計していきます。

担当者別の「売上件数」はCOUNTIFSでカウントする

まずは、「担当別集計表」シートのC4セルへCOUNTIFSをセットします。手順は図2-B-2の通りです。

図2-B-2　COUNTIFSの集計手順

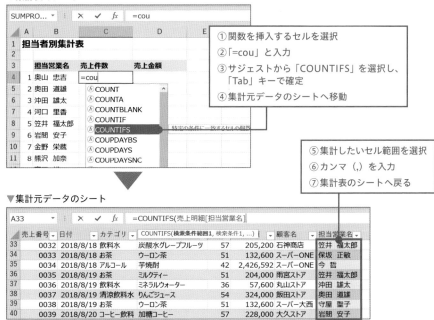

▼集計表のシート

① 関数を挿入するセルを選択
② 「=cou」と入力
③ サジェストから「COUNTIFS」を選択し、「Tab」キーで確定
④ 集計元データのシートへ移動

⑤ 集計したいセル範囲を選択
⑥ カンマ（,）を入力
⑦ 集計表のシートへ戻る

▼集計元データのシート

▼集計表のシート

⑧ 集計条件となるセルを選択
⑨ 「F4」キーで参照形式を変更
⑩ 「Enter」キーで確定

この数式は後で5行目以下へコピペするため、その後の動きを想定し、手順⑨でしっかりと参照形式を変更しておきましょう。

ちなみに、今回は列だけ固定したいので、F4キーを3回クリックすればOKです（アルファベットの前だけ「$」が付いた状態）。

担当者別の「売上金額」はSUMIFSで合計する

続いて、D4セルへSUMIFSをセットしましょう。手順は図2-B-3の通りです。

図2-B-3 SUMIFSの集計手順

▼集計表のシート

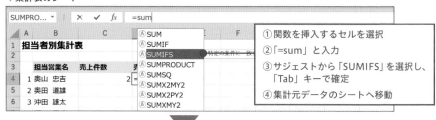

▼集計元データのシート

▼集計表のシート

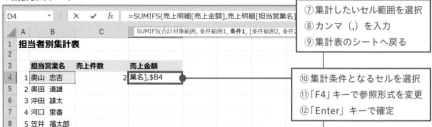

COUNTIFSと手順はほぼ一緒ですが、SUMIFS特有の手順⑤の合計範囲は、「売上金額」フィールドをしっかり指定してください。

最後は、C4・D4セルの数式を5~23行へコピペして完了です。

図2-B-4　ペースト後の数式内容

▼シート上の表記

集計条件のセルが下方向にスライドしている

▼数式の内容

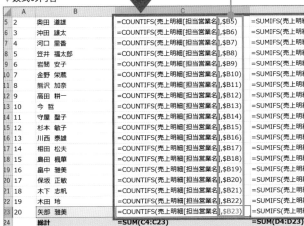

「担当者別×カテゴリ別」の クロス集計表をつくる

サンプルファイル：【2-C】201807_売上明細.xlsx

ピボットテーブルで2軸のクロス集計を行う

続いての演習は、2-5で解説したピボットテーブルの復習です。

サンプルファイルの「売上明細」シートを集計元データとし、ピボットテーブルで「担当者別×カテゴリ別」のクロス集計表を作成しましょう。

なお、クロス集計表は「売上金額合計」を集計し、かつ新規シートへ配置とします。結果的に、図2-C-1になることがゴールです。

図2-C-1　演習2-Cのゴール

▼集計元データのシート（「売上明細」テーブル）

	A	B	C	D	E	F	G	H
1	売上番号	日付	カテゴリ	商品名	数量	売上金額	顧客名	担当営業名
2	0001	2018/7/1	飲料水	炭酸水グレープフルーツ	51	183,600	大石ストア	奥田 道雄
3	0002	2018/7/1	清涼飲料水	サイダー	42	180,600	石神商店	金野 栄蔵
4	0003	2018/7/1	お茶	麦茶	45	108,000	スーパー三上	今 哲
5	0004	2018/7/1	お茶	ウーロン茶	39	101,400	スーパー波留	奥山 忠吉
6	0005	2018/7/3	清涼飲料水	サイダー	39	167,700	スーパー大西	奥山 忠吉
7	0006	2018/7/3	お茶	麦茶	57	136,800	大久保	相田 松夫
8	0007	2018/7/3	お茶	緑茶	57	157,320	山本販売店	川西 泰雄
9	0008	2018/7/4	アルコール	レモンティー	54	216,000	石神商店	相田 松夫
10	0009	2018/7/4	アルコール	ビール	42	403,200	大久保	熊沢 加奈
11	0010	2018/7/6	清涼飲料水	サイ…	39	167,700	販田ストア	金野 栄蔵

集計

▼集計表のシート（ピボットテーブル）

担当者別×カテゴリ別の
クロス集計表をつくる

	A	B	C	D	E	F	G
1							
2							
3	合計 / 売上金額	列ラベル					
4	行ラベル	アルコール	お茶	コーヒー飲料	飲料水	清涼飲料水	総計
5	奥山 忠吉	1,320,000	305,400	441,000		383,700	2,450,100
6	奥田 道雄				183,600		183,600
7	沖田 雄太		291,720	156,000		216,000	663,720
8	河口 里香		255,000			714,720	969,720
9	岩間 安子					206,400	206,400
10	金野 栄蔵			195,000		842,700	1,037,700
11	熊沢 加奈	403,200	115,200	420,000	183,600	206,400	1,328,400
12	高田 耕一				202,800		202,800
13	今 哲		108,000			168,000	276,000
14	守屋 聖子			240,000			240,000
15	杉本 敏子		387,000	192,000	356,400		935,400
16	川西 泰雄	2,079,936	274,920			257,280	2,612,136
17	相田 松夫	345,600	352,800		216,000	342,000	1,256,400
18	島田 楓華				151,200	361,200	512,400
19	畠中 雅美		287,640			360,000	647,640
20	保坂 正敏	2,592,000			86,400		2,678,400
21	木下 志帆	1,152,000		492,000	76,800		1,720,800
22	矢部 雅美	518,400					518,400
23	総計	8,411,136	2,122,680	2,391,000	1,456,800	4,058,400	18,440,016

まずは、ピボットテーブルを新規シートへ挿入する

最初に行うべきは、ピボットテーブル（レポート）を新規シートへ挿入することです。手順は図2-C-2の通りです。

図2-C-2　ピボットテーブル（レポート）の挿入手順

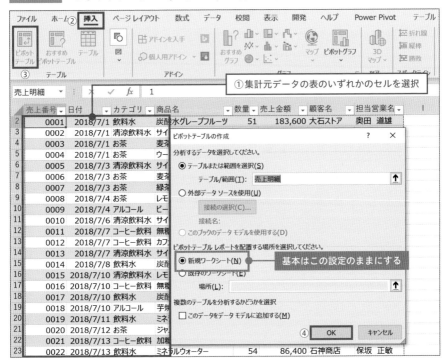

※②～④：クリック

作成された新規シート上には、「ピボットテーブルのフィールド」ウィンドウが表示されます。

エリアセクションへ集計条件のフィールドをドロップする

続いて、新規シートへクロス集計表を作成するため、「ピボットテーブルのフィールド」ウィンドウのフィールドセクションから、任意のフィールド名をエリアセクションのボックスへドロップしていきます。

今回は「売上金額合計」を集計するので、まずは「売上金額」フィールドを「値」ボックスへドロップします。

そして、「担当者別×カテゴリ別」のクロス集計表の見出しを設定するため、「担当営業名」フィールドは「行」ボックスへ、「カテゴリ」フィールドは「列」ボックスへドロップします。

これで、図2-C-3の通り、クロス集計表が出来上がります。

図2-C-3 「担当者別×カテゴリ別」のクロス集計表の設定例

▼集計表のシート（ピボットテーブル）

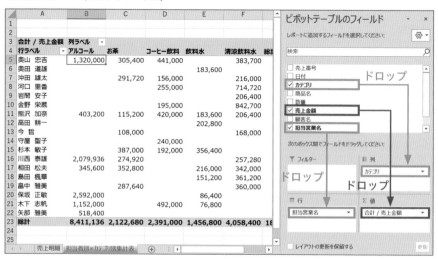

あとは、任意でセルの書式を整える等を行い、集計作業は完了です。

なお、ピボットテーブル作成後に、集計元データを更新した場合は忘れずにピボットテーブルを「更新」しましょう（自動更新しないため）。

図2-C-4 ピボットテーブルの「更新」手順

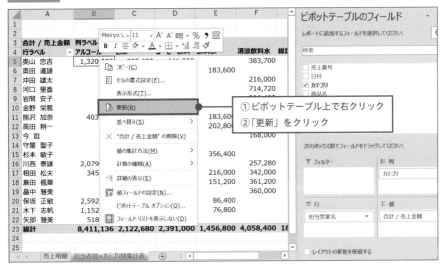

第2章 集計作業を高速で終わらせるためのテクニック

第 3 章

集計精度を格段に上げる
「前処理」の作業＝データ整形を極める

第 2 章のデータ集計のテクニックがあれば、あらゆる場面で正確・迅速な集計ができるかというと、実はそうではありません。なぜなら、実務では「不備があるデータ」や「使いにくい形式のデータ」を取り扱うシーンも多々あるからです。よって、データ集計の前処理として、そのようなデータを正しく、利用しやすくすることが非常に重要です。この前処理こそが、「データ整形」です。

データ整形作業をしっかり行うことで、集計結果の誤りや集計工数増加等を防止することできます。

データ整形の基本は「表記ゆれ」をなくすこと

☑ 「表記ゆれ」をなくすためにはどうすれば良いのか

集計結果を狂わせる「表記ゆれ」とは

2章までは、Excelの集計テクニックを分かりやすく伝えるため、実は「きれいな集計元データ」を想定していたものでした。しかし、実務では集計元データがきれいなものとは限りません。特に、人が手作業で蓄積した集計元データの場合、何かしらの不備があることの方が多いでしょう。

その不備の筆頭が「表記ゆれ」です。「表記ゆれ」のイメージは、図3-1-1の通りです。

図3-1-1 「表記ゆれ」のイメージ

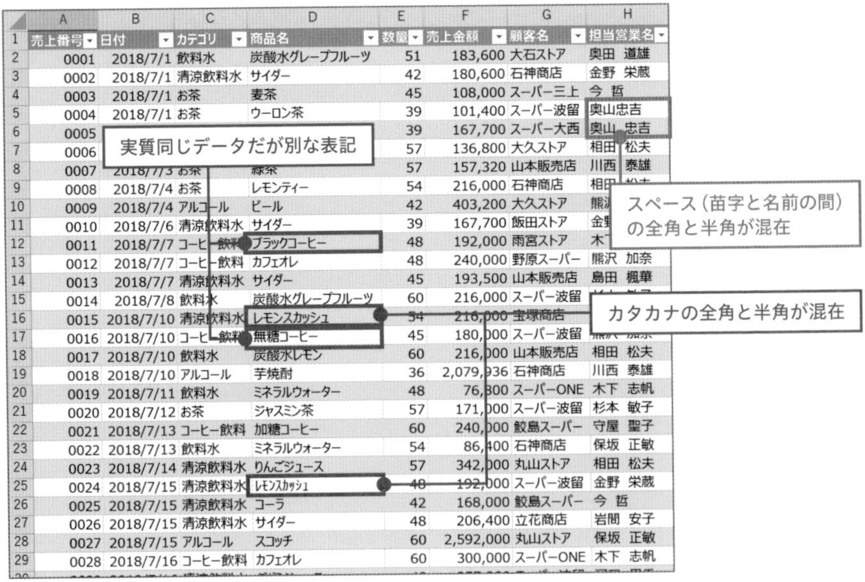

このように、「表記ゆれ」は「実質同じデータなのに、別の表記になっていること」を指します。「表記ゆれ」があると、集計結果が狂う原因になります。よっ

て、集計作業を行う前に、この「表記ゆれ」をなくし表記を統一することはMUST
なのです。

「表記ゆれ」を効率的に見つける方法

とはいえ、「表記ゆれ」を発見することは、実は難しいです。特に、人の手入力
データを集計する場合は、どこに「表記ゆれ」があるか、「表記ゆれ」の内容がど
うか、バラバラなことが普通です。

対処法ですが、おすすめはピボットテーブルを活用することです。

具体的には、ピボットテーブルで集計したいフィールドの一意のデータ一覧を
作成します。一例として「担当営業名」フィールドで作成したものが、図3-1-2です。

図3-1-2　「一意のデータ一覧」イメージ

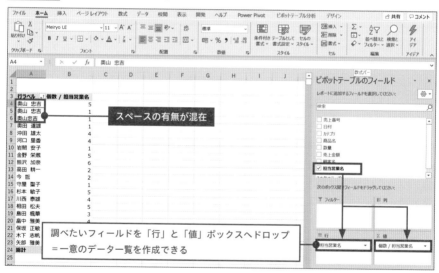

なお、図3-1-2の結果を見ると、「奥山　忠吉」が3データ（A4〜A6セル）あ
りますね。

A4セルは他のデータと同じく「姓＋全角スペース＋名」となっており、正しい
表記です。よって、A5・A6セルが「表記ゆれ」です。

A6セルは全角スペースがないため、「表記ゆれ」だと一発で分かりますが、A5

セルはぱっと見で全然分かりません。こういう場合はA5セルを選択し、数式バーを確認しましょう（図3-1-3）。

図3-1-3 個別データの詳細の確認例

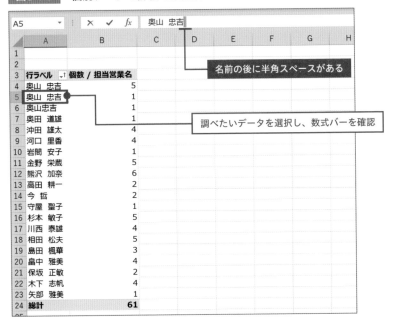

数式バーの中でデータの後から「←」キーで前に1文字ずつ確認すると、名前の後ろに半角スペースが付いていることが分かります。

このように、人が手入力すると、不要なスペースや改行が入る等、意味不明なデータになっていることがあります。注意が必要です。

大量データから「表記ゆれ」を確実に発見するテクニック

ここまでの解説は、「表記ゆれ」を探す対象のデータが少ないという前提でした。しかし、ピボットテーブルで一意にしたデータ一覧が多い場合、目視で確認するにも限界があります。

また、全角・半角やスペースの有無くらいの「表記のゆれ」であれば発見できますが、まったく別の表記になっていると、目視では見逃す危険もあります。

こうした場合、対象のフィールドの一意のデータ一覧があれば、確実に「表記

ゆれ」を発見できます（このような一覧を「マスタ」と言います）。

　具体的には、ピボットテーブル側の一意のデータがマスタ上に存在するか、COUNTIFSを使ってチェックすればOKです。

　詳細は図3-1-4をご覧ください。

図3-1-4 マスタを基準とした「表記ゆれ」の発見方法

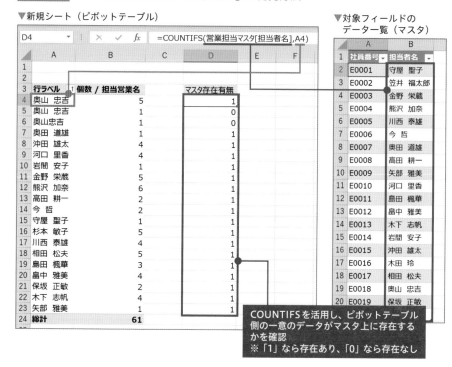

▼新規シート（ピボットテーブル）

▼対象フィールドのデータ一覧（マスタ）

COUNTIFSを活用し、ピボットテーブル側の一意のデータがマスタ上に存在するかを確認
※「1」なら存在あり、「0」なら存在なし

　結果、5,6行目のみが「0」のため、マスタ上に存在しないのはこの2データだと分かります。つまり、この2データの「表記ゆれ」を修正すれば、全データの表記が統一されるということです。

「表記ゆれ」のデータを修正するには

　発見した「表記ゆれ」のデータは、集計元データ側の該当部分を正しい表記へ修正すればOKです。

ただし、「表記ゆれ」のデータが集計元データの何レコード目に該当するのか、特定が必要です。

　その特定にうってつけな、ピボットテーブルの便利機能があります。それは、ピボットテーブル側の集計結果のセルをダブルクリックすると、新規シートへ詳細データが展開される機能です。ちなみに、詳細データとは、ピボットテーブル側の集計条件で絞り込まれたものです。

　その機能を活用した「表記ゆれ」データの修正手順は、図3-1-5の通りとなります。

図3-1-5　「表記」ゆれデータの修正手順

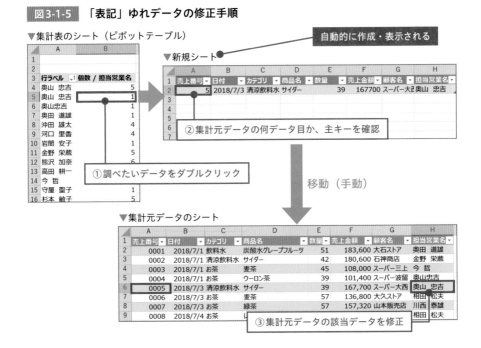

　「表記ゆれ」が複数ある場合は、この手順を繰り返せばOKです。

　なお、修正後は自動的に作成された新規シートは不要になりますので、忘れずにシート削除しましょう。

一括で複数セルの表記を修正する

修正するセルが複数ある場合、集計元データの表で「置換」を使うと便利です。置換することで、一括で複数セルの表記を修正できます。

一例として、商品名「レモンスカッシュ」の全角・半角の「表記ゆれ」をすべて全角に修正するケースで説明します。

このケースの置換の手順は、図3-1-6の通りです。

図3-1-6　「置換」の操作手順

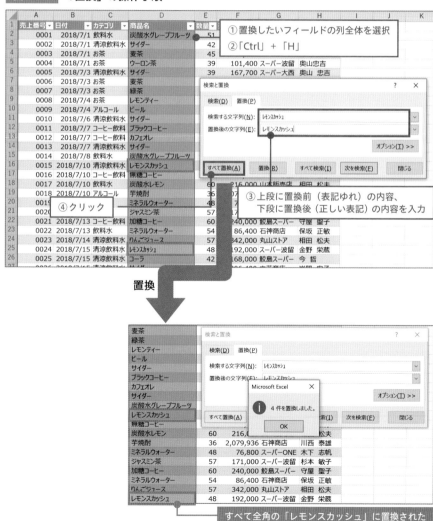

すべて全角の「レモンスカッシュ」に置換された

これで、すべて全角の「レモンスカッシュ」になりました。他にも「表記ゆれ」があれば、上記の手順を「表記ゆれ」の種類だけ繰り返せばOKです。

　上記のポイントは手順①です。予め置換の対象範囲をこのように選択しておくと、選択範囲の中で置換されます。

　本当は置換したくなかったデータまで置換してしまうことがないよう、このように置換範囲は設定しておきましょう。

　なお、手順②は置換のショートカットキーです。実務における置換の活用頻度は高いため、これは必ず覚えておいてください。

「表記ゆれ」の修正は自動化できる

☑ 「表記ゆれ」をもっと楽に修正するにはどうすれば良いか

「表記ゆれ」の修正のポイントは、関数を活用すること

3-1では、「表記ゆれ」のオーソドックスな修正方法を解説しましたが、手作業がベースのため、データ数が多いと効率的とは言えません。もし、「表記ゆれ」の種類がある程度特定できているのであれば、種類別に適した関数を用いた方が、圧倒的に多くのデータを短時間で修正することが可能になります。

英数字やカタカナの全角・半角の「表記ゆれ」に有効な関数

英数字やカタカナの全角・半角の「表記ゆれ」を修正する場合に有効な関数は、「ASC」と「JIS」です。

ASC（文字列）

全角の英数カナ文字を、半角の英数カナ文字に変換します。

JIS（文字列）

半角の英数カナ文字を、全角の英数カナ文字に変換します。

SUM以上にシンプルな数式で、変換したい文字列が入ったセルを指定するのみです。2つでセットの関数のため、合わせて覚えましょう。

なお、1セルにつき1つの関数のセットが必要です。よって、図3-2-1のように作業用の列を用意し、レコード数分のASCかJISをセットすればOKです（以降の関数も同様です）。

今回は、商品名をすべて「全角」に表記を統一するため、JISの方を使います（ASCも使用イメージは一緒です）。

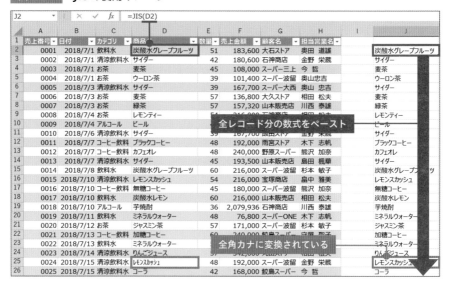

図3-2-1 JISの使用イメージ

ご覧のように、D25セルのデータは半角の「ﾚﾓﾝｽｶｯｼｭ」でしたが、J25セルのデータはJISによって、全角の「レモンスカッシュ」へ変換されています。

なお、ASC・JISの変換対象は「カタカナと英字数のみ」です。J列を見る限り、他のデータで特に変化はありません。

ちなみに、J列の変換後のデータを元のD列へペーストしたい場合、通常のペーストではなく「値の貼り付け」（右クリック→「形式を選択して貼り付け」→「値」）にしましょう。でないと、集計元データのレイアウト崩れの原因となります。

英字の大文字・小文字の「表記ゆれ」に有効な関数

英字の大文字・小文字の「表記ゆれ」を修正する場合に有効な関数は、「UPPER」と「LOWER」です。

UPPER（文字列）
文字列に含まれる英字をすべて大文字に変換します。

LOWER（文字列）
文字列に含まれる英字をすべて小文字に変換します。

こちらも２つでセットの関数で、使い方はASC・JISと一緒です。今回は、UPPERで顧客名の英字を大文字に変換します（図3-2-2）。

図3-2-2 UPPERの使用イメージ

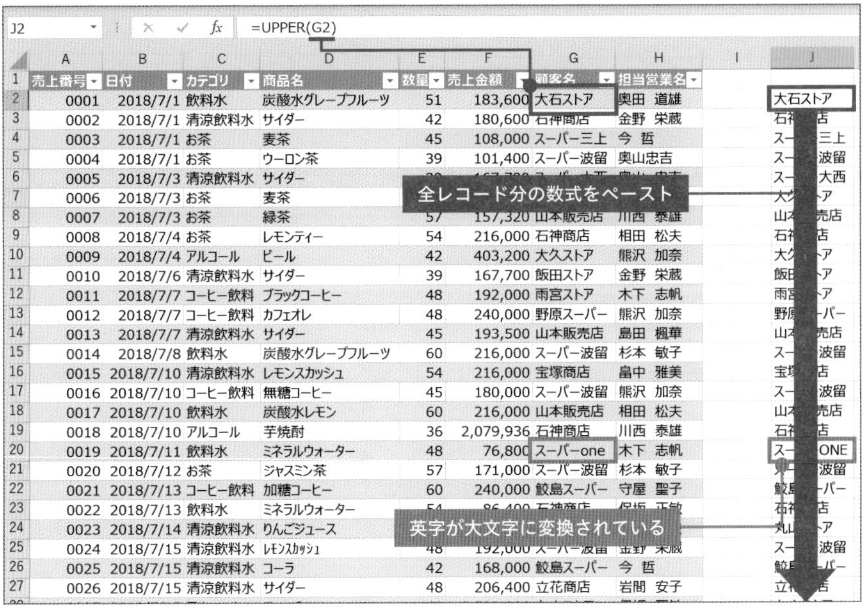

ご覧のように、G20セルのデータは「スーパーone」と"one"の部分が小文字でしたが、J20セルのデータはUPPERによって、大文字の「スーパーONE」へ変換されています。

こちらも、あくまでも「英字」だけに影響のある関数ということが分かります。

スペースや改行等、余分な文字の除去に有効な関数

スペースや改行等の余分な文字列の有無で「表記ゆれ」となっている場合に有効な関数は、「TRIM」と「CLEAN」です。

> **TRIM（文字列）**
> 単語間のスペースを１つずつ残して、不要なスペースをすべて削除します。

> **CLEAN（文字列）**
>
> 印刷できない文字を文字列から削除します。

　この2つの関数は、削除したいものが「スペース」と「改行」のどちらなのかで使い分けます。スペースは「TRIM」、改行は「CLEAN」を使います。

　なお、TRIMについては、単語間の1つ以外のスペースを削除してくれます。どんなイメージか、図3-2-3にまとめてみました。

図3-2-3　TRIMの使用イメージ

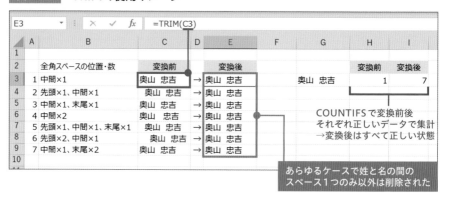

　ご覧のように、全ケースで余分なスペースが削除されています。

　なお、より厳密に言うと、単語間のスペースが2つ以上ある場合、単語間のスペースの中で最初のものが残る仕様です。

　続いて、「改行」を削除してくれるCLEANです。

　Excelでは、セル内で「Alt」＋「Enter」で改行できますが、これを行うと「改行コード」という情報がセル内に追加されます。

　この改行コードが何かしらの理由で残ってしまっている場合に、CLEAN関数は便利です。使用イメージは図3-2-4の通りです。

図3-2-4　**CLEANの使用イメージ**

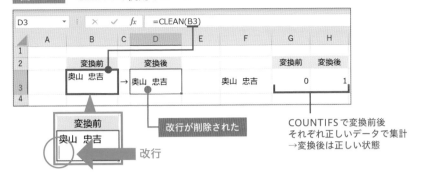

別表記の同一データをそろえる場合に有効な関数

まったく別の表記になっている同一データの「表記ゆれ」を修正する場合に有効な関数は、「SUBSTITUTE」です。

> **SUBSTITUTE（文字列,検索文字列,置換文字列,［置換対象］）**
> 文字列中の指定した文字を新しい文字で置き換えます。

イメージ的には、3-1で解説した「置換」の関数版です。この関数は、全角・半角、大文字・小文字、スペース・改行以外の「表記ゆれ」で使うと良いでしょう。

図3-2-5の通り、「置換」と同じく変換前後の文字を指定します。

図3-2-5　**SUBSTITUTEの使用イメージ**

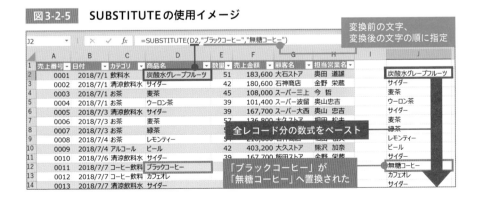

なお、図のように数式上に直接文字を入力する場合、ダブルクォーテーション（"）で囲う必要があります（"ブラックコーヒー"等）。

第3章　集計精度を格段に上げる「前処理」の作業＝データ整形を極める

3-3 「重複データ」の削除を確実に行う方法

☑「重複データ」を削除するにはどうすれば良いか

☑「重複データ」を削除するにあたり、注意することはあるか

「重複データ」も集計結果を狂わせる一因

「表記ゆれ」以外に集計元データでよく起こる不備の1つとして、「重複データ」というものもあります。文字通り、「データ（レコード）が重複」してしまっている状態です。イメージ的には、図3-3-1の通りです。

図3-3-1　「重複データ」のイメージ

	A	B	C	D	E	F	G	H
1	売上番号	日付	カテゴリ	商品名	数量	売上金額	顧客名	担当営業名
2	0001	2018/7/1	飲料水	炭酸水グレープフルーツ	51	183,600	大石ストア	奥田　道雄
3	0002	2018/7/1	清涼飲料水	サイダー	42	180,600	石神商店	金野　栄蔵
4	0003	2018/7/1	お茶	麦茶	45	108,000	スーパー三上	今　哲
5	0003	2018/7/1	お茶	麦茶	45	108,000	スーパー三上	今　哲
6	0004	2018/7/1	お茶	ウーロン茶	39	101,400	スーパー波留	奥山忠吉
7	0005	2018/7/3	清涼飲料水	サイダー	39	167,700	スーパー大西	奥山　忠吉
8	0006	2018/7/3	お茶	麦茶	57	136,800	大久ストア	相田　松夫
9	0007	2018/7/3	お茶	緑茶	57	157,320	山本販売店	川西　泰雄
10	0008	2018/7/4	お茶	レモンティー	54	216,000	石神商店	相田　松夫
11	0009	2018/7/4	アルコール	ビール	42	403,200	大久ストア	熊沢　加奈
12	0010	2018/7/6	清涼飲料水	サイダー	39	167,700	飯田ストア	金野　栄蔵
13	0009	2018/7/4	アルコール	ビール	42	403,200	大久ストア	熊沢　加奈
14	0010	2018/7/6	清涼飲料水	サイダー	39	167,700	飯田ストア	金野　栄蔵
15	0011	2018/7/7	コーヒー飲料	ブラックコーヒー	48	192,000	雨宮ストア	木下　志帆
16	0012	2018/7/7	コーヒー飲料	カフェオレ	48	240,000	野原スーパー	熊沢　加奈
17	0013	2018/7/7	清涼飲料水	サイダー	45	193,500	山本販売店	島田　[illegible]
18	0014	2018/7/8	飲料水	炭酸水グレープフルーツ	60	216,000	スーパー波留	杉[illegible]
19	0015	2018/7/10	清涼飲料水	レモンスカッシュ	54	216,000	宝塚商店	畠[illegible]
20	0016	2018/7/10	コーヒー飲料	無糖コーヒー	45	180,000	スーパー波留	熊沢　加奈
21	0017	2018/7/10	飲料水	炭酸水レモン	60	216,000	山本販売店	相田　松夫
22	0018	2018/7/10	アルコール	芋焼酎	36	2,079,936	石神商店	川西　泰雄
23	0019	2018/7/11	飲料水	ミネラルウォーター	48	76,800	スーパーONE	木下　志帆
24	0020	2018/7/12	お茶	ジャスミン茶	57	171,000	スーパー波留	杉本　敏子
25	0021	2018/7/13	コーヒー飲料	加糖コーヒー	60	240,000	鮫島スーパー	守屋　聖子
26	0022	2018/7/13	飲料水	ミネラルウォーター	54	86,400	石神商店	保坂　正敏

データが重複

この状態で集計してしまうと、当然ながら集計結果は狂ってしまうため、事前に重複したデータを削除しておく必要があります。

最も手軽な「重複の削除」は積極的に利用しないこと

「重複データ」を削除するための機能が、Excel2007以降は用意されています。それは、「重複の削除」です。

操作手順は、図3-3-2の通りです。

図3-3-2 「重複の削除」の操作手順

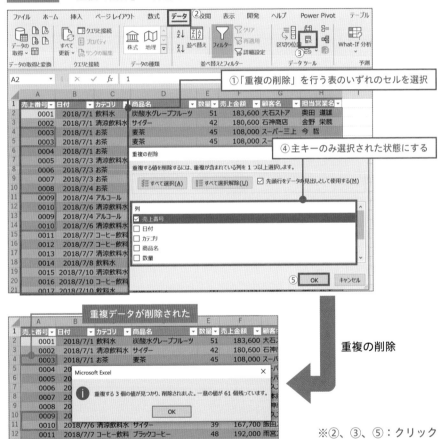

ご覧の通り、簡単に「重複データ」を削除してくれます。

しかし、「重複していないデータ」まで削除してしまうケースがあると報告が上がっているため、積極的な利用は避けた方が無難でしょう。

対策として、これから解説する手法のどれかを使ってください。

第3章 集計精度を格段に上げる「前処理」の作業 = データ整形を極める

どのレコードが重複しているか、ピボットテーブルで素早く特定する

まずお手軽なものとして、ピボットテーブルを図3-3-3のように使って「重複データ」を特定する方法があります。

図3-3-3 ピボットテーブルでの「重複データ」の特定方法

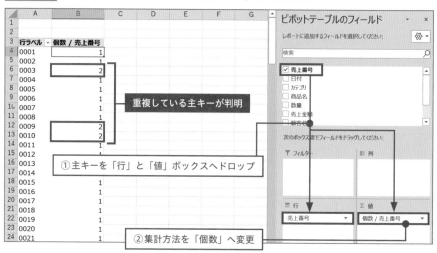

主キーとなるフィールド（今回は「売上番号」）を基準に集計することで、どのレコードが重複しているかが分かります。

あとは、集計元データへ戻り、該当のレコードを削除してください。

関数で重複か否か判断できるようにすることが一番確実

確実に「重複データ」を特定するには、COUNTIFSを活用する方法がおすすめです。作業セルへCOUNTIFSをセットし、各主キーが主キーのフィールド中にいくつあるかをカウントします。一意であれば、文字通り「1」という結果になりますので、「2」以上であれば重複していると判断できるわけです。

イメージ的には、図3-3-4の通りとなります。

図3-3-4 COUNTIFSでの「重複データ」の特定方法

あとは、図3-3-5のように作業セル（今回は「重複フラグ」列）でフィルターをかけ、「重複データ」を削除すればOKです。

図3-3-5 「重複データ」の削除方法

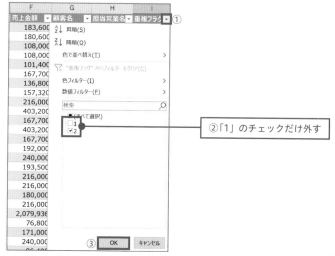

②「1」のチェックだけ外す

※①、③、⑥：クリック

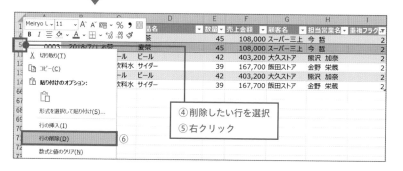

④削除したい行を選択
⑤右クリック

第3章　集計精度を格段に上げる「前処理」の作業＝データ整形を極める

なお、フィルターをかけたレコードは、まとめて「行の削除」を行うことが鉄則です。

　離れた行を選択する際は、「Ctrl」キーを押しながら該当の行を選択しましょう。ただし、テーブル化した表の場合、この離れた行を複数選択した状態だと、「行の削除」ができません（連続した複数行は問題なし）。

図3-3-6 テーブル化された表の「行の削除」注意点

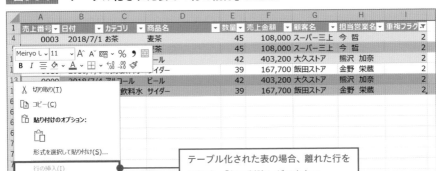

　数少ないテーブル化のデメリットですね。この場合、1レコード単位、もしくは連続した複数行毎に削除してください。

重複データを一括削除する方法

　なお、「どうしても重複データを一括削除したい」、あるいは「重複したデータ内で○番目のものを削除したい」等の場合、COUNTIFSの参照範囲を工夫すれば実現可能です。

　具体的には、2-2で解説した参照範囲の起点となるセルのみ絶対参照にするテクニックを活用します。そうすることで、テーブル上でその主キーが何回目に登場したかが分かります。

　詳細は、図3-3-7をご覧ください。

図3-3-7 COUNTIFSで各レコードの登場順のカウント例

▼シート上の表記

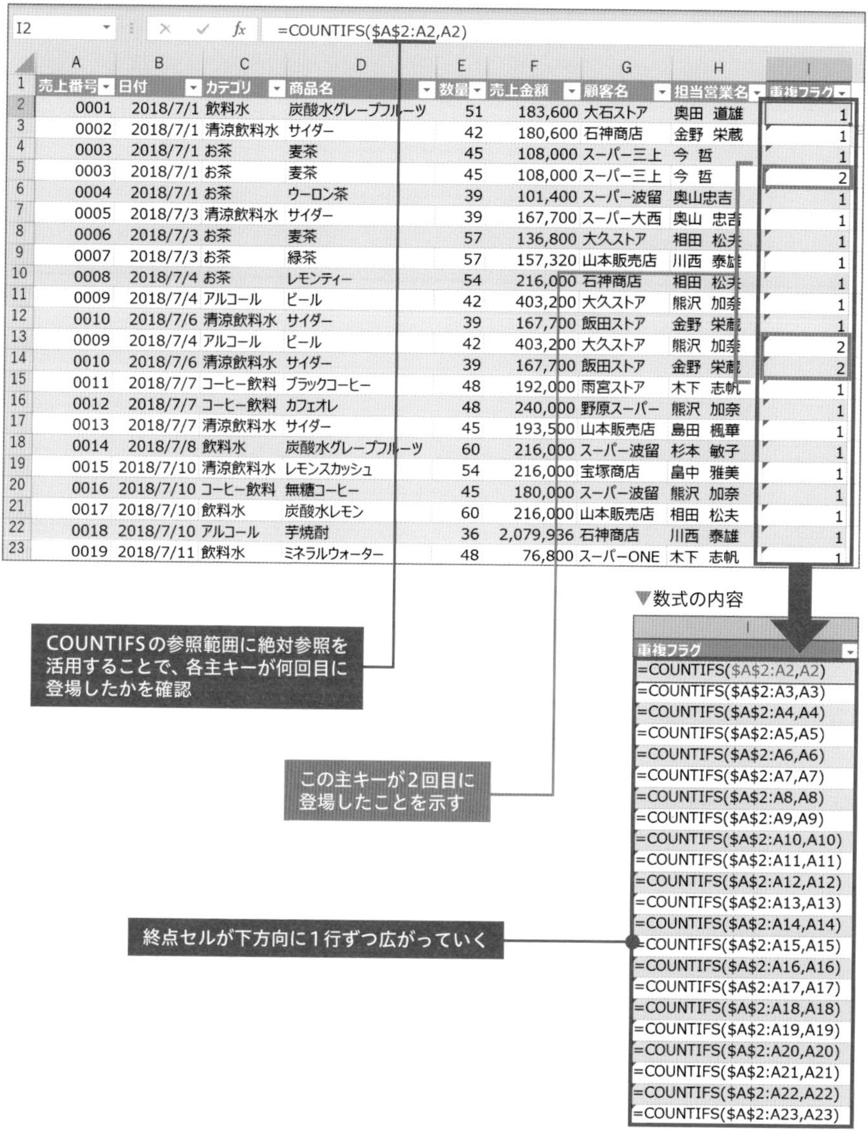

I2 =COUNTIFS($A$2:A2,A2)

	A 売上番号	B 日付	C カテゴリ	D 商品名	E 数量	F 売上金額	G 顧客名	H 担当営業名	I 重複フラグ
2	0001	2018/7/1	飲料水	炭酸水グレープフルーツ	51	183,600	大石ストア	奥田 道雄	1
3	0002	2018/7/1	清涼飲料水	サイダー	42	180,600	石神商店	金野 栄蔵	1
4	0003	2018/7/1	お茶	麦茶	45	108,000	スーパー三上	今 哲	1
5	0003	2018/7/1	お茶	麦茶	45	108,000	スーパー三上	今 哲	2
6	0004	2018/7/1	お茶	ウーロン茶	39	101,400	スーパー波留	奥山忠吉	1
7	0005	2018/7/3	清涼飲料水	サイダー	39	167,700	スーパー大西	奥山 忠吉	1
8	0006	2018/7/3	お茶	麦茶	57	136,800	大久ストア	相田 松夫	1
9	0007	2018/7/3	お茶	緑茶	57	157,320	山本販売店	川西 泰雄	1
10	0008	2018/7/4	お茶	レモンティー	54	216,000	石神商店	相田 松夫	1
11	0009	2018/7/4	アルコール	ビール	42	403,200	大久ストア	熊沢 加奈	1
12	0010	2018/7/6	清涼飲料水	サイダー	39	167,700	飯田ストア	金野 栄蔵	1
13	0009	2018/7/4	アルコール	ビール	42	403,200	大久ストア	熊沢 加奈	2
14	0010	2018/7/6	清涼飲料水	サイダー	39	167,700	飯田ストア	金野 栄蔵	2
15	0011	2018/7/7	コーヒー飲料	ブラックコーヒー	48	192,000	雨宮ストア	木下 志帆	1
16	0012	2018/7/7	コーヒー飲料	カフェオレ	48	240,000	野原スーパー	熊沢 加奈	1
17	0013	2018/7/7	清涼飲料水	サイダー	45	193,500	山本販売店	島田 楓華	1
18	0014	2018/7/8	飲料水	炭酸水グレープフルーツ	60	216,000	スーパー波留	杉本 敏子	1
19	0015	2018/7/10	清涼飲料水	レモンスカッシュ	54	216,000	宝塚商店	畠中 雅美	1
20	0016	2018/7/10	コーヒー飲料	無糖コーヒー	45	180,000	スーパー波留	熊沢 加奈	1
21	0017	2018/7/10	飲料水	炭酸水レモン	60	216,000	山本販売店	相田 松夫	1
22	0018	2018/7/10	アルコール	芋焼酎	36	2,079,936	石神商店	川西 泰雄	1
23	0019	2018/7/11	飲料水	ミネラルウォーター	48	76,800	スーパーONE	木下 志帆	1

▼数式の内容

I 重複フラグ
=COUNTIFS($A$2:A2,A2)
=COUNTIFS($A$2:A3,A3)
=COUNTIFS($A$2:A4,A4)
=COUNTIFS($A$2:A5,A5)
=COUNTIFS($A$2:A6,A6)
=COUNTIFS($A$2:A7,A7)
=COUNTIFS($A$2:A8,A8)
=COUNTIFS($A$2:A9,A9)
=COUNTIFS($A$2:A10,A10)
=COUNTIFS($A$2:A11,A11)
=COUNTIFS($A$2:A12,A12)
=COUNTIFS($A$2:A13,A13)
=COUNTIFS($A$2:A14,A14)
=COUNTIFS($A$2:A15,A15)
=COUNTIFS($A$2:A16,A16)
=COUNTIFS($A$2:A17,A17)
=COUNTIFS($A$2:A18,A18)
=COUNTIFS($A$2:A19,A19)
=COUNTIFS($A$2:A20,A20)
=COUNTIFS($A$2:A21,A21)
=COUNTIFS($A$2:A22,A22)
=COUNTIFS($A$2:A23,A23)

このように、2回目に登場したレコードが一目瞭然です。あとは、削除したい登場回数でフィルターをかければ一括で削除できます（図3-3-8）。

なお、その他のレコードは削除されませんので、ご安心ください。

図3-3-8 フィルター状態で一括削除した場合の結果例

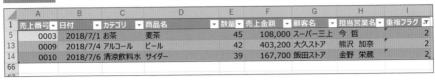

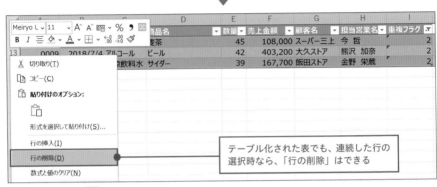

テーブル化された表でも、連続した行の選択時なら、「行の削除」はできる

重複の削除

「2」のレコードのみ削除されている

3-4

なぜか集計できないなら、「データ型」を見直す

☑ **データが正しいはずなのに集計できない場合、どうしたら良いか**

データが正しいはずなのに集計できない理由は「データ型」

ぱっと見で集計元データは正しいはずなのに、なぜか集計がうまく行かないというケースに遭遇したことはありませんか？

例えば、図3-4-1のように、SUMでF2～F6セルの数値を合計しようとしても「0」となる等です。

図3-4-1　数値の集計がうまくいかない例

	A	B	C	D	E	F	G	H	I	J
J2				=SUM(F2:F6)						
1	売上番号	日付	カテゴリ	商品名	数量	売上金額	顧客名	担当営業名		
2	0001	2018/7/1	飲料水	炭酸水グレープフルーツ	51	183600	大石ストア	奥田 道雄		0
3	0002	2018/7/1	清涼飲料水	サイダー	42	180600	石神商店	金野 栄蔵		
4	0003	2018/7/1	お茶	麦茶	45	108000	スーパー三上	今 哲		
5	0004	2018/7/1	お茶	ウーロン茶	39	101400	スーパー波留	奥山忠吉		
6	0005	2018/7/3	清涼飲料水	サイダー	39	167700	スーパー大西	奥山 忠吉		
7	0006	2018/7/3	お茶	麦茶	57	136800	大久ストア	相田 松夫		
8	0007	2018/7/3	お茶	緑茶	57	157320	山本販売店	川西 泰雄		
9	0008	2018/7/4	お茶	レモンティー	54	216000	石神商店	相田 松夫		
10	0009	2018/7/4	アルコール	ビール	42	403200	大久ストア	熊沢 加奈		
11	0010	2018/7/6	清涼飲料水	サイダー	39	167700	飯田ストア	金野 栄蔵		
12	0011	2018/7/7	コーヒー飲料	ブラックコーヒー	48	192000	雨宮ストア	木下 志帆		
13	0012	2018/7/7	コーヒー飲料	カフェオレ	48	240000	野原スーパー	熊沢 加奈		
14	0013	2018/7/7	清涼飲料水	サイダー	45	193500	山本販売			
15	0014	2018/7/8	飲料水	炭酸水グレープフルーツ	60	216000	スーパー	なぜか数値の集計ができない		
16	0015	2018/7/10	清涼飲料水	レモンスカッシュ	54	216000	宝塚商店	畠中 雅美		
17	0016	2018/7/10	コーヒー飲料	無糖コーヒー	45	180000	スーパー波留	熊沢 加奈		
18	0017	2018/7/10	飲料水	炭酸水レモン	60	216000	山本販売店	相田 松夫		
19	0018	2018/7/10	アルコール	芋焼酎	36	2079936	石神商店	川西 泰雄		
20	0019	2018/7/11	飲料水	ミネラルウォーター	48	76800	スーパーONE	木下 志帆		
21	0020	2018/7/12	お茶	ジャスミン茶	57	171000	スーパー波留	杉本 敏子		
22	0021	2018/7/13	コーヒー飲料	加糖コーヒー	60	240000	鮫島スーパー	守屋 聖子		
23	0022	2018/7/13	飲料水	ミネラルウォーター	54	86400	石神商店	保坂 正敏		
24	0023	2018/7/14	清涼飲料水	りんごジュース	57	342000	丸山ストア	相田 松夫		
25	0024	2018/7/15	清涼飲料水	レモンスカッシュ	48	192000	スーパー波留	金野 栄蔵		
26	0025	2018/7/15	清涼飲料水	コーラ	42	168000	鮫島スーパー	今 哲		
27	0026	2018/7/15	清涼飲料水	サイダー	48	206400	立花商店	岩間 安子		

これは、集計範囲のセル範囲のデータ型が「数値」でなく「文字列」になっているからです。

このように、「数値」「日付」「時刻」が文字列化されていることで、集計作業が

できないケースがは発生します（SUM等、対象のデータ型が指定されているExcel機能を使う場合に発生）。

　意外と、何かしらのシステムから出力したCSVやExcelファイルのデータを活用しようとした際に遭遇することが多い印象です（システム側で出力時のデータ型を制御していない場合に発生）。

　参照するデータ型がおかしい場合は、正しい内容へ事前に変換しておきましょう。

文字列扱いになったデータは「手作業」での変換が基本

　Excelには「エラーチェック」という機能があり、データの値とデータ型に矛盾がある場合（「数字」のデータなのに「文字列」等）、アラートを出してくれます。

　通常、正しいデータ型に戻す際は、この「エラーチェック」の機能を使い手作業で変換していきます。図3-4-2のイメージですね。

図3-4-2　　**手作業での文字列→数値への変換方法**

エラーチェックがない場合にデータ型を特定する方法

ただし、「エラーチェック」は表示されないケースもあります。この場合、関数「TYPE」を使ってデータ型を調べましょう。

> **TYPE(値)**
> 値のデータ型を示す整数（数値=1、文字列=2、論理値=4、エラー値=16、配列=64、複合データ=128）を返します。

TYPEの結果となる整数で覚えるべきは、まずは「1」（数値）と「2」（文字列）のみでOKです（「数値」には、日付や時刻も含まれます）。

TYPEの使い方の一例として、図3-4-1で集計できなかった「売上金額」フィールドのデータ型を調べてみましょう。

| 図3-4-3 | **TYPEの使用イメージ** |

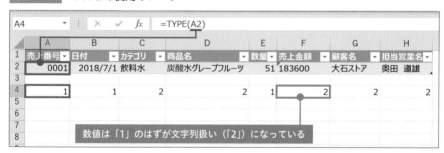

図3-4-3のように、TYPEの結果が「2」（「文字列」扱い）となっていることが分かりました。あとは、これを「数値」のデータ型へ変換すればOKです。

定期的にデータ型の変換が発生するなら関数を活用する

もし、定期的に行う集計作業に使うデータで、毎回手作業で「エラーチェック」によるデータ型の変換が必要だとしたら、なかなか面倒です。

この場合、関数で効率化しましょう。変換後に「数値」にしたいなら「VALUE」、「日付」なら「DATEVALUE」、「時刻」なら「TIMEVALUE」を使います。

> **VALUE（文字列）**
> 文字列として入力されている数字を数値に変換します。

> **DATEVALUE（日付文字列）**
> 文字列の形式で表された日付を、Microsoft Excelの組み込みの日付表示形式で数値に変換して返します。

> **TIMEVALUE（日付文字列）**
> 文字列の表された時刻を、シリアル値（0（午前0時）から0.999988426（午後11時59分59秒）までの数値）に変換します。数式の入力後に、数値を時刻表示形式に設定します。

　最も利用頻度が高いのは、「数値」のVALUEです。使い方は、3-2で解説したASC等と同じです。作業用の列を用意し、レコード数分のVALUEをセットしましょう（図3-4-4）。

図3-4-4　VALUEの使用イメージ

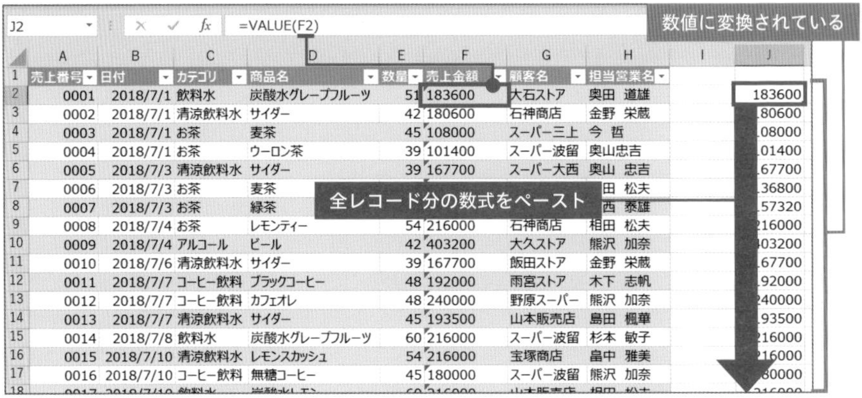

このように、VALUEで変換後の数値なら問題なく集計できます。
　その他、DATEVALUEとTIMEVALUEも使い方も、VALUEとほぼ同じです。

参考までに、図3-4-5をご覧ください。

図3-4-5 DATEVALUE・TIMEVALUEの使用イメージ

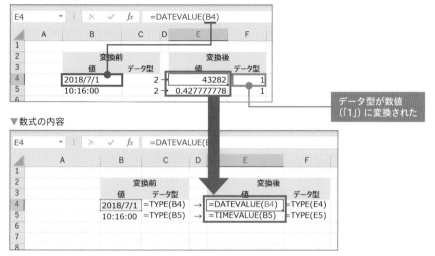

▼シート上の表記

▼数式の内容

変換後の「値」は「シリアル値」です（日付/時刻を管理する数値）。

ちなみに、シリアル値は「1900/1/1」を起点に何日目なのかを数値化したものです（「43282」なら、1900/1/1から43282日目）。

シリアル値の「1」は1日（=24h）のことです。時刻は、これを時間換算した結果の小数点です（1h=1日/24h、1m=1日/24h/60m、1s=1日/24h/60m/60s）。

つまり、E5セル「0.427777778」は、「10:16」を時間換算した結果ということですね（10h×（1日/24h）＋ 16m×（1日/24h/60m））。

このシリアル値に表示形式を設定すれば、日付/時刻で表示されます。

数値等を文字列化したい場合のテクニック

逆に数値等を文字列にしたいなら、「TEXT」を使います。

TEXT（値,表示形式）
数値に指定した書式を設定し、文字列に変換した形式で返します。

例えば、図3-4-6のように曜日別で集計したい場合等、日付データを元に曜日情報をTEXTで文字列化しておくことで集計に役立ちます。

図3-4-6　TEXTの使用イメージ

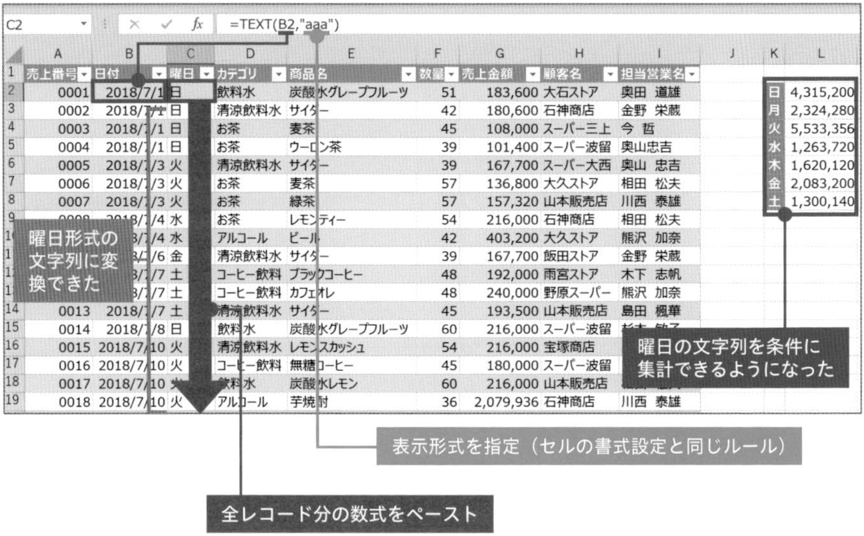
=TEXT(B2,"aaa")
曜日形式の文字列に変換できた
曜日の文字列を条件に集計できるようになった
表示形式を指定（セルの書式設定と同じルール）
全レコード分の数式をペースト

TEXTの数式で指定する「表示形式」は、通常「セルの書式設定」の「表示形式」タブで設定する内容と同じルールのものです。直接数式へ入力するため、ダブルクォーテーション（"）で囲う必要があります。忘れずに行いましょう。

なお、今回は曜日を「日」等の1文字表記するために、“aaa”という表示形式にしました（“aaaa”なら「日曜日」等の3文字表記）。

表示形式は「セルの書式設定」とTEXTの両方で使う上に、利用頻度は高いため、本書で解説したもの以外も適宜調べてみてください。

3-5

自由自在にデータを「抽出」「分割」「結合」する

☑ データから一部の文字を抽出するにはどうすれば良いか

☑ 1つのデータを複数に分割するにはどうすれば良いか

☑ 複数データを1つに結合するにはどうすれば良いか

集計内容によって、事前にデータの加工が必要

　集計元データによっては、そのままでは集計に使えないケースがあります。その場合、図3-5-1のような事前のデータ加工が必要です。

　実務でよく該当するデータは、氏名や住所等ですね。

図3-5-1 データの「抽出」「分割」「結合」のイメージ

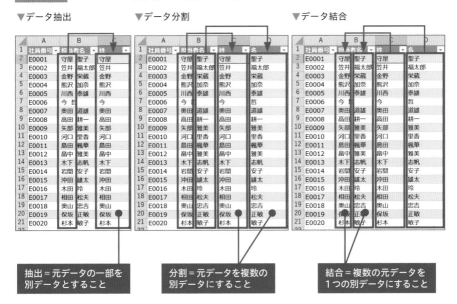

▼データ抽出　　　▼データ分割　　　▼データ結合

抽出＝元データの一部を別データとすること

分割＝元データを複数の別データにすること

結合＝複数の元データを1つの別データにすること

データの「抽出」「分割」「結合」を手早く行うには

実際にデータの抽出・分割・結合を行う方法ですが、Excelにはさまざまな機能があります。

データの抽出や分割に役立つのは、「表記ゆれ」でも役立った「置換」です。図3-5-2のように、ワイルドカードをうまく使います。

図3-5-2 「置換」でのデータ抽出・分割の例

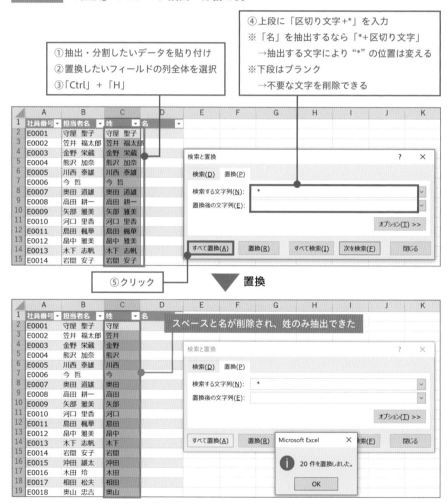

④上段に「区切り文字+*」を入力
※「名」を抽出するなら「*+区切り文字」
　→抽出する文字により"*"の位置は変える
※下段はブランク
　→不要な文字を削除できる

①抽出・分割したいデータを貼り付け
②置換したいフィールドの列全体を選択
③「Ctrl」＋「H」

⑤クリック

置換

スペースと名が削除され、姓のみ抽出できた

　ポイントは、抽出・分割を行う「目印」を探すこと。今回だと「全角スペース」です。こうした文字の区切りとなる文字を、「区切り文字」と言います。この区切り文字で分割する機能もあります（図3-5-3）。

図3-5-3 「区切り位置」の操作手順

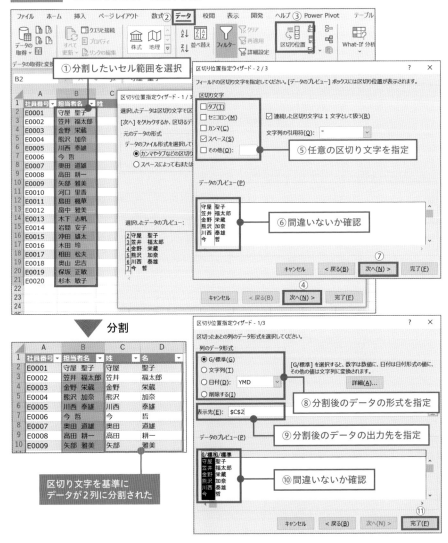

分割

区切り文字を基準に
データが2列に分割された

※②~④、⑦、⑪：クリック

一括でデータ分割する場合、この「区切り位置」が便利です。

なお、もっと手軽に抽出・分割・結合したい場合、Excel2013以降から実装されたフラッシュフィルがおすすめです。

Excelが自動的に入力パターンを読み取り、その後の入力をExcelが代行してくれます。操作イメージは図3-5-4の通りです。

図3-5-4 フラッシュフィルの操作手順

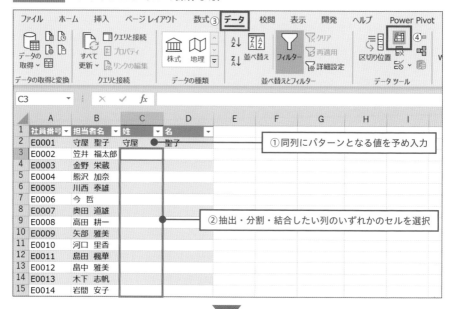

※③、④：クリック

110

定期的なデータの「抽出」「分割」には関数を活用すること

ここまで解説してきた機能は、都度実行が必要です。もし定期的にデータ加工するなら、関数を使います。抽出・分割には次の関数が便利です。

> **LEFT（文字列,文字数）**
> 文字列の先頭から指定された数の文字を返します。

> **RIGHT（文字列,文字数）**
> 文字列の末尾から指定された文字数の文字を返します。

> **MID（文字列,開始位置,文字数）**
> 文字列の指定された位置から、指定された数の文字を返します。半角と全角の区別なく、1文字を1として処理します。

まずはLEFTの使い方ですが、図3-5-5をご覧ください。

図3-5-5　LEFTの使用イメージ

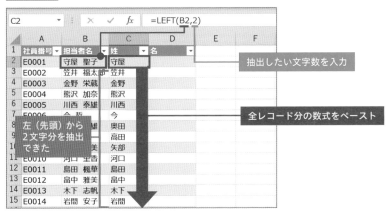

関数名の通り、左（データの先頭）から指定した文字数分抽出できます。RIGHTは逆に、右（データの末尾）が開始位置となります。

では、MIDの場合はどうなるのか。図3-5-6を見てください。

図3-5-6 **MIDの使用イメージ**

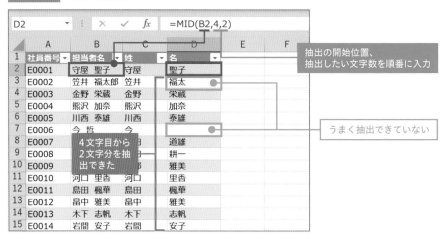

MIDは、開始位置をデータの何文字目にするのか、任意に指定できることが特徴です。

なお、図3-5-6のような基本的な使い方だと、抽出に失敗する場合があります。これは、データによって区切り文字の位置や抽出対象の文字数が違うことが原因です。この場合、FINDとLENをうまく使うと、個別のデータに応じて区切り文字の位置と抽出する文字数を可変にできます。

FIND（検索文字列,対象,開始位置）
文字列が他の文字列内で最初に現れる位置を検索します。大文字と小文字は区別されます。

LEN（文字列）
文字列の長さ（文字数）を返します。半角と全角の区別がなく、1文字を1として処理します。

まず、図3-5-7のように作業セルを2列用意します。全角スペースの位置はFIND、データ全体の文字数はLENでそれぞれ計算します。

図3-5-7 FIND・LENの使用イメージ

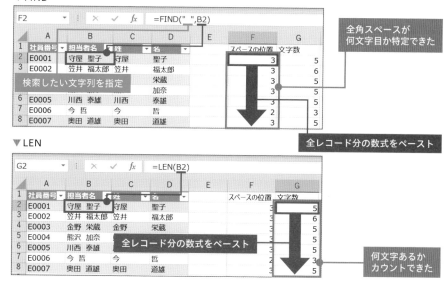

あとは、図3-5-8のように、MIDに作業セルの数値を活用すればOKです。「F2+1」等、抽出条件に合わせて数式を調整しましょう。

図3-5-8 MID + FIND + LENの組み合わせ例

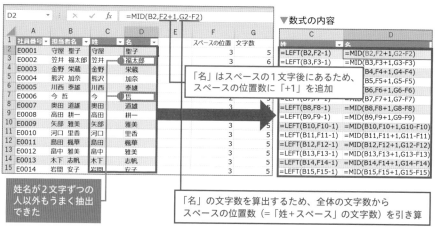

「&」よりも簡単にデータを「結合」する方法

　数式でのデータの結合は「&」で行うことが一般的ですが、結合するセルが多いならCONCATENATEが便利です。使い方は図3-5-9の通りです。

CONCATENATE(文字列1,…)
複数の文字列を結合して1つの文字列にまとめます。

図3-5-9　CONCATENATEの使用イメージ

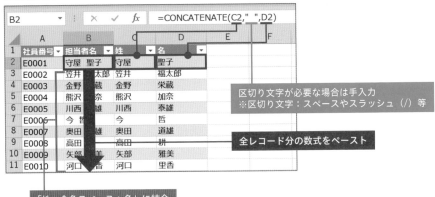

区切り文字が必要な場合は手入力
※区切り文字：スペースやスラッシュ（/）等

全レコード分の数式をペースト

「姓＋全角スペース＋名」に結合

3-6 複数のデータ整形を自動化するテクニック

☑ データ整形作業が複数ある場合、どうすると楽になるか

データ整形の作業が複数工程あるならパワークエリが便利

　集計元データによっては、ここまで解説したデータ整形作業を複合的に行う必要があります。その場合、今まで解説した手法を地道につなぎ合わせるのが鉄則です。しかし、それがルーチンワークだと毎回作業が大変ですよね。

　そこで役立つのは、「パワークエリ」です。

　パワークエリは、整形前のデータを取り込み、「Power Query エディター」という画面で複数のデータ整形作業を記録することができます。

　データ整形の結果は、新規シート等へ出力が可能です（図3-6-1）。

図3-6-1 パワークエリのイメージ

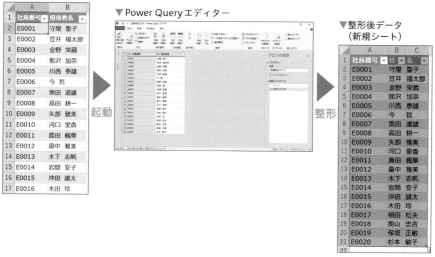

▼整形前データ（「営業担当マスタ」シート）

▼Power Query エディター

▼整形後データ（新規シート）

起動　　　　　整形

　パワークエリがルーチンワークの整形作業に役立つと言える根拠は、実行した整形作業の手順が「記録」されることです。

整形前のデータが更新されても、ピボットテーブルのように更新処理を行えば、パワークエリ側で完全に同じ整形作業を実行してくれます。

パワークエリの基本動作をマスターする

パワークエリの実際の使い方を解説します。なお、Excel2010/2013ユーザーは、Microsoft社公式のアドインのインストールが必要ですのでご注意ください。

まずは図3-6-2の通り、Power Queryエディターを起動させます。最初は、エディター上の3領域を操作するイメージでOKです（図3-6-3）。

図3-6-2 Power Queryエディターの起動手順

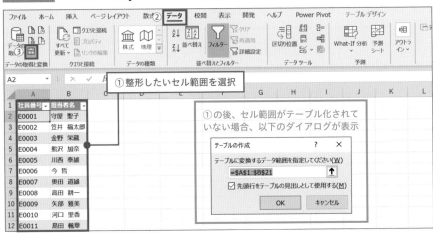

※②、③：クリック

図3-6-3 Power Queryエディター画面構成

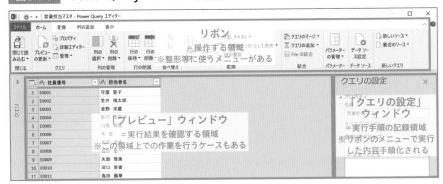

　ちなみに、「クエリ」という表記が散見されますが、データベースに対しての命令文（検索、更新、削除、抽出等）のことをクエリと言います。これは、「一連の整形作業の総称」だと思っておけば十分です。

　なお、このパワークエリでどんな整形作業が行えるかをまとめたものが、図3-6-4です。

図3-6-4　パワークエリでできるデータ整形

▼「表記ゆれ」の修正（リボン「変換」タブ）

▼「重複データ」の削除（リボン「ホーム」タブ）

▼データ型の変換（「プレビュー」ウィンドウ）

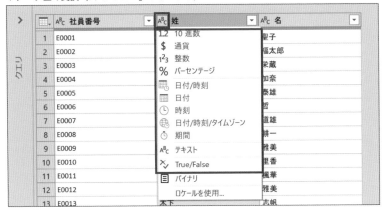

▼データの抽出・分割・結合（リボン「変換」タブ）

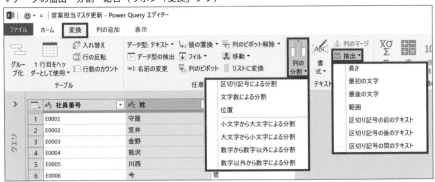

　一部メニュー名から推測しにくいものもありますが、英数カナの全角・半角の「表記ゆれ」の修正以外の整形作業は実行可能です。

　では、パワークエリの動作イメージを掴むためにも、一例としてデータ分割を行った場合の手順を見てみましょう（図3-6-5）。

　内容としては、3-5と同様に担当者名を「姓」と「名」に分割してみました。ちなみに、分割した列の見出し名を変更することもできます。

図3-6-5　パワークエリでのデータ分割の手順

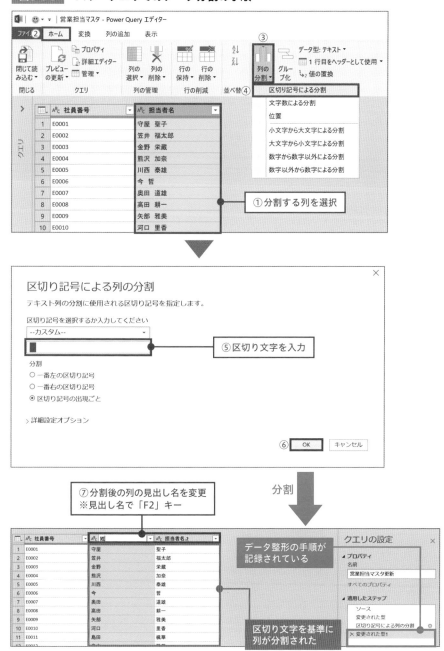

① 分割する列を選択

⑤ 区切り文字を入力

⑦ 分割後の列の見出し名を変更
※見出し名で「F2」キー

分割

データ整形の手順が
記録されている

区切り文字を基準に
列が分割された

※②～④、⑥：クリック

「クエリの設定」ウィンドウの「適用したステップ」欄の各ステップは、選択して「F2」キーで名称を変更できます。あとで見返した際に分かりやすい名称にしておくと良いでしょう。

なお、手順の削除時は、該当手順の左の×部分をクリックします。

エディター上の作業が終わったら、整形結果を新規シート上へ出力します。方法は、図3-6-6の通りです。

図3-6-6 整形後の表の出力方法

▼ Power Query エディター

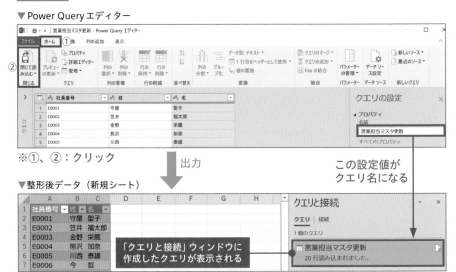

※①、②：クリック

▼整形後データ（新規シート）

「クエリと接続」ウィンドウに
作成したクエリが表示される

この設定値が
クエリ名になる

新規シート右側には、「クエリと接続」ウィンドウが表示されます。

このウィンドウ上にPower Queryエディターで作成したクエリが表示され、以降このクエリに関する操作はここから行います。

クエリの更新・編集・削除を行う方法

ここでクエリ関連の基本操作をしっかり学んでおきましょう。

まず、整形前のデータを更新した場合、ピボットテーブルと同じくクエリも「更新」が必要です。複数のクエリがある場合、図3-6-7のように、一括または個別かで更新方法が異なります。ケースに応じて使い分けましょう。

図3-6-7　**クエリの更新方法**

▼すべてのクエリを更新する場合

▼個別のクエリを更新する場合

※①、②：クリック

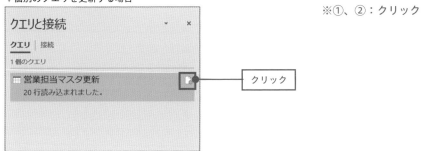

　次に、クエリの内容の編集や、クエリ自体を削除したい場合は、図3-6-8の通りです（編集時はPower Queryエディター画面に遷移）。

図3-6-8　**クエリの編集・削除方法**

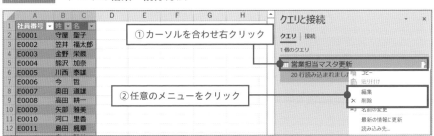

　続いて、新規シートへ出力した整形後の表が不要になった、あるいは出力先を変更したい場合は、図3-6-9のように「接続の作成のみ」を指定しましょう。

第3章　集計精度を格段に上げる「前処理」の作業＝データ整形を極める

121

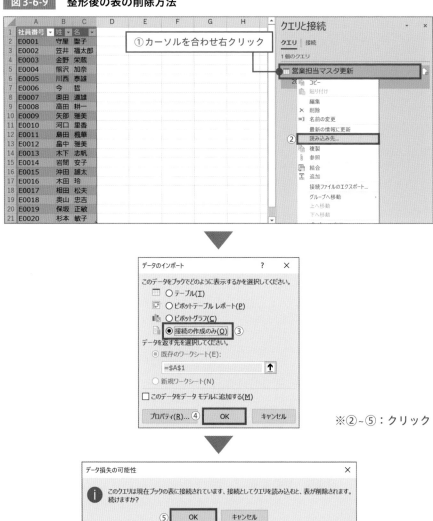

図3-6-9 整形後の表の削除方法

※②~⑤：クリック

　これで新規シート上は空になります。なお、「接続の作成のみ」は整形の結果を
シート上へ表示せず、Excel内部で保持している状態です。
　別シート等へ出力したい場合は、図3-6-10の手順で指定できます。

図3-6-10　整形後の表の出力先指定方法

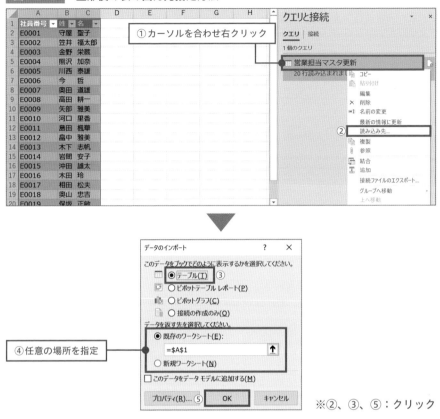

①カーソルを合わせ右クリック

②読み込み先...

③テーブル(T)

④任意の場所を指定

⑤プロパティ(R)...／OK

※②、③、⑤：クリック

　従来の機能とは勝手が違う部分はありますが、パワークエリは非常に便利な機能です。

売上明細の「商品名」を統一する

サンプルファイル：【3-A】201807_売上明細.xlsx

関数で商品名の「表記ゆれ」を修正する

ここでの演習は、3-1・3-2で解説した「表記ゆれ」の復習です。

サンプルファイルの「売上明細」シートの「商品名」フィールドにある「表記ゆれ」の内容を特定し、関数で「表記ゆれ」の種類に応じた手法を使い、表記の統一を行いましょう。

結果的に、図3-A-1になることがゴールです。

図3-A-1　演習3-Aのゴール

▼整形前（Before）　　　▼整形後（After）

まずは、商品マスタを基準に「表記ゆれ」のデータを特定する

最初に行うべきは、どんな「表記ゆれ」があるか、特定していくことでしたね。まず、「売上明細」テーブルの「商品名」フィールドの一意のデータ一覧を作成し

ましょう。

　図3-A-2の通り、ピボットテーブルで作成します。

図3-A-2　「一意のデータ一覧」イメージ

▼新規シート（ピボットテーブル）

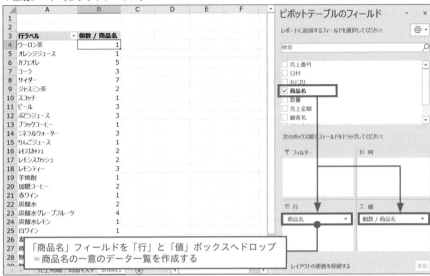

「商品名」フィールドを「行」と「値」ボックスへドロップ
＝商品名の一意のデータ一覧を作成する

　次は図3-A-3のように、ピボットテーブル側の一意のデータがマスタ上に存在するか、COUNTIFSを使ってチェックしましょう。

図3-A-3　マスタを基準とした「表記ゆれ」の発見方法

▼新規シート（ピボットテーブル）　　　　　　　▼対象フィールドのデータ一覧（マスタ）

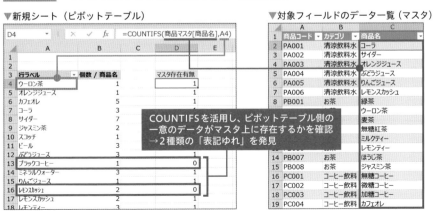

COUNTIFSを活用し、ピボットテーブル側の一意のデータがマスタ上に存在するかを確認
→2種類の「表記ゆれ」を発見

125

結果、今回修正すべき「表記ゆれ」は2種類です。1つ目は、半角の「レモンス
カッシュ」を全角へ修正すること、2つ目は「ブラックコーヒー」を正式名の「無
糖コーヒー」へ置換することです。

カタカナを全角で統一するために「JIS」で変換する

　まずは、カタカナを全角に変換しましょう。そのための関数は「JIS」でした。
使い方は、図3-A-4をご覧ください。

図3-A-4　JISの使用イメージ

別々の表記を統一するために「SUBSTITUTE」で置換する

続いて、「ブラックコーヒー」を「無糖コーヒー」へ置換します。置換の関数は「SUBSTITUTE」でしたね。詳細は図3-A-5の通りです。

図3-A-5　SUBSTITUTEの使用イメージ

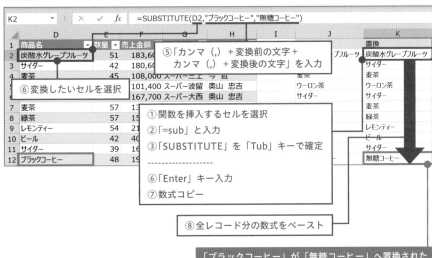

「ブラックコーヒー」が「無糖コーヒー」へ置換された

なお、「=JIS(SUBSTITUTE(D2,"ブラックコーヒー","無糖コーヒー"))」のように、2種類の関数を1つの数式にすることも可能です。この場合、1列で複数の「表記ゆれ」を修正した結果が反映されます。

顧客住所から「都道府県」を抽出する

📄 サンプルファイル：【3-B】顧客マスタ.xlsx

関数で顧客住所の「都道府県」情報を別データとして抽出する

　ここでの演習は、3-5で解説したデータ抽出の復習です。サンプルファイルの「顧客マスタ」シートの「住所」フィールドから、関数を使って「都道府県」の情報を抽出します。

　結果的に、図3-B-1になることがゴールです。

図3-B-1 　演習3-Bのゴール

	A	B	C	D	E
1	No.	顧客名	郵便番号	住所	都道府県
2	1	益田武夫	997-0827	山形県鶴岡市陽光町1-13-11	山形県
3	2	葛西和秀	389-2701	長野県下水内郡栄村豊栄1-5-12	長野県
4	3	鶴田勇蔵	015-0876	秋田県由利本荘市井戸尻2-11-3	秋田県
5	4	大塚菜々実	791-8072	愛媛県松山市桜ケ丘1-16-19	愛媛県
6	5	大川唯菜	684-0006	鳥取県境港市栄町2-9-10	鳥取県
7	6	寺尾伊代	712-8026	岡山県倉敷市水島南瑞穂町3-20-14キャッスル水島南瑞穂町114	岡山県
8	7	金丸浩志	630-8212	奈良県奈良市春日野町2-15-17	奈良県
9	8	阿久津勝利	779-0302	徳島県鳴門市大麻町大谷3-2-3大麻町大谷荘211	徳島県
10	9	曽根優子	425-0087	静岡県焼津市保福島4-16	静岡県
11	10	狩野佳大	699-2502	島根県大田市温泉津町湯里1-2-15	島根県
12	11	小林国彦	990-2372	山形県山形市みのりが丘4-8-3	山形県
13	12	若林綾	518-0623	三重県名張市桔梗が丘3番町2-12	三重県
14	13	三木穂香	915-0836	福井県越前市野上町2-1	福井県
15	14	児島克己	829-0331	福岡県築上郡築上町高塚1-2-8	福岡県
16	15	勝田千秋	891-2105	鹿児島県垂水市松原町1-20-6	鹿児島県
17	16	大熊莉乃	521-1201	滋賀県東近江市新宮町4-16新宮町アパート310	滋賀県
18	17	谷川安男	959-1725	新潟県五泉市小面谷3-3-12	新潟県
19	18	根本千佐子	739-0463	広島県廿日市市大野小田ノ口1-7-4	広島県
20	19	増material棟上	311-3813	茨城県行方市籠田4-3-12籠田プラチナ319	茨城県
21	20	渡辺千咲	039-1504	青森県三戸郡五戸町上兎内2-12-20レジデンス上兎内212	青森県
22					
23					
24				住所から「都道府県」部分のみを抽出する	
25					
26					

　さて、今回はどの関数を使えば良いのか、見当はつきましたか?

　今回抽出する「都道府県」は、「住所」の先頭にあるため、LEFTを中心に抽出を行いたいと思います。

抽出するための「目印」となる文字が何か見定める

今回の演習内容は、スペース等の区切り文字はないため、抽出するデータの「目印」となる文字が何かを見定めることがポイントです。

抽出元の住所データを確認すると、「都道府県」はすべて「県」です。よって、この「県」という文字が「目印」となります。

また、15レコード目のみ、この「県」が4文字目にあるため、通常のLEFTだけでは対応できないことが分かりました（図3-B-2）。

図3-B-2 「目印」の文字の特定イメージ

	A	B	C	D
1	No.	顧客名	郵便番号	住所
2	1	益田武夫	997-0827	山形県鶴岡市陽光町1-13-11
3	2	葛西和秀	389-2701	長野県下水内郡栄村豊栄1-5-12
4	3	鶴田勇蔵	015-0876	秋田県由利本荘市井戸尻2-11-3
5	4	大塚菜々実	791-8072	愛媛県松山市桜ケ丘1-16-19
6	5	大川唯菜	684-0006	鳥取県境港市栄町2-9-10
7	6	寺尾伊代	712-8026	岡山県倉敷市水島南瑞穂町3-20-14キャッスル水島南瑞穂町114
8	7	金丸浩志	630-8212	奈良県奈良市春日野町2-15-17
9	8	阿久津勝利	779-0302	徳島県鳴門市大麻町大谷3-2-3大麻町大谷荘211
10	9	曽根優子	425-0087	静岡県焼津市保福島4-16
11	10	狩野佳大	699-2502	島根県大田市温泉津町湯里1-2-15
12	11	小林国彦	990-2372	山形県山形市みのりが丘4-8-3
13	12	若林綾	518-0623	三重県名張市桔梗が丘3番町2-12
14	13	三木穂香	915-0836	福井県越前市野上町2-1
15	14	児島克己	829-0331	福岡県築上郡築上町高塚1-2-8
16	15	勝田千秋	891-2105	鹿児島県垂水市松原町1-20-6
17	16	大熊莉乃	521-1201	滋賀県東近江市新宮町4-16新宮町アパート310

「都道府県」情報の共通項は「県」→基本的には先頭から3文字目

1つだけ「県」が4文字目

「県」の位置数を「FIND」で特定する

ここで「県」が各レコードで何文字目かを把握するため、FINDを使いましょう。図3-B-3のように、作業セルへセットすると良いです。

図3-B-3　FINDの使用イメージ

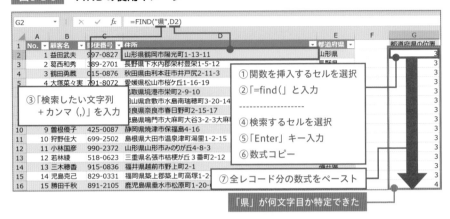

FINDで特定した位置数をもとに、「LEFT」で「都道府県」を抽出する

あとは、FINDで特定した「県」の位置数をもとに、LEFTの抽出文字数を可変にするのみです。

図3-B-4のように、抽出する文字数をセットする部分へ作業セルを参照するように設定すればOKです。

図3-B-4　LEFTの使用イメージ

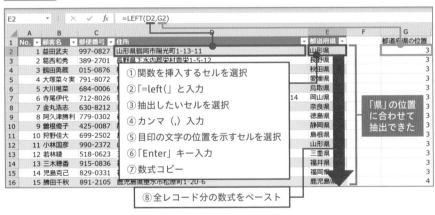

なお、上記数式の「G2」の部分を作業セルの数式を代入することで、1つの数式にすることも可能です（図3-B-5）。

図3-B-5　LEFT + FINDの数式イメージ

	A	B	C	D	E
E2				fx　=LEFT(D2,FIND("県",D2))	
1	No.	顧客名	郵便番号	住所	都道府県
2	1	益田武夫	997-0827	山形県鶴岡市陽光町1-	山形県
3	2	葛西和秀	389-2701	長野県下水内郡栄村豊栄1-5-12	長野県
4	3	鶴田勇蔵	015-0876	秋田県由利本荘市井戸尻2-11-3	秋田県
5	4	大塚菜々実	791-8072	愛媛県松山市桜ケ丘1-16-19	愛媛県
6	5	大川唯菜	684-0006	鳥取県境港市栄町2-9-10	鳥取県
7	6	寺尾伊代	712-8026	岡山県倉敷市水島南瑞穂町3-20-14キャッスル水島南瑞穂町114	岡山県
8	7	金丸浩志	630-8212	奈良県奈良市春日野町2-15-17	奈良県
9	8	阿久津勝利	779-0302	徳島県鳴門市大麻町大谷3-2-3大麻町大谷荘211	徳島県
10	9	曽根優子	425-0087	静岡県焼津市保福島4-16	静岡県
11	10	狩野佳大	699-2502	島根県大田市温泉津町湯里1-2-15	島根県
12	11	小林国彦	990-2372	山形県山形市みのりが丘4-8-3	山形県
13	12	若林綾	518-0623	三重県名張市桔梗が丘3番町2-12	三重県
14	13	三木穂香	915-0836	福井県越前市蓬上町2-1	福井県
15	14	児島克己	829-0331	福岡県築上郡築上町高塚1-2-8	福岡県
16	15	勝田千秋	891-2105	鹿児島県垂水市松原町1-20-6	鹿児島県

G列の作業セルの数式を代入する

担当者名の重複を削除し、「姓」と「名」にデータ分割する

📄 サンプルファイル：【3-C】営業担当マスタ.xlsx

パワークエリで営業担当名の重複削除とデータ分割を行う

ここでの演習は、3-3・3-5・3-6の複合的な復習です。

パワークエリを使い、サンプルファイル「営業担当マスタ」の「重複データ」の削除とデータ分割を行います。図3-C-1がゴールです。

図3-C-1 演習3-Cのゴール

▼整形前（Before）

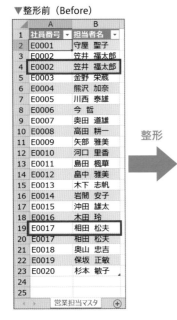

整形

▼整形後（After）

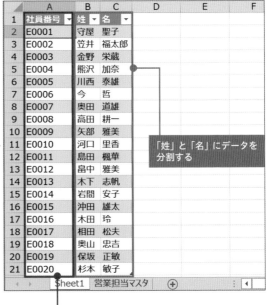

「姓」と「名」にデータを分割する

重複レコードを削除する

Power Queryエディターを起動する

まずは図3-C-2の通り、Power Queryエディターを起動させます。

図3-C-2　**Power Queryエディターの起動手順**

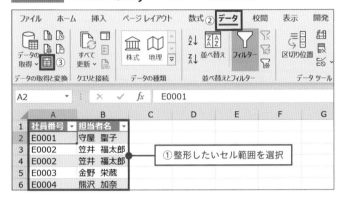

※②、③：クリック

「重複の削除」と「区切り記号による列の分割」を記録する

　エディターが起動したら、実際にデータ整形作業を行います。まずは「重複デー
タ」の削除です。こちらは、図3-C-3の手順で実行できます。

図3-C-3　**パワークエリでの「重複データ」の削除手順**

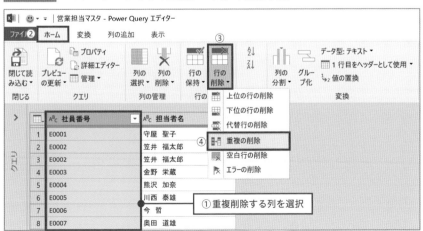

※②~④：クリック

続いて、「担当者名」フィールドを「姓」と「名」へデータ分割を行います。手順は図3-C-4の通りです。

図3-C-4 パワークエリでのデータ分割の手順

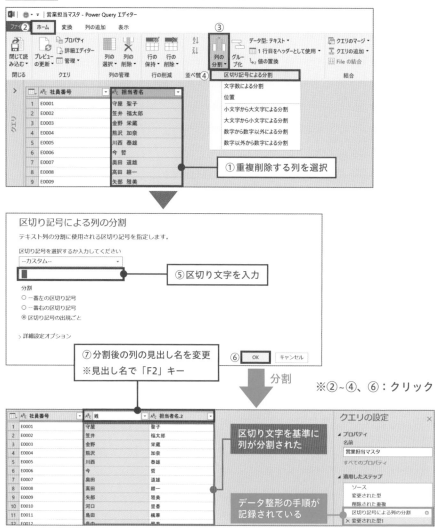

実行結果を「プレビュー」ウィンドウ上で確認し、問題なければ完了です。なお、「適用したステップ」欄には、今までのステップが記録されますが、あとで見返す際に分かりやすいよう編集しておきましょう（図3-C-5）。

図3-C-5 「適用したステップ」欄のリネーム例

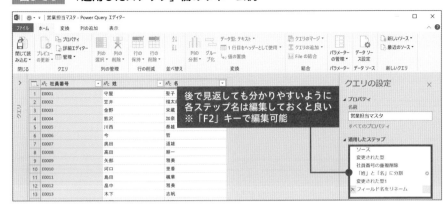

整形結果を新規シートへ出力する

エディター上の作業が終わったら、図3-C-6のように、整形結果を新規シート上へ出力しましょう。

図3-C-6 整形後の表の出力方法

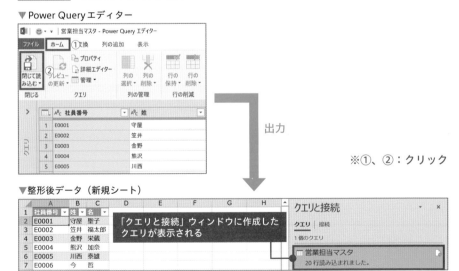

新規シートに整形結果が反映されました。あとは、必要に応じて新規シートの「クエリと接続」ウィンドウからクエリを操作してください。

集計元データの
転記&表レイアウト変更のテクニック

第3章で解説したデータ整形作業は、「集計元デー
タの不備をなくす」ことがメインでした。しかし、
データ整形作業はこれだけではありません。後工程
のデータ集計を効率化するため、「集計元データを集
計しやすく加工する」というデータ整形作業も実務
では非常に重要なのです。

第4章では、例えば「他ブックのデータを集計元
データへ転記する」「同じレイアウトのデータを一元
集約する」といった、データ整形作業のテクニック
について解説します。

別表からの転記作業も
データ整形の1つ

☑️ 別表からデータを転記するにはどうすれば良いのか

「データ転記」とはどんな作業なのか

集計や分析を進めていく中で、別表でまとめているデータを集計元データへ紐づけることが必要なケースは、実務上でよく発生します。

こうした作業を「データ転記」と言い、データ整形作業の1つです。イメージ的には、図4-1-1のように特定のフィールドを専用のマスタテーブルから転記するケースが多いです。

図4-1-1 「データ転記」のイメージ

▼転記先のシート（「売上明細」テーブル）

	A	B	C	D	E	F	G	H	I
1	売上番号	日付	商品コード	カテゴリ	商品名	数量	売上金額	顧客名	担当営業名
2	0001	2018/7/1	PD004			51	183,600	大石ストア	奥田 道雄
3	0002	2018/7/1	PA002			42	180,600	石神商店	金野 栄蔵
4	0003	2018/7/1	PB003			45	108,000	スーパー三上	今 哲
5	0004	2018/7/1	PB002			39	101,400	スーパー波留	奥山忠志
6	0005	2018/7/3	PA002			39	167,700	スーパー大西	奥山 忠吉
7	0006	2018/7/3	PB003			57	136,800	大久ストア	相田 松夫
8	0007	2018/7/3	PB005			57	157,320	山本販売店	川西 泰雄
9	0008	2018/7/4	PB006			54	216,000	石神商店	相田 松夫
10	0009	2018/7/4	PE001			42	403,200	大久ストア	熊沢 加奈
11	0010	2018/7/6	PA002			39	167,700	飯田ストア	金野 栄蔵
12	0011	2018/7/7	PC001			48	192,000	雨宮ストア	木下 志帆
13	0012	2018/7/7	PC004			48	240,000	野原スーパー	熊沢 加奈
14	0013	2018/7/7	PA002			45	193,500	山本販売店	島田 楓華
15	0014	2018/7/8	PD004			60	216,000	スーパー波留	杉本 敏子
16	0015	2018/7/10	PA006			54	216,000	宝塚商店	畠中 雅美

データ転記＝別表のデータを書き写すこと

▼転記したいデータ（「商品マスタ」テーブル）

	A	B	C	D	E
1	商品コード	カテゴリ	商品名	販売単価	原価
2	PA001	清涼飲料水	コーラ	4,000	600
3	PA002	清涼飲料水	サイダー	4,300	580
4	PA003	清涼飲料水	オレンジジュース		1,180
5	PA004	清涼飲料水	ぶどうジュース		1,776
6	PA005	清涼飲料水	りんごジュース	6,000	2,540
7	PA006	清涼飲料水	レモンスカッシュ	4,000	500
8	PB001	お茶	緑茶	2,760	500
9	PB002	お茶	ウーロン茶	2,600	400
10	PB003	お茶	麦茶	2,400	430
11	PB004	お茶	無糖紅茶	2,800	500
12	PB005	お茶	ミルクティー	4,000	760
13	PB006	お茶	レモンティー	4,000	640
14	PB007	お茶	ほうじ茶	2,600	400
15	PB008	お茶	ジャスミン茶	3,000	600
16	PC001	コーヒー飲料	無糖コーヒー	4,000	400

　なお、こうしたデータ転記は「主キー」が基準となります。図4-1-1の例で言えば、「商品コード」が主キーです。転記する際は、該当の商品コードに対応する「カテゴリ」「商品名」といったデータを、「商品マスタ」から書き写す（コピペ）わけですね。

　データ転記の基本的な動作ですが、まずは主キーが転記対象のデータ一覧の中にあるかを調べます。そして、該当の主キーに対応する転記対象のデータを任意の場所へ転記する、という流れです（図4-1-2）。

図4-1-2　データ転記の基本動作

▼転記先のシート（「売上明細」テーブル）

▼転記したいデータ（「商品マスタ」テーブル）

Excelで行うデータ転記は「検索してコピペ」が基本

実際にExcel上でデータ転記を行う方法ですが、主キーを元に「検索」し、転記対象のデータを「コピペ」することが基本となります。

なお、Excelの「検索」は、3-1で解説した「置換」と親子的な機能です。実際、使用するタブは違いますが、ダイアログ自体は一緒のため、操作手順も似ています。操作手順は図4-1-3の通りです。

図4-1-3 「検索」の操作手順

▼転記したいデータ（「商品マスタ」テーブル）

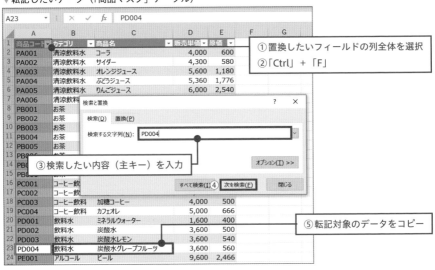

▼転記先のシート（「売上明細」テーブル）

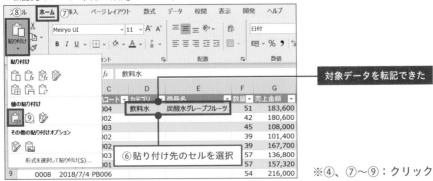

※④、⑦〜⑨：クリック

140

ご覧の通り、「置換」との違いは「置換後の文字列」がないことですね。

ちなみに、この手順のポイントは、「置換」と同様に手順①です。主キーが「1」等の単純なものだと、別フィールドのセルがHITしてしまうケースもあるため、予め検索の対象範囲をしておく方が無難です。

また、手順④は「次を検索」にしていますが、「すべて検索」でも良いです。基本的に検索対象がマスタであれば、主キーは1つしかHITしないはずだからです。

もし、マスタ以外を対象に検索するなら、「すべて検索」にして、検索結果の一覧から転記対象のデータを選びましょう。

もっと楽に一瞬でデータ転記を行う方法

「検索してコピペ」がデータ転記の基本ではありますが、さすがに対象データ数が多い、あるいは作業の発生頻度が高い場合は現実的に厳しいでしょう。なぜなら、作業工数やチェック工数がかかることはもちろん、コピペ間違い等のヒューマンエラーが起きるリスクが高まるからです。

よって、転記作業を楽に効率的にするために、「データ転記が得意な関数」に代行してもらいましょう。

データ転記が得意な関数とは、「VLOOKUP」です。

> **VLOOKUP（検索値, 範囲, 列番号, [検索方法]）**
> 指定された範囲の1列目で特定の値を検索し、指定した列と同じ行にある値を返します。テーブルは昇順に並べ替えておく必要があります。

VLOOKUPを使うことで、人間の代わりにExcel側で「検索してコピペ」を自動的に処理してくれます。結果、図4-1-4のように、指定した主キーに対応する転記対象データが一瞬でセル上へ転記されます。

図4-1-4　VLOOKUPの転記結果イメージ

▼転記先のシート（「売上明細」テーブル）

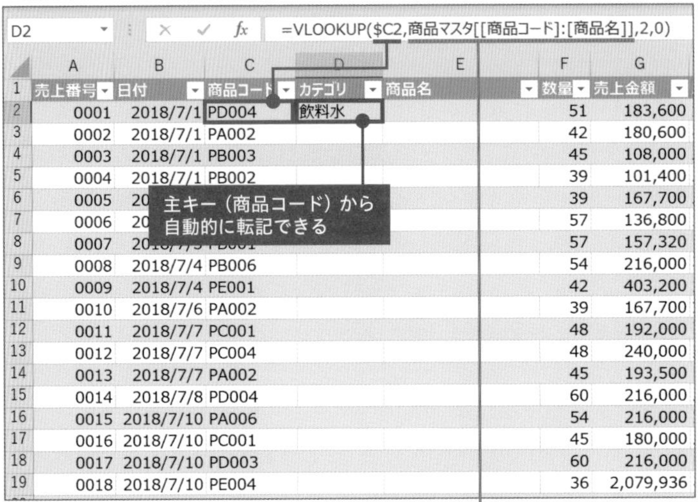

D2 =VLOOKUP($C2,商品マスタ[[商品コード]:[商品名]],2,0)

	A	B	C	D	E	F	G
1	売上番号	日付	商品コード	カテゴリ	商品名	数量	売上金額
2	0001	2018/7/1	PD004	飲料水		51	183,600
3	0002	2018/7/1	PA002			42	180,600
4	0003	2018/7/1	PB003			45	108,000
5	0004	2018/7/1	PB002			39	101,400
6	0005	20				39	167,700
7	0006	20				57	136,800
8	0007	20				57	157,320
9	0008	2018/7/4	PB006			54	216,000
10	0009	2018/7/4	PE001			42	403,200
11	0010	2018/7/6	PA002			39	167,700
12	0011	2018/7/7	PC001			48	192,000
13	0012	2018/7/7	PC004			48	240,000
14	0013	2018/7/7	PA002			45	193,500
15	0014	2018/7/8	PD004			60	216,000
16	0015	2018/7/10	PA006			54	216,000
17	0016	2018/7/10	PC001			45	180,000
18	0017	2018/7/10	PD003			60	216,000
19	0018	2018/7/10	PE004			36	2,079,936

主キー（商品コード）から自動的に転記できる

▼転記したいデータ（「商品マスタ」テーブル）

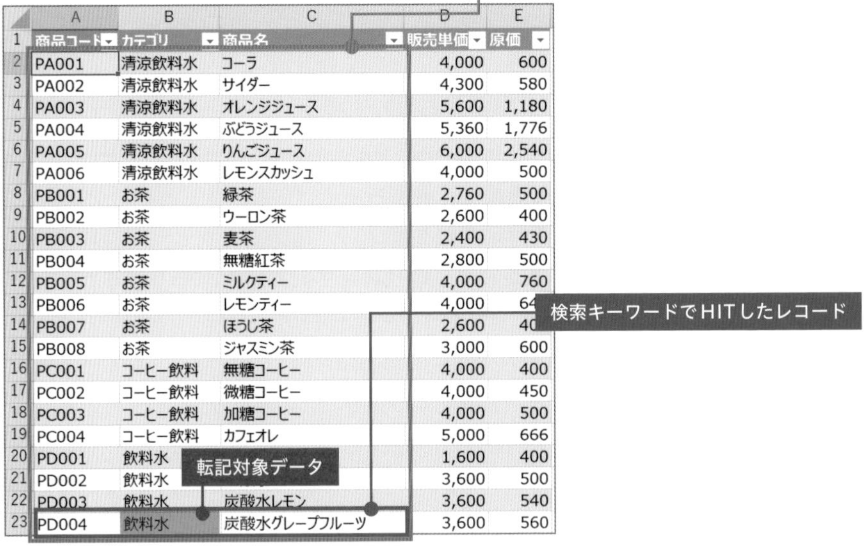

	A	B	C	D	E
1	商品コード	カテゴリ	商品名	販売単価	原価
2	PA001	清涼飲料水	コーラ	4,000	600
3	PA002	清涼飲料水	サイダー	4,300	580
4	PA003	清涼飲料水	オレンジジュース	5,600	1,180
5	PA004	清涼飲料水	ぶどうジュース	5,360	1,776
6	PA005	清涼飲料水	りんごジュース	6,000	2,540
7	PA006	清涼飲料水	レモンスカッシュ	4,000	500
8	PB001	お茶	緑茶	2,760	500
9	PB002	お茶	ウーロン茶	2,600	400
10	PB003	お茶	麦茶	2,400	430
11	PB004	お茶	無糖紅茶	2,800	500
12	PB005	お茶	ミルクティー	4,000	760
13	PB006	お茶	レモンティー	4,000	64
14	PB007	お茶	ほうじ茶	2,600	40
15	PB008	お茶	ジャスミン茶	3,000	600
16	PC001	コーヒー飲料	無糖コーヒー	4,000	400
17	PC002	コーヒー飲料	微糖コーヒー	4,000	450
18	PC003	コーヒー飲料	加糖コーヒー	4,000	500
19	PC004	コーヒー飲料	カフェオレ	5,000	666
20	PD001	飲料水		1,600	400
21	PD002	飲料水		3,600	500
22	PD003	飲料水	炭酸水レモン	3,600	540
23	PD004	飲料水	炭酸水グレープフルーツ	3,600	560

検索キーワードでHITしたレコード

転記対象データ

　VLOOKUPの方が、人間が行うよりも高速ですし、チェック箇所も減るためエラーの発生確率も下がります。

　このVLOOKUPを構成する要素は図4-1-5の通り4つあり、関数の中でも多い部類です。よって、それぞれの注意点をしっかり確認していきましょう。

図4-1-5　VLOOKUPの構成要素

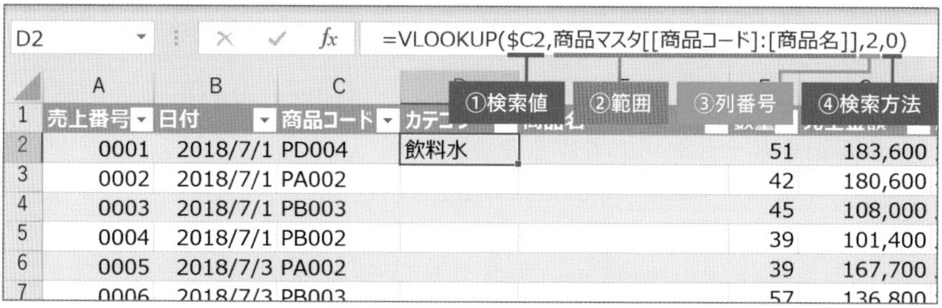

1つ目は「検索値」です。基本的には主キーを設定します。なお、主キーに「表記ゆれ」や誤入力等があると、転記ミスの原因となります。また、設定する際はコピペを想定した参照形式にすると良いでしょう（列だけ固定するケースが多いです）。

2つ目は「範囲」です。こちらは、主キーの検索対象の表を指定します。ルールとして、必ず主キーと転記対象データのフィールドを含んだ列範囲を指定し、かつ指定した範囲の左端は主キーの列にしなければなりません。

なお、今回はテーブル化した表を選択していますが、通常の表を選択する際は、「$A:$C」等の列全体を指定しましょう。その方が、マスタへデータ追加したとしてもエラーを防止できます。

3つ目は「列番号」です。こちらは、「範囲」の「左から何列目を転記対象にするか」を指定するものです。図4-1-5は「2」を指定しているため、「商品」マスタ2列目の「カテゴリ」フィールドが転記対象のデータとなります。

4つ目は「検索方法」です。実務では「完全一致検索」が主流です。「完全一致検索」を意味する「FALSE」か「0」を指定すれば良いとだけ覚えておきましょう（「近似一致検索」はほぼ使いません）。

4-2 さらに便利なデータ転記の応用技

☑ データ転記をもっと便利にできるのか

事前にセットしたVLOOKUPのエラー値を非表示にする方法

データ転記に便利なVLOOKUPですが、予め入力するフォーマットへセットしておくと、入力工数の削減につながります。しかし、事前にセットすると、図4-2-1の通りエラー値が表示されてしまいます。

図4-2-1　VLOOKUPのエラー例

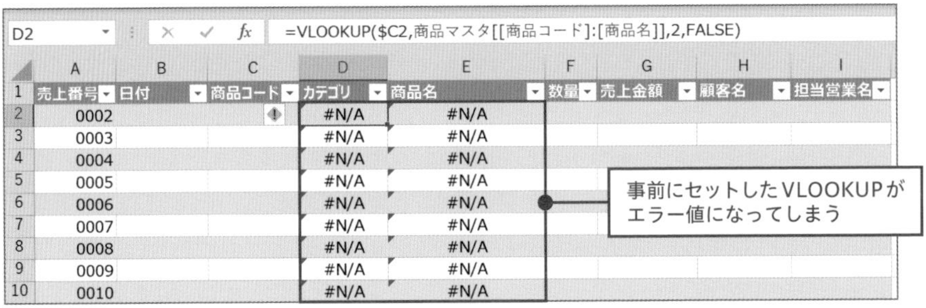

	A	B	C	D	E	F	G	H	I
1	売上番号	日付	商品コード	カテゴリ	商品名	数量	売上金額	顧客名	担当営業名
2	0002			#N/A	#N/A				
3	0003			#N/A	#N/A				
4	0004			#N/A	#N/A				
5	0005			#N/A	#N/A				
6	0006			#N/A	#N/A				
7	0007			#N/A	#N/A				
8	0008			#N/A	#N/A				
9	0009			#N/A	#N/A				
10	0010			#N/A	#N/A				

この「#N/A」というエラー値は、指定した検索キーワードが検索対象のセル範囲に見つからない場合に出るものです。

図4-2-1で言えば、検索キーワードである「商品コード」が未入力（＝ブランク）ですが、「商品マスタ」上に「ブランク」という主キーがないため、このエラー値が表示されているわけですね。

このエラー値は、主キーの入力を進めていけば表示されませんが、未入力状態でもエラー値を表示したくないなら、「IFERROR」という関数を使いましょう。

> **IFERROR(値,エラーの場合の値)**
> 式がエラーの場合は、エラーの場合の値を返します。エラーでない場合は、式の値自体を返します。

　IFERRORを使うことで、本来はエラー値が表示される場合に、任意の文字列を表示させることが可能です。

　例えば、未入力でもブランク表示にしたいのであれば、図4-2-2のように、元々セットしていたVLOOKUPの数式の前後にIFERRORの式を追加します。

図4-2-2　IFERRORの使用イメージ

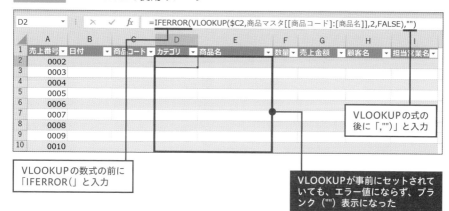

　ブランクは、数式的にはダブルクォーテーション（"）を2つ続けることで表します。

　なお、このIFERRORを使う際は、図4-2-2のようにまずはIFERRORなしの数式をセットし、その数式が問題なく動作することを検証してからIFERRORの式を追加しましょう。その方が、数式のエラーを最小限にできます。

VLOOKUPを複数列の転記でも対応可能にするには

　VLOOKUPでデータ転記を行う際に案外面倒なのは、転記対象のデータが複数列あった場合、列ごとに手作業で数式の列番号を修正しなければならないことです（図4-2-3のイメージ）。

図4-2-3　VLOOKUPの複数列の転記例

▼転記先のシート（「売上明細」テーブル）

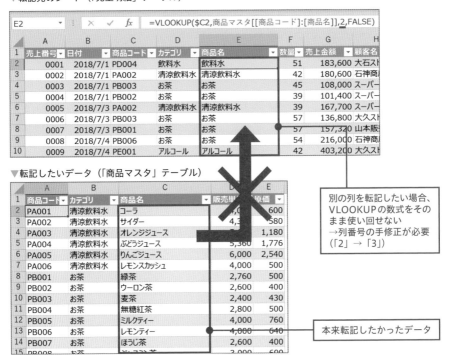

▼転記したいデータ（「商品マスタ」テーブル）

別の列を転記したい場合、VLOOKUPの数式をそのまま使い回せない
→列番号の手修正が必要（「2」→「3」）

本来転記したかったデータ

　転記対象の列数が多い、または転記元と転記先で列の順番がぐちゃぐちゃの場合は大変な作業になります。

　よって、ベースの数式をコピペするだけで、複数列の転記ができる数式にすることがベターです。それを実現するために活躍してくれる関数は、「MATCH」です。

> **MATCH（検査値,検査範囲,[照合の種類]）**
> 指定された照合の種類に従って検査範囲内を検索し、検査値と一致する要素の、配列内での相対的な位置を表す数値を返します。

　この関数の数式は、実はVLOOKUPと似ています（図4-2-4）。

図4-2-4　**MATCHの使用イメージ**

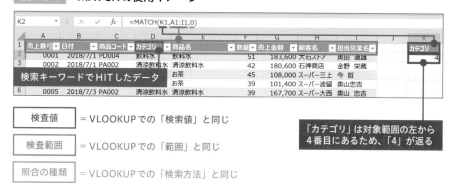

検査値	= VLOOKUPでの「検索値」と同じ
検査範囲	= VLOOKUPでの「範囲」と同じ
照合の種類	= VLOOKUPでの「検索方法」と同じ

「カテゴリ」は対象範囲の左から
4番目にあるため、「4」が返る

　注意点ですが、「検査範囲」は1行か1列にする必要があります。それぞれ1行の場合（図4-2-4と同じケース）は左から、1列の場合は上から、「検査値」が何番目にあるのか　カウントされます。

　このMATCHを使い、VLOOKUPの列番号が各フィールド名に応じて自動計算できるようにします。図4-2-5のように、MATCHの数式をVLOOKUPの列番号のところへ代入すればOKです。

図4-2-5　**VLOOKUP + MATCHの数式イメージ**

▼転記先のシート（「売上明細」テーブル）※シート上の表記

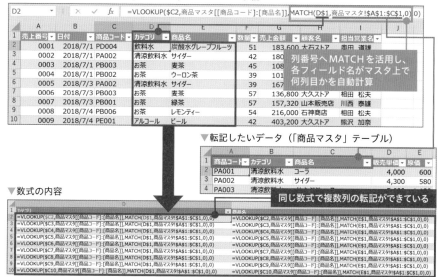

▼転記したいデータ（「商品マスタ」テーブル）

同じ数式で複数列の転記ができている

▼数式の内容

第4章　集計元データの転記&表レイアウト変更のテクニック

転記対象の表の主キーが左端にない場合の対応策

さらに、データ転記で困るケースとして、転記元の表の左端でない位置に主キーがあることです（図4-2-6のようなイメージ）。

主キーが表の左端にない例

主キーのフィールドが
表の左端にない

この場合、このままではVLOOKUPが使えません。VLOOKUPは必ず、転記元の表の左端に主キーが必要だからです。

この転記元の表が加工できるのであれば、単純に主キーの列を左端へ移動させれば問題ないですが、加工できない場合は困ります。その時は、VLOOKUPでなく「INDEX」で転記すると良いです。

INDEX(参照,行番号,[列番号],[領域番号])
指定された行と列が交差する位置にある値、またはセルの参照を返します。

このINDEXは、MATCHと組み合わせることで、あらゆるケースのデータ転記に対応できます。INDEX単体の場合は、図4-2-7のような使い方になります。

図4-2-7 INDEXの使用イメージ

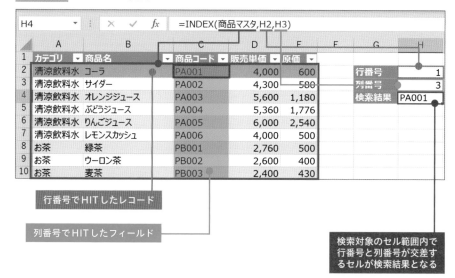

このようにINDEX単体だと、数式自体はVLOOKUPよりもシンプルですね。ただし、INDEX単体の問題点は、行番号と列番号が「固定値」になってしまう点です。

よって、先ほどのVLOOKUPの列番号へMATCHを代入したのと同じく、INDEXの行番号・列番号へMATCHを代入することで、行番号・列番号を可変にできるわけです。詳細は図4-2-8の通りです。

図4-2-8　INDEX + MATCHの数式イメージ

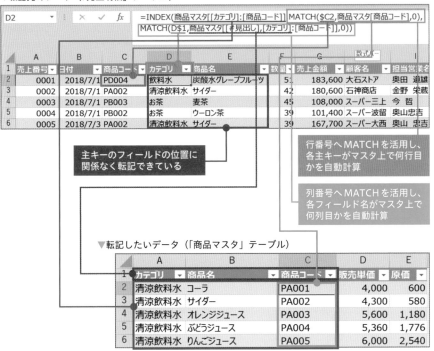

▼転記先のシート（「売上明細」テーブル）

▼転記したいデータ（「商品マスタ」テーブル）

なお、今回のように複数列の転記でなければ、列番号のMATCHは使わなくてもOKです（その場合は固定の数値を指定）。

4-3 関数を使わずに確実なデータ転記を行うには

☑ 関数以外に、データ転記に役立つ機能はあるか

関数の乱用はExcelファイルの動作を重くする一因

ここまでデータ転記の主な手段として、VLOOKUPやINDEXの活用方法について解説してきましたが、もちろん注意すべき点もあります。それは、関数をセットしたセル数があまりにも多い場合、Excelの動作が重くなる、最悪の場合はExcel自体が落ちてしまう危険性があるということです。

例えば、図4-3-1のような状態です。

図4-3-1 セットした関数が多い例

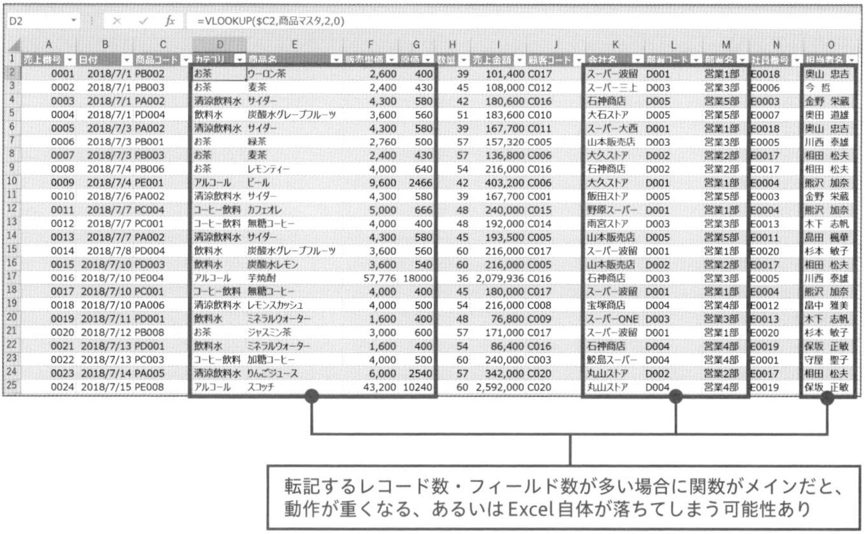

転記するレコード数・フィールド数が多い場合に関数がメインだと、動作が重くなる、あるいはExcel自体が落ちてしまう可能性あり

これは、関数の数に比例して計算等の負荷が大きくなってしまうことが原因です。このように、データ転記の対象数があまりにも多い場合に関数を使うと、逆に効率悪化になってしまうケースがあります。

まずは、そのことをしっかりと認識しておきましょう。

データ数が多ければ、パワークエリでのデータ転記を行う

　では、どうすれば良いのか。結論から言うと、転記対象のデータ数が多い場合、関数の代わりにパワークエリでデータ転記を行いましょう。

　パワークエリでデータ転記を行うにあたり、転記先の表をベースに、転記元の表の転記対象のフィールドを結合した「第3の表」を新たに生成することになります。イメージ的には、図4-3-2の通りです。

図4-3-2 　パワークエリでのデータ転記のイメージ

▼転記先のシート（「売上明細」テーブル）

	A	B	C	D	E	F	G
1	売上番号	日付	商品コード	数量	売上金額	顧客名	担当営業名
2	0001	2018/7/1	PD004	51	183,600	大石ストア	奥田 道雄
3	0002	2018/7/1	PA002	42	180,600	石神商店	金野 栄蔵
4	0003	2018/7/1	PB003	45	108,000	スーパー三上	今 哲
5	0004	2018/7/1	PB002	39	101,400	スーパー波留	奥山忠吉
6	0005	2018/7/3	PA002	39	167,700	スーパー大西	奥山 忠吉
7	0006	2018/7/3	PB003	57	136,800	大久ストア	相田 松夫
8	0007	2018/7/3	PB001	57	157,320	山本販売店	川西 泰雄
9	0008	2018/7/4	PB006	54	216,000	石神商店	相田 松夫
10	0009	2018/7/4	PE001	42	403,200	大久ストア	熊沢 加奈

▼転記元のシート（「商品マスタ」テーブル）

	A	B	C	D	E
1	商品コード	カテゴリ	商品名	販売単価	原価
2	PA001	清涼飲料水	コーラ	4,000	600
3	PA002	清涼飲料水	サイダー	4,300	580
4	PA003	清涼飲料水	オレンジジュース	5,600	1,180
5	PA004	清涼飲料水	ぶどうジュース	5,360	1,776
6	PA005	清涼飲料水	りんごジュース	6,000	2,540
7	PA006	清涼飲料水	レモンスカッシュ	4,000	500
8	PB001	お茶	緑茶	2,760	500
9	PB002	お茶	ウーロン茶	2,600	400
10	PB003	お茶	麦茶	2,400	430

主キーを元にデータ転記

▼新規シート（「売上明細」テーブル＋「商品マスタ」テーブルの一部）

	A	B	C	D	E	F	G	H
1	売上番号	日付	商品コード	カテゴリ	商品名	数量	売上金額	顧客名	担当営業名
2	1	2018/7/1	PD004	飲料水	炭酸水グレープフルーツ	51	183600	大石ストア	奥田 道雄
3	2	2018/7/1	PA002	清涼飲料水	サイダー	42	180600	石神商店	金野 栄蔵
4	3	2018/7/1	PB003	お茶	麦茶	45	108000	スーパー三上	今 哲
5	4	2018/7/1	PB002	お茶	ウーロン茶	39	101400	スーパー波留	奥山忠吉
6	5	2018/7/3	PA002	清涼飲料水	サイダー	39	167700	スーパー大西	奥山 忠吉
7	6	2018/7/3	PB003	お茶	麦茶	57	136800	大久ストア	相田 松夫
8	7	2018/7/3	PB001	お茶	緑茶	57	157320	山本販売店	川西 泰雄
9	8	2018/7/4	PB006	お茶	レモンティー	54	216000	石神商店	相田 松夫
10	9	2018/7/4	PE001	アルコール	ビール	42	403200	大久ストア	熊沢 加奈
11	10	2018/7/6	PA002	清涼飲料水	サイダー	39	167700	飯田ストア	金野 栄蔵
12	11	2018/7/7	PC001	コーヒー飲料	無糖コーヒー	48	192000	雨宮ストア	木下 志帆

クエリと接続
クエリ　接続
3個のクエリ
□ 売上明細
　接続専用。
□ 商品マスタ
　接続専用。
□ マージ1
　61 行読み込まれました。

　この作業を進めるにあたり、事前準備として転記先と転記元の2つの表を、パワークエリへ別々に取り込む必要があります。この取り込みを行うと、「表データを取得する」というクエリが生成されます。

　手順については図4-3-3をご覧ください。転記先の表を例にしていますが、同じ手順を転記元の表でも行います（ちなみに、今回の転記先と転記元の2つの表は、同じブック内にあります。また、どちらの表も事前にテーブル化済みです）。

図4-3-3　転記先の表のデータ取り込み手順

▼転記先のシート（「売上明細」テーブル）

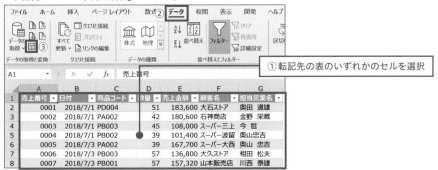

▼Power Query エディター

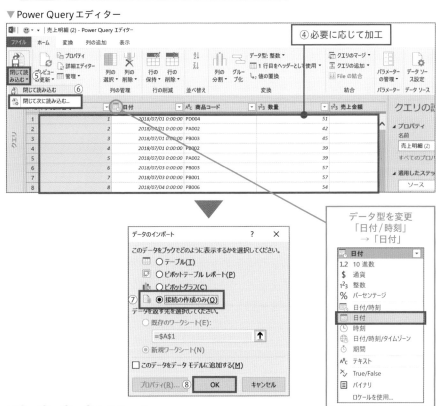

※②、③、⑤～⑧：クリック

今回は、手順④で「日付」フィールドのデータ型を変更しています（Power Queryエディターへ取り込んだ段階で「日付/時刻」のデータ型になってしまったため、「日付」へ変更）。このように、プレビュー画面を見て、必要な加工は都度行いましょう。

また手順⑦では、すでにブック内にテーブルが存在し、新たに出力不要のため、このクエリでは「接続の作成のみ」を選択しています。

なお、ここまでと同じ作業を、転記元の表でも行いましょう。2つの表の取り込み完了後、シート上が図4-3-4の状態なら準備完了です。

図4-3-4 **取り込み後の「クエリと接続」ウィンドウ**

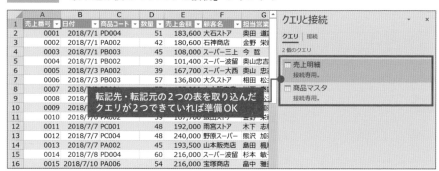

パワークエリでのデータ転記作業の流れ

あとは、図4-3-5の通りにデータ転記を進めていきます。

手順⑤と⑦で、「転記先」と「転記元」を間違えないよう注意しましょう（⑤で指定した表がベースとなります）。

また、VLOOKUPと異なり、主キーのフィールドが左端でなくとも問題なく転記が可能です。手順⑨まで終えると、Power Queryエディターが起動します。あとは、転記対象のフィールドを展開しましょう。

図4-3-5　パワークエリでのデータ転記手順①（「マージ」起動）

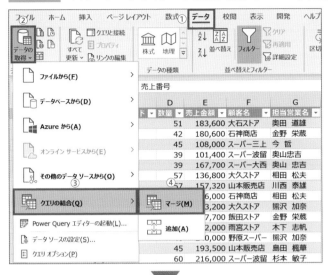

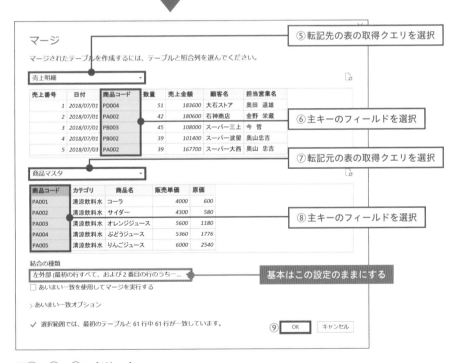

※①〜④、⑨：クリック

図4-3-6 パワークエリでのデータ転記手順②（転記対象の展開）

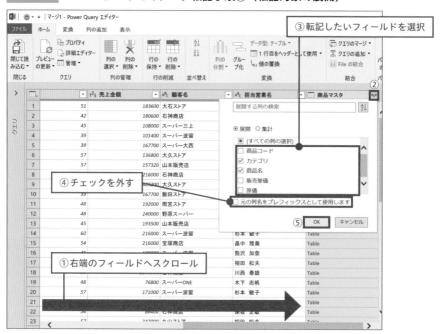

※②、⑤：クリック

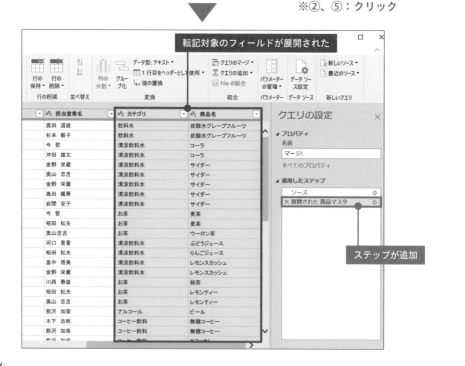

　それと、図4-3-6を見てください。手順④のチェックが入っていると、フィールド名の先頭にクエリ名（テーブル名）が付加されます。これは基本的に不要です。

　あとは、エディター上で転記以外の整形作業（図4-3-7）を行い、新規シート上へ転記完了後の表を出力して完了です（図4-3-8）。
　なお、出力後は、クエリ取り込み前の表示形式が崩れるケースがあります。必要に応じて、セルの表示形式を設定しましょう。

図4-3-7　データ転記以外の整形作業例

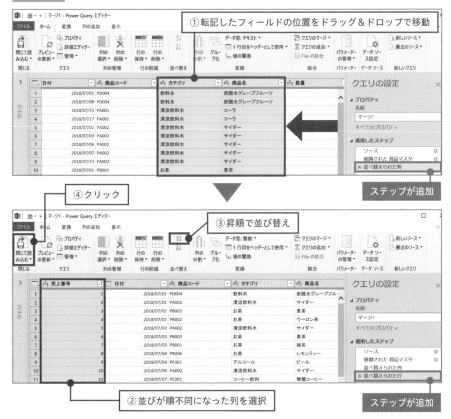

図4-3-8　データ転記完了の表の出力方法

▼既存のシート

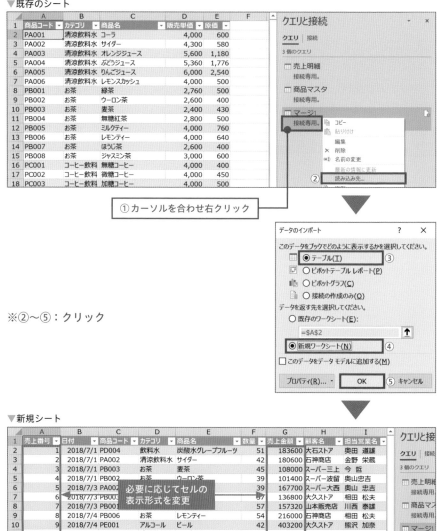

①カーソルを合わせ右クリック

※②～⑤：クリック

▼新規シート

4-4　同一レイアウトの複数テーブルを一元集約する

☑ 同一レイアウトの複数テーブルを1つのテーブルにまとめたい場合、どうすれば良いか

同じレイアウトのテーブルは、1つにして利便性を高めること

実務上、同じレイアウトの集計元データでも、期間（週次・月次等）や部門別等で「あえて」テーブルを分けて管理・運用するケースもあります。テーブルを分けることで、複数人での並行作業がしやすく、データの管理もしやすくなるからです。

ただし、複数テーブルを横断して傾向を把握したい際は、逆にテーブルが分かれていることで集計／分析しにくいことが難点です。

こうした場合は、図4-4-1のように、集計／分析の前に複数テーブルを1つに連結しましょう。このひと手間で、劇的に効率がアップします。

図4-4-1 同一レイアウトの複数テーブルを一元集約するイメージ

159

複数テーブルを連結し、一元集約する際もパワークエリが便利

　従来、こうした複数テーブルを連結する常套手段は、手作業で地道に1つのテーブルにコピペでつなぎ合わせるか、VBAを使い作業を自動化するかでした。

　しかし、このテーブル連結作業もパワークエリで簡単に実現できてしまいます。一例として、月別の売上明細3ヶ月分のテーブルを連結させていきましょう（同一ブック内に3テーブルのシートがあります）。

　まずは4-3と同様に、事前準備として、1テーブル毎に取得クエリを作成しておきます。作業完了後は、図4-4-2の通りとなります。

図4-4-2 　取り込み後の「クエリと接続」ウィンドウ

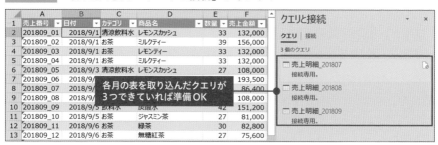

　あとは、図4-4-3の手順で一気に3テーブルを連結させます。

図4-4-3　　パワークエリでのテーブル連結手順（「追加」起動）

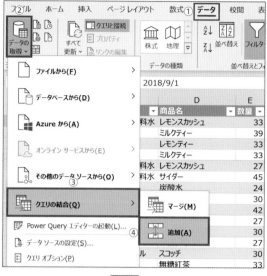

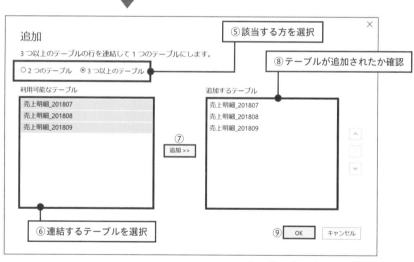

※①〜④、⑦、⑨：クリック

　1テーブルへの連結にあたり、元々テーブルを分けていた基準（日付や部門等）が列として存在しているかが重要です。これも、集計/分析を行う際の「切り口」の1つとして、比較や推移を見ることになるからです。そうした列がなければ、連結時に追加しましょう。

Power Queryエディターには、そのために「列の追加」タブがあります。今回は一例として、「売上番号」の「_」以前のテキストを抽出した列を追加してみました。詳細は図4-4-4をご覧ください。

図4-4-4　パワークエリでの列の追加手順

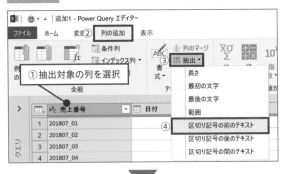

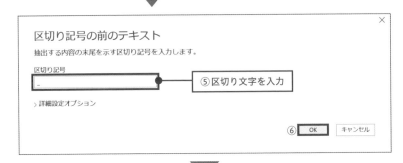

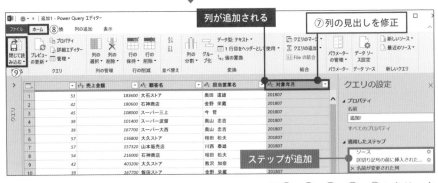

※②〜④、⑥、⑧、⑨：クリック

新規シートを出力すると、無事テーブルの連結が確認できました（図4-4-5）。

図4-4-5 テーブル連結後のシート出力結果例

各テーブルが別ブックだった場合の対処方法

先ほどは、同一ブック内の複数テーブルを連結しましたが、実務上はテーブル毎に別ブックに分けて管理するケースもあります。

パワークエリなら、図4-4-6の通り、各テーブルのブックを格納しているフォルダーを指定することで、一括で取り込むことも可能です。

そのあとは、図4-4-7の手順に沿って必要なデータを展開します。

図4-4-6 フォルダーを指定したデータ取り込み手順

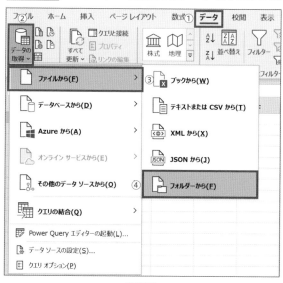

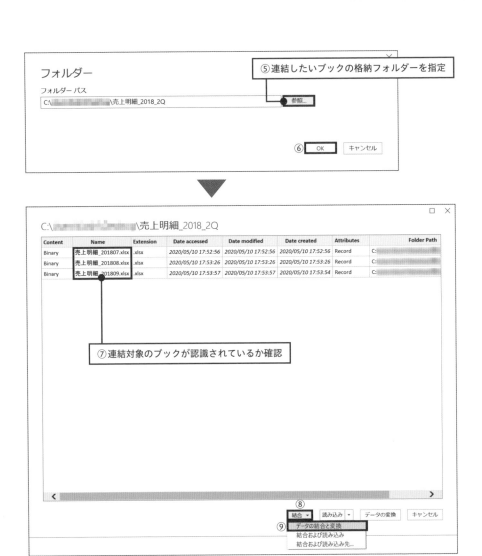

⑤ 連結したいブックの格納フォルダーを指定

フォルダー

フォルダー パス

C:\████████\売上明細_2018_2Q 　　　参照...

⑥ OK 　　キャンセル

C:\████████\売上明細_2018_2Q

Content	Name	Extension	Date accessed	Date modified	Date created	Attributes	Folder Path
Binary	売上明細_201807.xlsx	.xlsx	2020/05/10 17:52:56	2020/05/10 17:52:56	2020/05/10 17:52:56	Record	C:
Binary	売上明細_201808.xlsx	.xlsx	2020/05/10 17:53:26	2020/05/10 17:53:26	2020/05/10 17:53:26	Record	C:
Binary	売上明細_201809.xlsx	.xlsx	2020/05/10 17:53:57	2020/05/10 17:53:57	2020/05/10 17:53:54	Record	C:

⑦ 連結対象のブックが認識されているか確認

結合 ▾ 　読み込み ▾ 　データの変換 　キャンセル

⑨ データの結合と変換
　　結合および読み込み
　　結合および読み込み先...

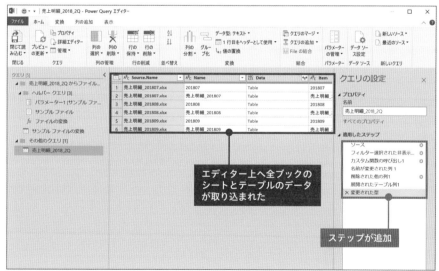

エディター上へ全ブックの
シートとテーブルのデータ
が取り込まれた

ステップが追加

※①～④、⑥、⑧～⑪：クリック

図4-4-7　パワークエリでのテーブル連結手順（フォルダー時）

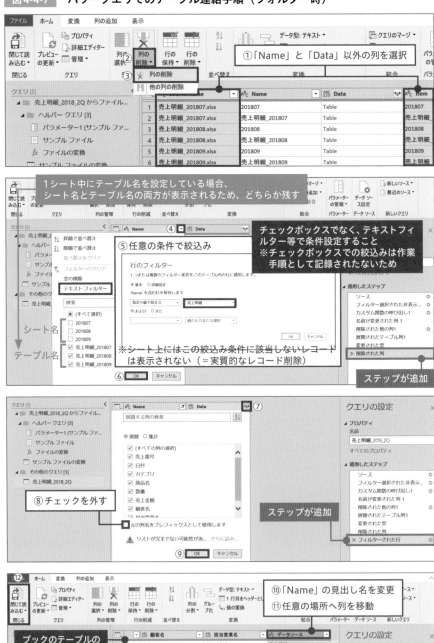

① 「Name」と「Data」以外の列を選択

1シート中にテーブル名を設定している場合、シート名とテーブル名の両方が表示されるため、どちらか残す

チェックボックスでなく、テキストフィルター等で条件設定すること
※チェックボックスでの絞込みは作業手順として記録されないため

⑤ 任意の条件で絞込み

※シート上にはこの絞込み条件に該当しないレコードは表示されない（＝実質的なレコード削除）

ステップが追加

⑧ チェックを外す

ステップが追加

ブックのテーブルのデータが展開された

⑩ 「Name」の見出し名を変更
⑪ 任意の場所へ列を移動

※②～④、⑥、⑦、⑨、⑫：クリック

166

4-5 使いにくい集計元データをテーブル形式へ変更する方法

☑ 集計元データが使いにくいレイアウトの場合はどうするか

集計元データの表レイアウトによって集計効率が左右される

集計元データの表レイアウトは原則「テーブル形式」が望ましいです。しかし、集計元データがテーブル形式でないものを扱わざるを得ないケースも、実務では起こり得ます。例えば、図4-5-1のような表です。

図4-5-1 使いにくい表のレイアウト例

▼「テーブル形式風」の表（アンケート結果）

	A	B	C	D	E	F	G	H	I	J	K	L	M
1	No.	社員番号	氏名	Q1	Q2	Q3	Q4	Q5	Q6	Q7	Q8	Q9	Q10
2	1	50001	黒木 繁次	2	4	3	3	2	3	3	4	2	4
3	2	50002	中嶋 嘉邦	2	2	3	3	2	4	4	3	5	4
4	3	50003	瀬戸 斎	3	3	4	3	4	3	2	4	5	4
5	4	50004	渡部 孝市	4	3	4	3	2	4	4	4	2	4
6	5	50005	緒方 準司	4	3	5	5	2	5	2	3	4	2
7	6	50006	菅 真由美	2	2	4	5	3	4	2	3	2	2
8	7	50007	土屋 十四夫	5	3	5	5	3	2	5	3	5	3
9	8	50008	村井 裕香	5	4	2	4	2	2	5	5	2	3
10	9	50009	[illegible]	[illegible]	[illegible]	[illegible]	2	4	5	3	4	3	5
11	[illegible]	[illegible]	[illegible]	[illegible]	[illegible]	[illegible]	3	4	4	4	2	2	4
12	[illegible]	[illegible]	[illegible]	[illegible]	[illegible]	[illegible]	2	2	3	5	5	5	4

同一種類なのに別フィールドとなっている

▼多重クロス集計表（アクセス結果）

	A	B	C	D	E	F	G	H	I	J	K	L	M	N	O
1	No.	サイト名	ページ名	2018/04		2018/05		2018/06		2018/07		2018/08		2018/09	
2				UU数	PV数	UU数	PV数	UU数	PV数	UU数	PV数	UU数	PV数	UU数	PV数
3	1	サイトA	記事A-1	92,140	136,297	97,049	108,291	98,531	139,487	80,738	126,697	81,575	117,540	90,342	140,30
4			記事A-2	82,532	141,828	94,877	146,279	98,178	141,135	99,154	122,142	91,363	107,322	95,644	113,16
5			記事A-3	97,071	103,488	81,582	121,202	93,028	126,482	81,232	122,278	91,394	138,030	97,478	130,58
6	2	サイトB	記事B-1	62,122	96,953	70,695	[illegible]	[illegible]	[illegible]	[illegible]	[illegible]	[illegible]	104,662	62,610	93,42
7			記事B-2	77,456	101,529	69,274	[illegible]	[illegible]	[illegible]	[illegible]	[illegible]	[illegible]	102,177	64,634	93,72
8	3	サイトC	記事C-1	111,740	151,070	129,625	[illegible]	[illegible]	[illegible]	[illegible]	[illegible]	[illegible]	155,219	120,431	143,34
9			記事C-2	119,637	154,116	120,262	157,503	118,926	157,454	112,753	149,000	113,959	148,755	118,275	153,39
10			記事C-3	113,242	156,254	123,562	143,965	127,853	150,133	113,672	153,487	113,283	156,627	111,194	149,40

表の見出しが2行×2列のクロス集計表

▼1レコードが2行以上の表（社員マスタ）

	A	B	C	D	E	F	G
1	社員番号	氏名	性別	生年月日	年齢	入社年月日	勤続年数
2			部署1	部署2	役職	ステータス	退職日
3	50001	黒木 繁次	男性	1971/6/17	48	1993/6/1	26
4			マーケティング部	-	部長	在籍中	
5	50002	中嶋 嘉邦	男性	1971/9/12	48	1994/12/1	25
6			情報システム部	システムG	課長	在籍中	
7	50003	瀬戸 斎	男性	1974/12/10	45	1997/9/1	22
8			生産管理部	-	部長	在籍中	
9	50004	渡部 孝市	男性	1977/1/20	43	1999/3/1	21
10			人事労務G	人事G	課長	在籍中	
11	50005	緒方 準司	男性	1976/12/13	43	1999/3/1	21
12			人事労務G	-	部長	在籍中	
13	50006	菅 真由美	女性	1975/3/29	45	2001/11/1	18
14			情報システム部	-	部長	在籍中	
15	50007	土屋 十四夫	男性	1974/4/19	46	2002/1/1	18

1レコードが2行ある

これらは工夫すれば関数で集計もできますが、手戻りを考えるとピボットテーブルでも集計できるようしておくことがベターです。

こうした表は、集計前にテーブル形式へ変更しておきましょう。

「テーブル形式風」の表は同一種類を1列にまとめる

まずは、「1列同一種類データ」でない「テーブル形式風」の表をテーブル形式に変更します。変更イメージは、図4-5-2の通りです。

図4-5-2　「テーブル形式風」→テーブル形式への変更イメージ

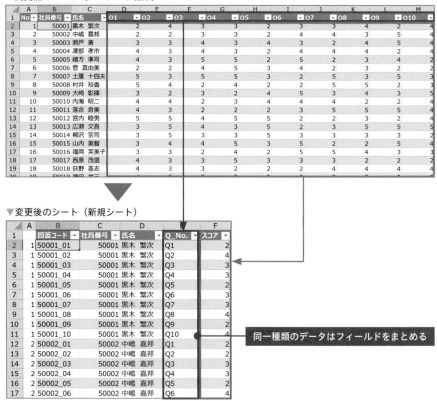

図の通り、変更前シートからテーブル形式の表を新規シートへ作成します。そして事前準備後は、関数で転記等を行います（図4-5-3、4-5-4）。

図4-5-3 「テーブル形式風」→テーブル形式の事前準備

▼変更前のシート（アンケート結果）

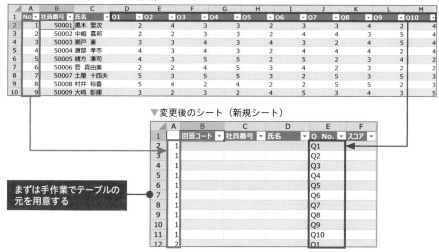

▼変更後のシート（新規シート）

まずは手作業でテーブルの元を用意する

図4-5-4 「テーブル形式風」→テーブル形式の転記①＋主キー作成

▼変更前のシート（アンケート結果）

▼変更後のシート（新規シート）

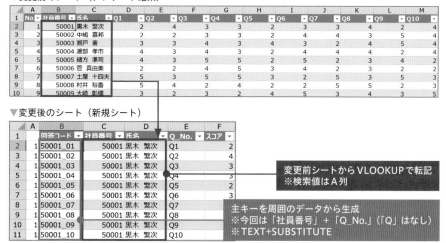

変更前シートからVLOOKUPで転記
※検索値はA列

主キーを周囲のデータから生成
※今回は「社員番号」＋「Q_No.」（「Q」はなし）
※TEXT＋SUBSTITUTE

▼数式の内容

回答コード	社員番号	氏名
=C2&"_"&TEXT(SUBSTITUTE(E2,"Q",""),"00")	=VLOOKUP($A2,アンケート結果[[No.]:[氏名]],2,0)	=VLOOKUP($A2,アンケート結果[[No.]:[氏名]],3,0)
=C3&"_"&TEXT(SUBSTITUTE(E3,"Q",""),"00")	=VLOOKUP($A3,アンケート結果[[No.]:[氏名]],2,0)	=VLOOKUP($A3,アンケート結果[[No.]:[氏名]],3,0)
=C4&"_"&TEXT(SUBSTITUTE(E4,"Q",""),"00")	=VLOOKUP($A4,アンケート結果[[No.]:[氏名]],2,0)	=VLOOKUP($A4,アンケート結果[[No.]:[氏名]],3,0)
=C5&"_"&TEXT(SUBSTITUTE(E5,"Q",""),"00")	=VLOOKUP($A5,アンケート結果[[No.]:[氏名]],2,0)	=VLOOKUP($A5,アンケート結果[[No.]:[氏名]],3,0)
=C6&"_"&TEXT(SUBSTITUTE(E6,"Q",""),"00")	=VLOOKUP($A6,アンケート結果[[No.]:[氏名]],2,0)	=VLOOKUP($A6,アンケート結果[[No.]:[氏名]],3,0)

第4章　集計元データの転記&表レイアウト変更のテクニック

最後に、「1列同一種類データ」でない部分（今回は各Qのスコア）をINDEX
＋MATCHで転記して終了です（図4-5-5）。

図4-5-5 「テーブル形式風」→テーブル形式の転記②

▼変更前のシート（アンケート結果）

	A	B	C	D	E	F	G	H	I	J	K	L	M
1	No	社員番号	氏名	Q1	Q2	Q3	Q4	Q5	Q6	Q7	Q8	Q9	Q10
2	1	50001	黒木 繁次	2	4	3	3	2	3	3	4	2	4
3	2	50002	中嶋 嘉邦	2	2	3	3	2	4	4	3	5	4
4	3	50003	瀬戸 斎	3	3	4	3	4	3	2	4	5	4
5	4	50004	渡部 孝市	4	3	4	3	2	4	4	4	2	4
6	5	50005	緒方 準司	4	3	5	5	2	5	2	3	4	2
7	6	50006	菅 真由美	2	2	4	5	3	4	2	3	2	2
8	7	50007	土屋 十四夫	5	5	5	5	3	2	5	3	5	3
9	8	50008	村井 裕香	5	4	2	4	2	2	5	5	2	4
10	9	50009	大崎 彰揮	3	2	3	2	4	5	3	4	3	5
11	10	50010	内海 昭二	4	4	2	3	4	4	4	2	2	4
12	11	50011	落合 倉美	4	3	2	2	2	3	5	5	5	4
13	12	50012	楠 睦男	5	5	4	5	5	2	2	3	2	4
14	13	50013	広瀬 文吾	3	5	3	3	5	2	2	3	5	5
15	14	50014	柳沢 宗司	3	5	3	5	3	5	3	3	3	2

▼変更後のシート（新規シート）

	A	B	C	D	E	F
1		回答コード	社員番号	氏名	Q_No.	スコア
2	1	50001_01	50001	黒木 繁次	Q1	2
3	1	50001_02	50001	黒木 繁次	Q2	4
4	1	50001_03	50001	黒木 繁次	Q3	3
5	1	50001_04	50001	黒木 繁次	Q4	3
6	1	50001_05	50001	黒木 繁次	Q5	2
7	1	50001_06	50001	黒木 繁次	Q6	3
8	1	50001_07	50001	黒木 繁次	Q7	3
9	1	50001_08	50001	黒木 繁次	Q8	4
10	1	50001_09	50001	黒木 繁次	Q9	2
11	1	50001_10	50001	黒木 繁次	Q10	4
12	2	50002_01	50002	中嶋 嘉邦	Q1	2
13	2	50002_02	50002	中嶋 嘉邦	Q2	2
14	2	50002_03	50002	中嶋 嘉邦	Q3	3
15	2	50002_04	50002	中嶋 嘉邦	Q4	3
16	2	50002_05	50002	中嶋 嘉邦	Q5	2
17	2	50002_06	50002	中嶋 嘉邦	Q6	4
18	2	50002_07	50002	中嶋 嘉邦	Q7	4
19	2	50002_08	50002	中嶋 嘉邦	Q8	3
20	2	50002_09	50002	中嶋 嘉邦	Q9	5
21	2	50002_10	50002	中嶋 嘉邦	Q10	4
22	3	50003_01	50003	瀬戸 斎	Q1	3

変更前シートからINDEX＋MATCHで転記
※行番号のMATCHの検索値：A列
※列番号のMATCHの検索値：「Q_No.」

▼数式の内容

	E	F
1	Q_No.	スコア
2	Q1	=INDEX(アンケート結果!$A$1:$M$21,MATCH($A2,アンケート結果!$A$1:$A$21,0),MATCH($E2,アンケート結果!$A$1:$M$1,0))
3	Q2	=INDEX(アンケート結果!$A$1:$M$21,MATCH($A3,アンケート結果!$A$1:$A$21,0),MATCH($E3,アンケート結果!$A$1:$M$1,0))
4	Q3	=INDEX(アンケート結果!$A$1:$M$21,MATCH($A4,アンケート結果!$A$1:$A$21,0),MATCH($E4,アンケート結果!$A$1:$M$1,0))
5	Q4	=INDEX(アンケート結果!$A$1:$M$21,MATCH($A5,アンケート結果!$A$1:$A$21,0),MATCH($E5,アンケート結果!$A$1:$M$1,0))
6	Q5	=INDEX(アンケート結果!$A$1:$M$21,MATCH($A6,アンケート結果!$A$1:$A$21,0),MATCH($E6,アンケート結果!$A$1:$M$1,0))

多重クロス集計表はフィールド対象の見極めがポイント

続いて、クロス集計表等を集計元データとして使いたいケースです。今回は、
多重クロス集計表を例にします。図4-5-6の通りです。

図4-5-6 多重クロス集計表→テーブル形式への変更イメージ

▼変更前のシート（アクセス結果）

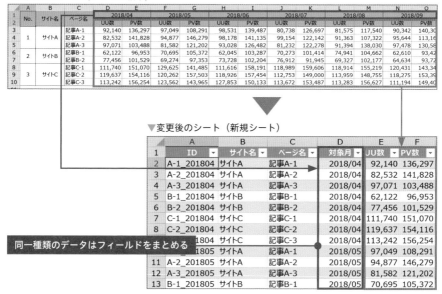

そして、この場合の事前準備は、図4-5-7のイメージで行います。

図4-5-7 多重クロス集計表→テーブル形式の事前準備

▼変更前のシート（アクセス結果）

第4章 集計元データの転記&表レイアウト変更のテクニック

ポイントは、変更前シートの作業セルです。新規シートへのUU数・PV数を転記するにあたり、変更前シートの横軸は、この作業セルの値をキーに検索することになります。あとは図4-5-8のように、INDEX＋MATCHで転記するとともに、主キーを関数で作成して完了です。

図4-5-8　多重クロス集計表→テーブル形式の転記＋主キー作成

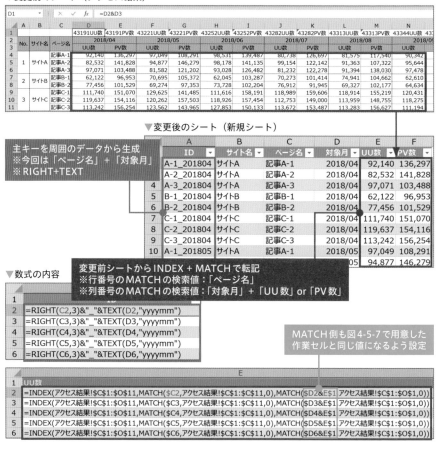

1レコードが2行以上の表は「作業セル」をフル活用する

最後は、1レコードが2行以上ある表のケースです（図4-5-9）。

図4-5-9　1レコード2行以上の表→テーブル形式への変更イメージ

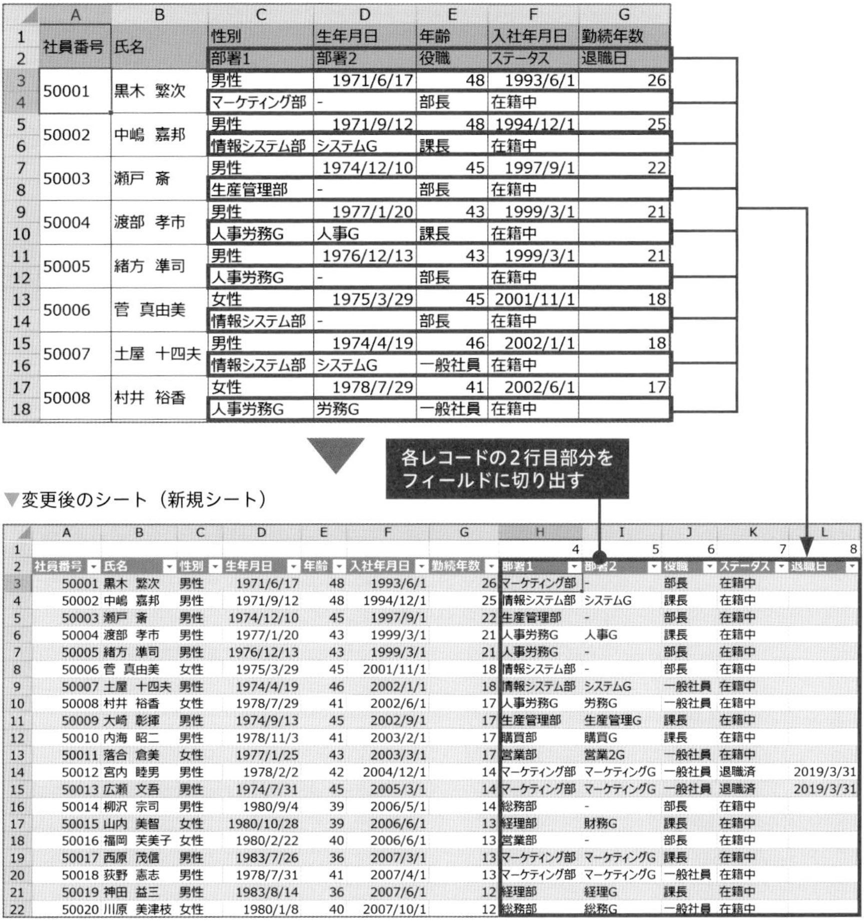

▼変更前のシート（社員マスタ）

	A	B	C	D	E	F	G
1	社員番号	氏名	性別	生年月日	年齢	入社年月日	勤続年数
2			部署1	部署2	役職	ステータス	退職日
3	50001	黒木 繁次	男性	1971/6/17	48	1993/6/1	26
4			マーケティング部	-	部長	在籍中	
5	50002	中嶋 嘉邦	男性	1971/9/12	48	1994/12/1	25
6			情報システム部	システムG	課長	在籍中	
7	50003	瀬戸 斎	男性	1974/12/10	45	1997/9/1	22
8			生産管理部	-	部長	在籍中	
9	50004	渡部 孝市	男性	1977/1/20	43	1999/3/1	21
10			人事労務G	人事G	課長	在籍中	
11	50005	緒方 準司	男性	1976/12/13	43	1999/3/1	21
12			人事労務G	-	部長	在籍中	
13	50006	菅 真由美	女性	1975/3/29	45	2001/11/1	18
14			情報システム部	-	部長	在籍中	
15	50007	土屋 十四夫	男性	1974/4/19	46	2002/1/1	18
16			情報システム部	システムG	一般社員	在籍中	
17	50008	村井 裕香	女性	1978/7/29	41	2002/6/1	17
18			人事労務G	労務G	一般社員	在籍中	

各レコードの2行目部分を
フィールドに切り出す

▼変更後のシート（新規シート）

	A	B	C	D	E	F	G	H	I	J	K	L
1									4	5	6	7	8
2	社員番号	氏名	性別	生年月日	年齢	入社年月日	勤続年数	部署1	部署2	役職	ステータス	退職日
3	50001	黒木 繁次	男性	1971/6/17	48	1993/6/1	26	マーケティング部	-	部長	在籍中	
4	50002	中嶋 嘉邦	男性	1971/9/12	48	1994/12/1	25	情報システム部	システムG	課長	在籍中	
5	50003	瀬戸 斎	男性	1974/12/10	45	1997/9/1	22	生産管理部	-	部長	在籍中	
6	50004	渡部 孝市	男性	1977/1/20	43	1999/3/1	21	人事労務G	人事G	課長	在籍中	
7	50005	緒方 準司	男性	1976/12/13	43	1999/3/1	21	人事労務G	-	部長	在籍中	
8	50006	菅 真由美	女性	1975/3/29	45	2001/11/1	18	情報システム部	-	部長	在籍中	
9	50007	土屋 十四夫	男性	1974/4/19	46	2002/1/1	18	情報システム部	システムG	一般社員	在籍中	
10	50008	村井 裕香	女性	1978/7/29	41	2002/6/1	17	人事労務G	労務G	課長	在籍中	
11	50009	大崎 彰輝	男性	1974/9/13	45	2002/9/1	17	生産管理部	生産管理G	課長	在籍中	
12	50010	内海 昭二	男性	1978/11/3	41	2003/2/1	17	購買部	購買G	課長	在籍中	
13	50011	落合 倉美	女性	1977/1/25	43	2003/3/1	17	営業部	営業2G	一般社員	在籍中	
14	50012	宮内 睦男	男性	1978/2/2	42	2004/12/1	14	マーケティング部	マーケティングG	一般社員	退職済	2019/3/31
15	50013	広瀬 文吾	男性	1974/7/31	45	2005/3/1	14	マーケティング部	マーケティングG	一般社員	退職済	2019/3/31
16	50014	柳沢 宗司	男性	1980/9/4	39	2006/5/1	14	総務部	-	部長	在籍中	
17	50015	山内 美智	女性	1980/10/28	39	2006/6/1	13	経理部	財務G	課長	在籍中	
18	50016	福岡 芙美子	女性	1980/2/22	40	2006/6/1	13	営業部	-	部長	在籍中	
19	50017	西原 茂信	男性	1983/7/26	36	2007/3/1	13	マーケティング部	マーケティングG	課長	在籍中	
20	50018	荻野 憲志	男性	1978/7/31	41	2007/4/1	13	マーケティング部	マーケティングG	一般社員	在籍中	
21	50019	神田 益川	男性	1983/8/14	36	2007/6/1	12	経理部	経理G	一般社員	在籍中	
22	50020	川原 美津枝	女性	1980/1/8	40	2007/10/1	12	総務部	総務G	一般社員	在籍中	

　事前準備として、2行のフィールド名を1行に並べ、さらに変更前シートと新規シートの両方に作業セルを用意しておきます（図4-5-10）。

　そして、この2つの作業セルをVLOOKUPの検索値と列番号に活用すると、2行目のレコードでも転記が可能となります（図4-5-11）。

第4章　集計元データの転記&表レイアウト変更のテクニック

図4-5-10　1レコード2行以上の表→テーブル形式の事前準備

▼変更前のシート（社員マスタ）

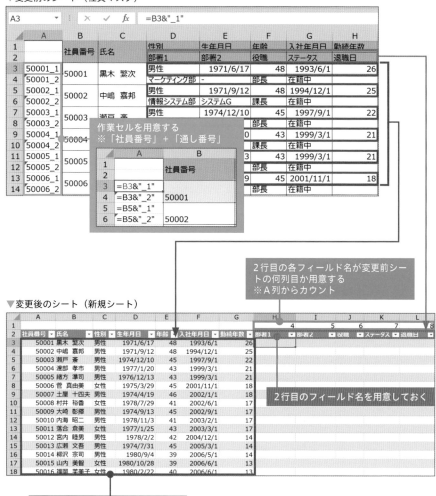

2行目の各フィールド名が変更前シートの何列目か用意する
※A列からカウント

▼変更後のシート（新規シート）

2行目のフィールド名を用意しておく

1行目の各レコードを用意しておく

図4-5-11 1レコード2行以上の表→テーブル形式の転記

▼変更前のシート（社員マスタ）

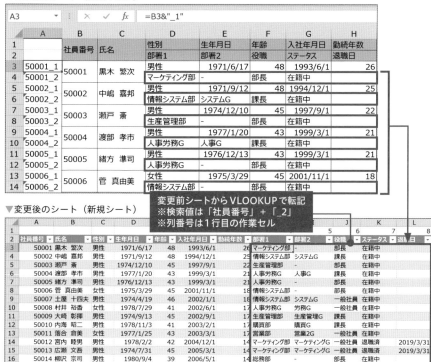

▼変更後のシート（新規シート）

▼数式の内容

4-6 集計元データのレイアウト変更は自動化できる

☑ 集計元データのレイアウト変更は、どうすると楽になるか

レイアウト変更のデータ整形もパワークエリの得意領域

レイアウト変更はパワークエリでも対応可能です。しかも、パワークエリならマウス操作中心で一連の作業手順を記録でき、より便利です。例えば、4-5で解説した「テーブル形式風」の表をパワークエリでテーブル形式へ変更する場合なら、図4-6-1の手順となります。

図4-6-1 パワークエリの「テーブル形式風」のレイアウト変更手順

▼変更前のシート（アンケート結果）

※②、③、⑤、⑥：クリック

①変更前の表のいずれかのセルを選択

▼Power Query エディター

④すべてのQの列を選択

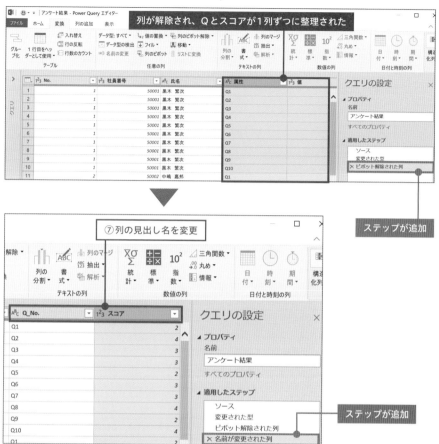

パワークエリが秀逸なのは、手順⑥の「列のピボット解除」です。これは、横方向に展開された列（図4-6-1で言えば「Q1」～「Q10」）を縦方向に整理できます。あとは、新たに主キーのフィールド作成や不要な列の削除等を行い、新規シートへ出力してレイアウト変更は完了です。

表の見出しが2行以上なら、行列を入れ替えて1行にまとめること

多重クロス集計表等、見出し部分が2行以上ある表だと、先ほどの「列のピボッ

第4章　集計元データの転記&表レイアウト変更のテクニック

ト解除」が使えません。この場合、図4-6-2のように、行列を入れ替え、見出し部分を1行に加工することがポイントです。

図4-6-2 **パワークエリの多重クロス集計表のレイアウト変更手順①**

▼変更前のシート（アクセス結果）

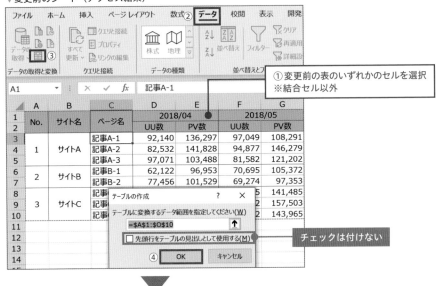

▼ Power Query エディター

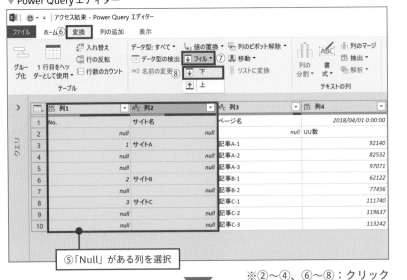

⑤「Null」がある列を選択

※②～④、⑥～⑧：クリック

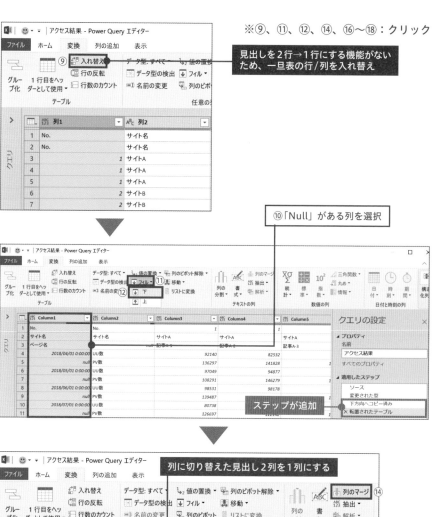

※⑨、⑪、⑫、⑭、⑯〜⑱：クリック

見出しを2行→1行にする機能がない
ため、一旦表の行/列を入れ替え

⑩「Null」がある列を選択

ステップが追加

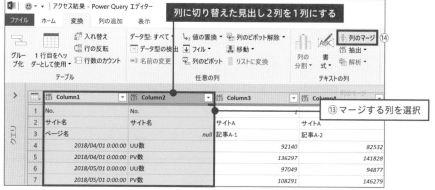

列に切り替えた見出し2列を1列にする

⑭ 列のマージ

⑬ マージする列を選択

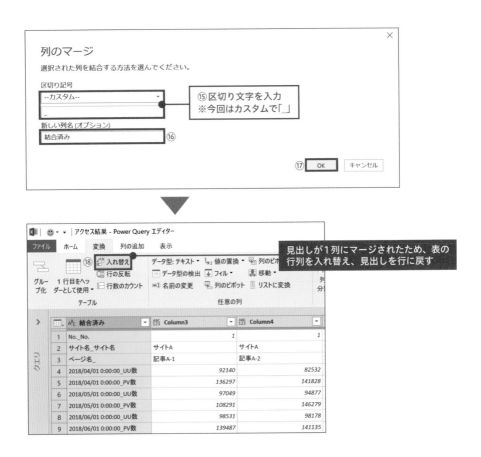

　ここまで終えたら、見出しが1行になったので「列のピボット解除」が可能です。続きの手順は図4-6-3をご覧ください。

図4-6-3 パワークエリの多重クロス集計表のレイアウト変更手順②

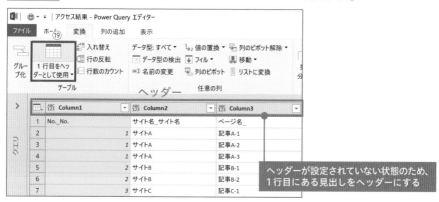

ヘッダーが設定されていない状態のため、
1行目にある見出しをヘッダーにする

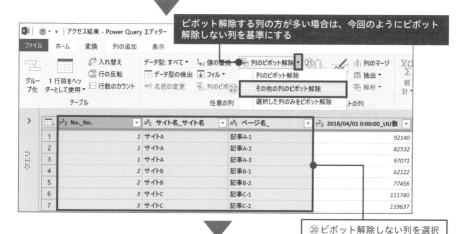

ピボット解除する列の方が多い場合は、今回のようにピボット
解除しない列を基準にする

⑳ ピボット解除しない列を選択

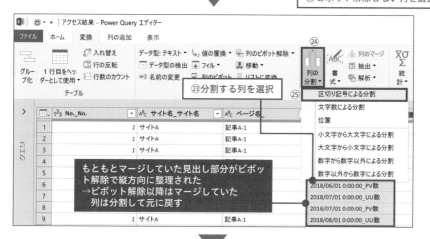

もともとマージしていた見出し部分がピボッ
ト解除で縦方向に整理された
→ピボット解除以降はマージしていた
　列は分割して元に戻す

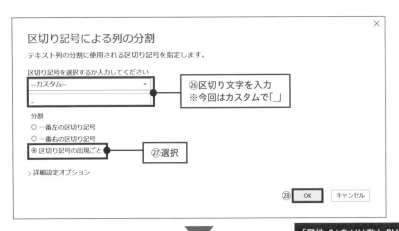

区切り記号による列の分割

テキスト列の分割に使用される区切り記号を指定します。

区切り記号を選択するか入力してください

--カスタム--

㉖区切り文字を入力
※今回はカスタムで「_」

分割
○ 一番左の区切り記号
○ 一番右の区切り記号
⦿ 区切り記号の出現ごと ← ㉗選択

> 詳細設定オプション

㉘ OK　　キャンセル

「属性.2」をUU数とPV数で列を
分けたい場合は手順㉙以降へ

属性.1	属性.2	値
2018/04/01 0:00:00	UU数	92140
2018/04/01 0:00:00	PV数	136297
2018/05/01 0:00:00	UU数	97049
2018/05/01 0:00:00	PV数	108291
2018/06/01 0:00:00	UU数	98531
2018/06/01 0:00:00	PV数	139487
2018/07/01 0:00:00	UU数	80738
2018/07/01 0:00:00	PV数	126697
2018/08/01 0:00:00	UU数	81575
2018/08/01 0:00:00	PV数	117540
2018/09/01 0:00:00	UU数	90342
2018/09/01 0:00:00	PV数	140308
2018/04/01 0:00:00	UU数	82532
2018/04/01 0:00:00	PV数	141828
2018/05/01 0:00:00	UU数	94877
2018/05/01 0:00:00	PV数	146279
2018/06/01 0:00:00	UU数	98178
2018/06/01 0:00:00	PV数	141135

クエリの設定

▲ プロパティ

名前
アクセス結果

すべてのプロパティ

▲ 適用したステップ

ソース
変更された型
下方向へコピー済み
転置されたテーブル
下方向へコピー済み1　　 ← ステップが追加
結合された列　　⚙
転置されたテーブル1
昇格されたヘッダー数　⚙
変更された型1
ピボット解除された他の列
区切り記号による列の分割　⚙
✕ 変更された型2

アクセス結果 - Power Query エディター

ファイル　ホーム　変換　列の追加　表示

グループ化　1行目をヘッダーとして使用　入れ替え　行の反転　行数のカウント　データ型:すべて　データ型の検出　名前の変更㉚　値の置換　フィル　列のピボット　列のピボット解除　移動　リストに変換　列の分割　書式　抽出　解析　統計　標準　指数

テーブル　　任意の列　　テキストの列　　数値の列

	名_サイト名	ページ名_	属性.1	属性.2	値
1		記事A-1	2018/04/01 0:00:00	UU数	92140
2		記事A-1	2018/04/01 0:00:00	PV数	136297
3			2018/05/01 0:00:00	UU数	97049
4			2018/05/01 0:00:00	PV数	108291
5		記事A-1	2018/06/01 0:00:00	UU数	98531
6		記事A-1	2018/06/01 0:00:00	PV数	139487
7		記事A-1	2018/07/01 0:00:00	UU数	80738

㉙並列にしたい列を選択

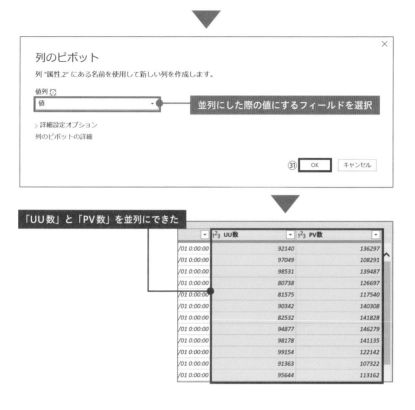

※⑲、㉑、㉒、㉔、㉕、㉘、㉚、㉛：クリック

1レコード2行以上の表は「データ転記」の手法を応用する

　1レコード2行以上の表のレイアウト変更は、これまでの組み合わせです。まず、各レコードの1行目、2行目それぞれのクエリを作成します（図4-6-4）。

図4-6-4　各レコードの1行目のクエリ作成手順

▼変更前のシート（アンケート結果）

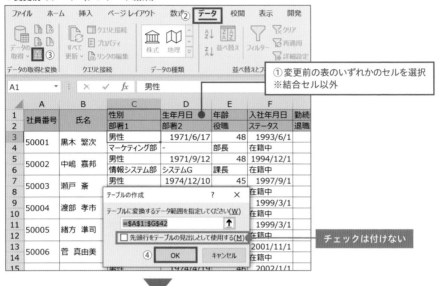

▼Power Query エディター

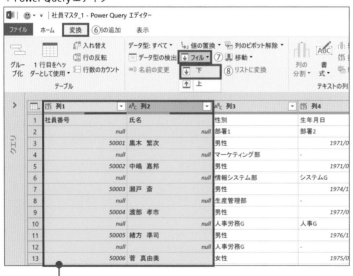

⑤「Null」がある列を選択

※②〜④、⑥〜⑧：クリック

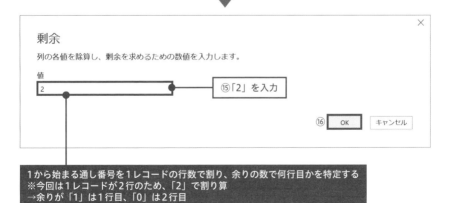

1から始まる通し番号を1レコードの行数で割り、余りの数で何行目かを特定する
※今回は1レコードが2行のため、「2」で割り算
→余りが「1」は1行目、「0」は2行目

第4章

集計元データの転記&表レイアウト変更のテクニック

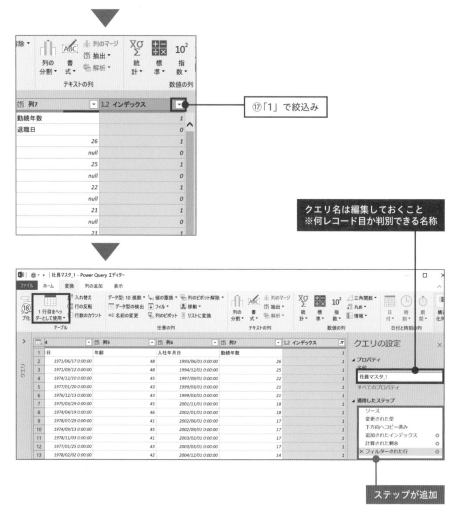

⑰「1」で絞込み

クエリ名は編集しておくこと
※何レコード目か判別できる名称

ステップが追加

※⑨〜⑭、⑯、⑱：クリック

　これで各レコードの1行目のクエリが作成完了です。このクエリをコピーし、2行目のクエリを作成すると時短できます（図4-6-5）。

図4-6-5　**既存クエリから別行のクエリの作成手順**

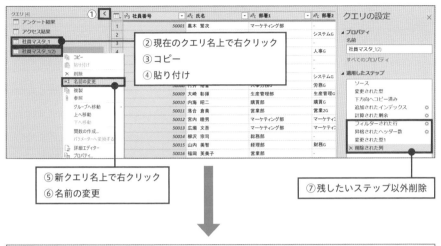

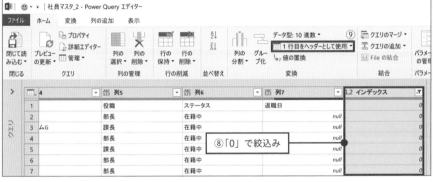

※①、⑨：クリック

　あとは、4-3のデータ転記と同じ要領で、全クエリをマージして完了です（図4-6-6）。

図4-6-6　全行分のクエリのマージ手順

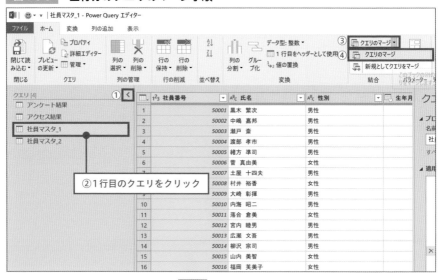

②1行目のクエリをクリック

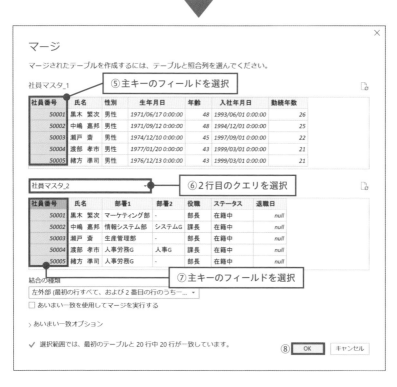

⑤主キーのフィールドを選択

⑥2行目のクエリを選択

⑦主キーのフィールドを選択

⑩共通のフィールド以外を選択
※2行目特有のフィールドを選択

⑪チェックを外す

⑫ OK

2行目のフィールドが展開された

※①、③、④、⑧、⑨、⑫：クリック

商品マスタから「商品名」を転記する

サンプルファイル：【4-A】201807_売上明細.xlsx

関数で「商品名」のデータ転記を自動化する

ここでの演習は、4-1・4-2で解説したデータ転記の復習です。サンプルファイルの「商品マスタ」シートから、「売上明細」シートの「カテゴリ」「商品名」の2つのフィールドへ、関数でデータ転記を行いましょう。

結果的に、図4-A-1になることがゴールです。

図4-A-1	演習4-Aのゴール

▼転記先のシート（「売上明細」テーブル）

	A	B	C	D	E	F	G	H	I
1	売上番号	日付	商品コード	カテゴリ	商品名	数量	売上金額	顧客名	担当営業名
2	0001	2018/7/1	PD004			51	183,600	大石ストア	奥田 道雄
3	0002	2018/7/1	PA002			42	180,600	石神商店	金野 栄蔵
4	0003	2018/7/1	PB003			45	108,000	スーパー三上	今 哲
5	0004	2018/7/1	PB002			39	101,400	スーパー波留	奥山忠吉
6	0005	2018/7/3	PA002			39	167,700	スーパー大西	奥山 忠吉
7	0006	2018/7/3	PB003			57	136,800	大久ストア	相田 松夫
8	0007	2018/7/3	PB001			57	157,320	山本販売店	川西 泰雄
9	0008	2018/7/4	PB006			54	216,000	石神商店	相田 松夫
10	0009	2018/7/4	PE001			42	403,200	大久ストア	熊沢 加奈
11	0010	2018/7/6	PA002			39	167,700	阪田ストア	金野 栄蔵
12	0011	2018/7/7	PC001			48	192,000	雨宮ストア	木下 志帆
13	0012	2018/7/7	PC004			48	240,000	野原スーパー	熊沢 加奈
14	0013	2018/7/7	PA002			45	193,500	山本販売店	島田 楓華
15	0014	2018/7/8	PD004			60	216,000	スーパー波留	杉本 敏之
16	0015	2018/7/10	PA006			54	216,000	宝塚商店	畠中 雅美

転記

▼転記したいデータ（「商品マスタ」テーブル）

	A	B	C	D	E
1	商品コード	カテゴリ	商品名	販売単価	価
2	PA001	清涼飲料水	コーラ	4,00	600
3	PA002	清涼飲料水	サイダー	4,30	580
4	PA003	清涼飲料水	オレンジジュース		1,180
5	PA004	清涼飲料水	ぶどうジュース		1,776
6	PA005	清涼飲料水	りんごジュース	6,000	2,540
7	PA006	清涼飲料水	レモンスカッシュ	4,000	500
8	PB001	お茶	緑茶	2,760	500
9	PB002	お茶	ウーロン茶	2,600	400
10	PB003	お茶	麦茶	2,400	430
11	PB004	お茶	無糖紅茶	2,800	500
12	PB005	お茶	ミルクティー	4,000	760
13	PB006	お茶	レモンティー	4,000	640
14	PB007	お茶	ほうじ茶	2,600	400
15	PB008	お茶	ジャスミン茶	3,000	600
16	PC001	コーヒー飲料	無糖コーヒー	4,000	400

各商品コードに対応する
カテゴリ・商品名を転記する

さて、データ転記を行う際に便利な関数は何だったでしょうか？

主に、「VLOOKUP」と「INDEX」でしたね。今回は代表的な「VLOOKUP」で、データ転記を行っていきましょう。

「カテゴリ」「商品名」をVLOOKUPでデータ転記する

VLOOKUPを「売上明細」テーブル上へセットしていきます。まずは、D2セルへ図4-A-2の流れで数式を記述します。

図4-A-2　**VLOOKUPの転記手順**

▼転記先のシート（「売上明細」テーブル）

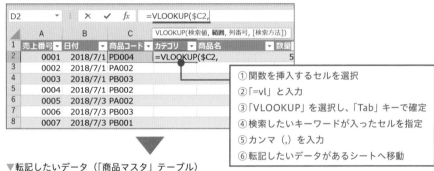

① 関数を挿入するセルを選択
② 「=vl」と入力
③ 「VLOOKUP」を選択し、「Tab」キーで確定
④ 検索したいキーワードが入ったセルを指定
⑤ カンマ（,）を入力
⑥ 転記したいデータがあるシートへ移動

▼転記したいデータ（「商品マスタ」テーブル）

⑦ 転記したいセル範囲を選択
⑧ カンマ（,）を入力

⑨ 転記したい列番号を入力
⑩ カンマ（,）を入力
⑪ 「完全一致」を選択し、「Tab」キーで確定
⑫ 「Enter」キーで確定

なお、このD2セルの数式はD3セル以降やE列にも使い回すため、手順④・⑦で指定する際の参照形式は気をつけてください。手順④は、主キーのフィールドを指定するので、コピペ後に横方向にスライドさせたくないため、列（アルファベット）の前のみ「$」を付けましょう。

　手順⑦は、今回はテーブル化した表を選択していますが、通常の表を選択する際は「$A:$C」等の列全体を指定すると、マスタへデータ追加があった場合も不要なエラーを防止できます。

　ちなみに、必ず主キーと転記対象データのフィールドを含んだ列範囲を指定しないとエラーや転記誤りが起きる原因になるため、注意してください。

　あとは、このD2セルをコピペすればOKです。なお、E列の数式は列番号のみ手修正が必要ですので、忘れずに対応しましょう。

列番号の手修正を不要にするために、MATCHと組み合わせる

　別の列にVLOOKUPをコピペした後の列番号の手修正が大変な場合は、MATCHと組み合わせましょう。VLOOUPの列番号の部分へ、図4-A-3の数式を入れてみてください。

図4-A-3　VLOOKUP ＋ MATCHの数式イメージ

　これで、MATCHのおかげでVLOOKUPの列番号が各フィールド名に応じて自動計算できるようになりました。

　なお、テーブル化された表の見出しをMATCHの検索キーワードに指定する際、テーブル化された表の見出しセルを選択すると、「売上明細[[#見出し],[カテゴリ]]」等になってしまいます。

　これは絶対参照と同じです。この場合、別フィールドにコピペした際に参照先がスライドされず、「カテゴリ」フィールド名を参照したままになってしまいます。よって、少々面倒ですが、直接「D$1」等の参照先を数式へ入力してください。

複数の売上明細を
1つのテーブルに集約する

サンプルファイル：【4-B】2018_2Q_売上明細.xlsx

パワークエリで複数の売上明細テーブルを1つに連結する

ここでの演習は、4-4で解説したデータ連結の復習です。

パワークエリを使い、サンプルファイルの「201807」「201808」「201809」の3シートに分かれた「売上明細」テーブルを連結し、1テーブルにまとめましょう。図4-B-1がゴールです。

図 4-B-1　演習4-Bのゴール

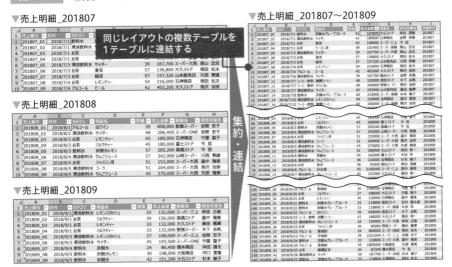

まずは、3テーブルのデータをクエリに取り込む

最初に行うべきは、各テーブルをクエリに取り込むことでしたね。それぞれのテーブルを、図4-B-2の手順で取り込んでいきましょう。

図4-B-2　テーブルのデータ取り込み手順

▼各月のテーブル　例）「売上明細_201807」テーブル

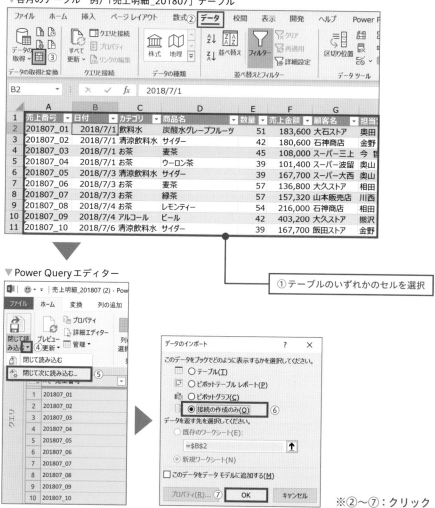

①テーブルのいずれかのセルを選択

※②〜⑦：クリック

　なお、今回はテーブルがすでにシート上に存在しており、クエリに取り込むだけなので、手順⑥で「接続の作成のみ」にしています。

　この手順で3テーブルの取得がすべて完了すると、「クエリと接続」ウィンドウが図4-B-3のように3つのクエリが表示されます。

図4-B-3　取り込み後の「クエリと接続」ウィンドウ

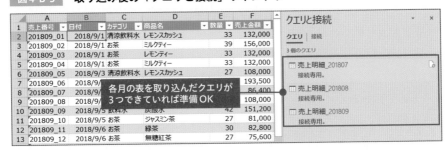

各月の表を取り込んだクエリが
3つできていれば準備OK

3つの取得クエリを連結する

ここから、図4-B-4の手順で一気に3テーブルを連結させます。どのシートを選択している状態でも良いです。

図4-B-4　パワークエリでのテーブル連結手順（「追加」起動）

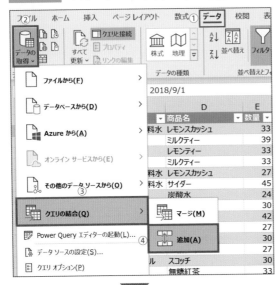

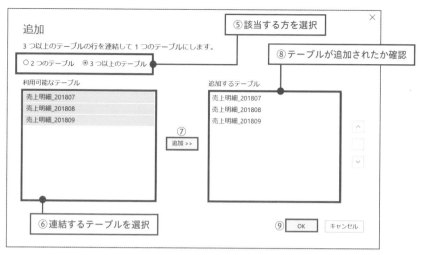

※①〜④、⑦、⑨：クリック

あとは、各レコードの連結前の情報を示す列を追加し、クエリを読み込みます（図4-B-5）。新規シート出力後のイメージは、図4-B-6です。

図4-B-5　パワークエリでの列の追加手順

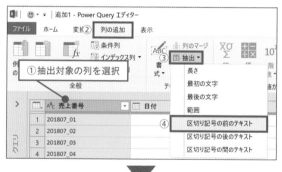

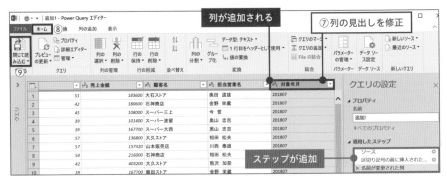

※②〜④、⑥、⑧、⑨：クリック

図4-B-6　テーブル連結後のシート出力結果例

3つのテーブルが連結され、160レコードが読み込まれた

「社員別×設問」の集計表を
テーブル形式に変更する

サンプルファイル：【4-C】アンケート結果.xlsx

パワークエリでテーブル形式へレイアウト変更を行う

　ここでの演習は、4-5・4-6で解説した表のレイアウト変更の復習です。パワークエリを使い、サンプルファイルの「アンケート結果」シートをテーブル形式にレイアウト変更しましょう。

　図4-C-1の下側の表を作成することがゴールです。

図4-C-1 演習4-Cのゴール

▼変更前のシート（アンケート結果）

	A	B	C	D	E	F	G	H	I	J	K	L	M
1	No	社員番号	氏名	Q1	Q2	Q3	Q4	Q5	Q6	Q7	Q8	Q9	Q10
2	1	50001	黒木 繁次	2	4	3	3	3	2	3	3	4	2	4
3	2	50002	中嶋 嘉邦	2	2	3	3	2	4	4	3	3	5	4
4	3	50003	瀬戸 斎	3	3	4	3	4	3	2	4	5	4
5	4	50004	渡部 孝市	4	3	4	3	2	4	4	4	2	4
6	5	50005	緒方 準司	4	3	5	5	2	5	2	3	4	2
7	6	50006	菅 真由美	2	2	4	5	3	4	2	3	2	2
8	7	50007	土屋 十四夫	5	3	5	5	3	2	5	3	5	3
9	8	50008	村井 裕香	5	4	2	4	2	2	5	5	2	3
10	9	50009	大崎 彰揮	3	2	3	2	4	5	3	4	3	5
11	10	50010	内海 昭二	4	4	4	4	4	4	2	2	2	4
12	11	50011	落合 倉美	4	3	2	2	2	3	5	5	5	4
13	12	50012	宮内 睦男	5	5	4	5	5	5	2	3	2	4
14	13	50013	広瀬 文喜	3	5	4	3	5	2	3	5	5	5
15	14	50014	柳沢 宗司	3	5	3	3	5	3	3	3	3	2
16	15	50015	山内 美智	3	4	4	5	3	5	2	2	5	4
17	16	50016	福岡 芙美子	3	3	2	4	2	5	5	4	3	3
18	17	50017	西原 茂信	4	3	3	5	3	3	3	2	2	2
19	18	50018	荻野 憲志	4	3	3	2	2	2	4	4	2	2
20	19	50019	神田 益三	4	5	5	2	2	3	3	5	3	2
21	20	50020	川原 美津枝	4	2	2	4	5	3	2	4	3	3

▼変更後のシート（新規シート）

テーブル形式へレイアウト変更する

	A	B	C	D	E
1	回答コード	社員番号	氏名	Q_No.	スコア
2	50001_1	50001	黒木 繁次	Q1	2
3	50001_2	50001	黒木 繁次	Q2	4
4	50001_3	50001	黒木 繁次	Q3	3
5	50001_4	50001	黒木 繁次	Q4	3
6	50001_5	50001	黒木 繁次	Q5	2
7	50001_6	50001	黒木 繁次	Q6	2
8	50001_7	50001	黒木 繁次	Q7	3
9	50001_8	50001	黒木 繁次	Q8	4
10	50001_9	50001	黒木 繁次	Q9	2
11	50001_10	50001	黒木 繁次	Q10	4
12	50002_1	50002	中嶋 嘉邦	Q1	2
13	50002_2	50002	中嶋 嘉邦	Q2	2
14	50002_3	50002	中嶋 嘉邦	Q3	3
15	50002_4	50002	中嶋 嘉邦	Q4	3

パワークエリで「列のピボット解除」を行う

　この変更前のシートは、ぱっと見はテーブル形式みたいですが、よく見ると「Q1」~「Q10」は同一種類のデータなのに、別フィールドになっています（これは、4-5と4-6では「テーブル形式風」の表だと表現していました）。

　この並列に並んでいる「Q1」~「Q10」を1列にまとめていくために、図4-C-2の手順で「列のピボット解除」を行っていきましょう。

図4-C-2	パワークエリの「テーブル形式風」のレイアウト変更手順

▼変更前のシート（アンケート結果）

※②、③、⑤、⑥：クリック

①変更前の表のいずれかのセルを選択

▼Power Query エディター

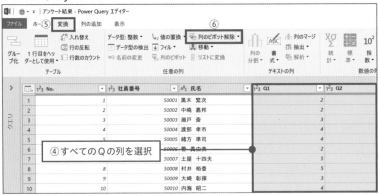

④すべてのQの列を選択

200

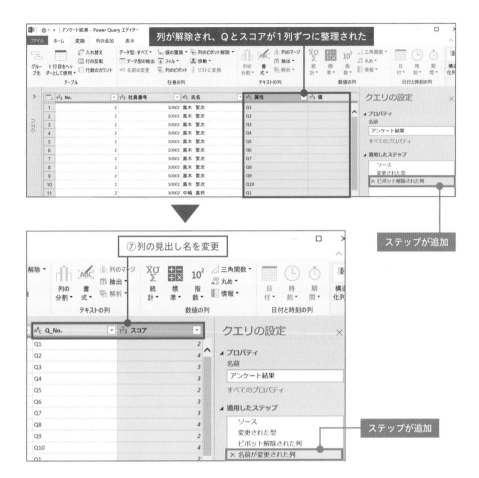

ご覧の通り、手順⑥の「列のピボット解除」により、横方向に展開されていた「Q1」〜「Q10」が縦方向に整理できました（「属性」フィールド）。そして、各列の「値」だった部分も1列にまとめられています。

「主キー」はテーブルのデータを元に作成する

続いて、現時点でテーブルに必要な主キーがないため、図4-C-3の手順で作成していきましょう。

図4-C-3　パワークエリでの主キーの作成例

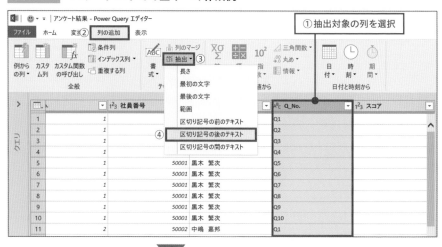

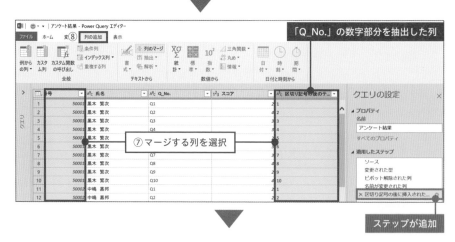

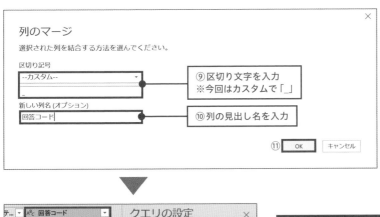

⑨区切り文字を入力
※今回はカスタムで「_」

⑩列の見出し名を入力

⑪OK

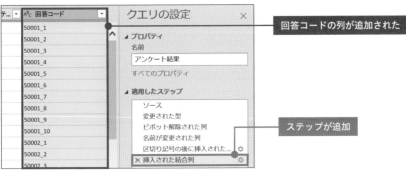

回答コードの列が追加された

ステップが追加

※②～④、⑥、⑧、⑪：クリック

　今回は、主キーとして「回答コード」を「社員番号」＋「Q_No.」（数字部分のみ）というルールで作成しました。「社員番号」フィールドを残す必要があるため、「列の追加」タブにて新しい列へマージしています。

　あとは、不要な列の削除や主キーのフィールドの並べ替え等を行い、新規シートへ出力すれば、レイアウト変更作業は完了です。

　なお、新規シートへ出力後のイメージは図4-C-4の通りです。

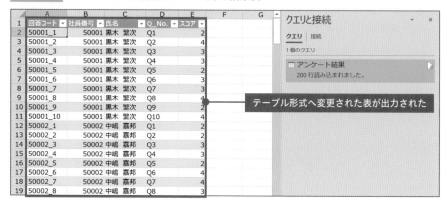

図4-C-4 レイアウト変更後のシート出力結果例

これで、変更前シート側で更新があっても、レイアウト変更作業を自動化することが可能になりました。このように、パワークエリを使いこなせれば、データ整形全般を効率化できるのです。

第 **5** 章

データ分析は「データの視覚化」から

　ここまで解説してきた「データ整形/集計」は、あくまでも事前準備です。実務では、「集計結果から何が言えるのか」までを導き出すことが重視されます。この「何が言えるのか」を導き出す工程が、まさに「データ分析」です。むしろここからが「本番」と言っても過言ではないでしょう。

　第5章では、データ分析の第一歩として、集計結果の全体像の把握に役立つ「データの視覚化」テクニックについて解説していきます。

5-1 分析の基本は集計した数字を「比較」すること

☑ **データ分析作業は何から始めれば良いのか**

集計元データの構成要素を把握する

データ分析は「集計した数字がどんな意味を持つのか」を知ることから始まります。そのための近道は、「数字を比べる」ことです。比べる対象はさまざまですが、最低限どのデータでも「構成要素の把握」がMUSTであり、そのためには集計元データの構成比を算出することが必要です。

その際、まずは全体像を把握するため、大きめの粒度のフィールドを選びます。例えば売上明細なら、いきなり商品別にするよりも、上位階層のカテゴリ別で比較するイメージです（図5-1-1）。

図5-1-1 構成比のイメージ

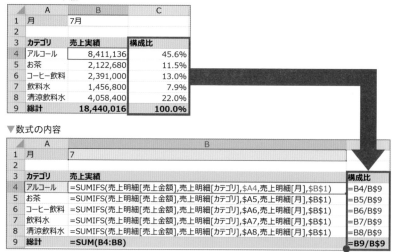

▼シート上の表記

	A	B	C
1	月	7月	
2			
3	**カテゴリ**	**売上実績**	**構成比**
4	アルコール	8,411,136	45.6%
5	お茶	2,122,680	11.5%
6	コーヒー飲料	2,391,000	13.0%
7	飲料水	1,456,800	7.9%
8	清涼飲料水	4,058,400	22.0%
9	**総計**	**18,440,016**	**100.0%**

▼数式の内容

	A	B	
1	月	7	
2			
3	**カテゴリ**	**売上実績**	**構成比**
4	アルコール	=SUMIFS(売上明細[売上金額],売上明細[カテゴリ],$A4,売上明細[月],$B$1)	=B4/B9
5	お茶	=SUMIFS(売上明細[売上金額],売上明細[カテゴリ],$A5,売上明細[月],$B$1)	=B5/B9
6	コーヒー飲料	=SUMIFS(売上明細[売上金額],売上明細[カテゴリ],$A6,売上明細[月],$B$1)	=B6/B9
7	飲料水	=SUMIFS(売上明細[売上金額],売上明細[カテゴリ],$A7,売上明細[月],$B$1)	=B7/B9
8	清涼飲料水	=SUMIFS(売上明細[売上金額],売上明細[カテゴリ],$A8,売上明細[月],$B$1)	=B8/B9
9	**総計**	**=SUM(B4:B8)**	**=B9/B9**

構成比は割り算で求める（総計が分母）

図5-1-1の通り、構成比は簡単な割り算で算出できます。必要であれば、他の切り口（担当者別、顧客別、日別等）でも構成比を見ておくと、より集計データの傾向を把握できるでしょう。先に、こうした多角的に集計した数字を見ていると、集計した数字がおかしい場合にはこの段階で気づけるようになるものです。

ピボットテーブルの集計表で構成比を求めるには

この構成比で少々困るのが、ピボットテーブルの集計表の場合です。ピボットテーブルのセルを参照して数式をセットしようとすると、図5-1-2のように、GETPIVOTDATA関数が自動的に挿入されます。

図5-1-2 ピボットテーブルの集計表に対して数式入力した例

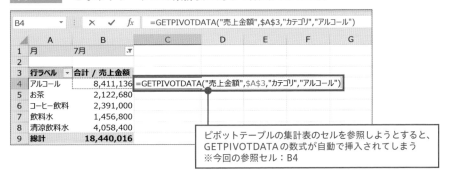

> **GETPIVOTDATA(データフィールド,ピボットテーブル,[フィールド1],[アイテム1],…)**
> ピボットテーブルに保存されているデータを取得します。

この関数は、ピボットテーブルからデータを引用する際に使いますが、今回のように単純に構成比を求めたい時には、数式を相対参照でコピペできないため、おせっかいな状態と言えます。

もし、GETPIVOTDATAを使うことがないのであれば、「Excelのオプション」ダイアログ（リボン「ファイル」タブ→「オプション」）の図5-1-3の部分のチェックを外すことで、自動挿入をOFFにできます。

図5-1-3 **GETPIVOTDATAの使用有無の設定方法**

なお、ピボットテーブルの場合は、集計条件によって集計表のサイズが変動するため、せっかくセットした数式が上書きされる、もしくはずれる可能性があります。

よって、構成比を求める際は、図5-1-4のように「値フィールドの設定」ダイアログ（「値」ボックス内の任意のフィールド名の「▼」をクリック）経由で設定しましょう。

図5-1-4 ピボットテーブルでの構成比の算出方法

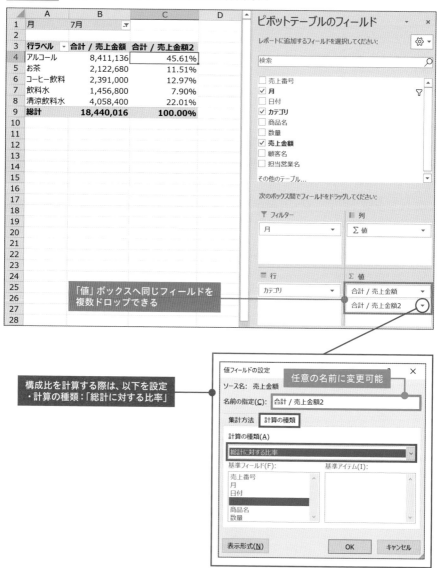

　集計方法を「合計」→「個数」等へ変更する際と同じ要領です。なお、比率になるため、表示形式を「%」表示に変更しておきましょう。

集計した数字と「比較軸」を引き算・割り算で比べる

集計した数字が自分の業務の成果を測るものであれば、「比較軸」を基準に、集計結果の良し悪しを判断しましょう。

ちなみに、1-3の復習になりますが、「比較軸」の代表的なものは次の3つです。

・計画値（目標・予定等）
・過去（前年・前月等）の実績
・ライバル（他社・他者・他商品等）の実績

これらを集計表上に加えた例が、図5-1-5です。上の表が対前月、下の表が対目標です。いずれも簡単な引き算・割り算で求められます（なお、見出しに①等や式の中身を記述すると分かりやすいです）。

図5-1-5　比較軸との比較結果イメージ

▼シート上の表記（前月との比較）

カテゴリ	①前月実績 7月	②当月実績 8月	③前月差異 （②-①）	④前月比 （②÷①）
アルコール	8,411,136	14,215,392	5,804,256	
お茶	2,122,680	2,142,960	20,280	101.0%
コーヒー飲料	2,391,000	1,188,000	-1,203,000	49.7%
飲料水	1,456,800	1,033,200	-423,600	70.9%
清涼飲料水	4,058,400	4,748,940	690,540	117.0%
総計	18,440,016	23,328,492	4,888,476	126.5%

▼数式の内容

③前月差異 （②-①）	④前月比 （②÷①）
=C5-B5	=C5/B5
=C6-B6	=C6/B6
=C7-B7	=C7/B7
=C8-B8	=C8/B8
=C9-B9	=C9/B9
=C10-B10	=C10/B10

「基準値との差分」は引き算で求める

▼シート上の表記（目標との比較）

月　7月

カテゴリ	①売上目標	②売上実績	③予実差異 （②-①）	④目標達成率 （②÷①）
アルコール	8,000,000	8,411,136	411,136	105.1%
お茶	2,000,000	2,122,680	122,680	106.1%
コーヒー飲料	2,000,000	2,391,000	391,000	119.6%
飲料水	1,500,000	1,456,800	-43,200	97.1%
清涼飲料水	4,000,000	4,058,400	58,400	101.5%
総計	17,500,000	18,440,016	940,016	105.4%

▼数式の内容

③予実差異 （②-①）	④目標達成率 （②÷①）
=C4-B4	=C4/B4
=C5-B5	=C5/B5
=C6-B6	=C6/B6
=C7-B7	=C7/B7
=C8-B8	=C8/B8
=C9-B9	=C9/B9

「基準値に対する比率」は割り算で求める

ピボットテーブルでの比較結果の計算テクニック

　こうした比較結果をピボットテーブルの集計表で実現したい場合も、ピボットテーブルの機能を活用しましょう。その方が、集計表のサイズが変動しても問題なく比較結果が表示されます。

　ただし、少々コツが要ります。例えば、前月比を計算する場合、まずは、月単位のデータが入ったフィールドが準備します（図5-1-6）。

図5-1-6　対前月を求める際の集計元データのイメージ

	A	B	C	D	E	F	G	H	I
1	売上番号	月	日付	カテゴリ	商品名	数量	売上金額	顧客名	担当営業名
2	0001	7月	2018/7/1	飲料水	炭酸水グレープフルーツ	51	183,600	大石ストア	奥田 道雄
3	0002	7月	2018/7/1	清涼飲料水	サイダー	42	180,600	石神商店	金野 栄蔵
4	0003	7月	2018/7/1	お茶	麦茶	45	108,000	スーパー三上	今 哲
5	0004	7月	2018/7/1	お茶	ウーロン茶	39	101,400	スーパー波留	奥山 忠吉
6	0005	7月	2018/7/3	清涼飲料水	サイダー	39	167,700	スーパー大西	奥山 忠吉
7	0006	7月	2018/7/3	お茶					
8	0007	7月	2018/7/3	お茶					
9	0008	7月	2018/7/4	お茶	レモンティー	54	216,000	石神商店	相田 松夫
10	0009	7月	2018/7/4	アルコール	ビール	42	403,200	大久保ストア	熊沢 加奈
11	0010	7月	2018/7/6	清涼飲料水	サイダー	39	167,700	飯田ストア	金野 栄蔵

月単位で比較する際は、集計元データ側にも月のデータが必要

　あとは、ピボットテーブル側の設定自体は、構成比の算出方法の応用となります。詳細は図5-1-7の通りです。

図5-1-7　ピボットテーブルでの対前月の計算方法

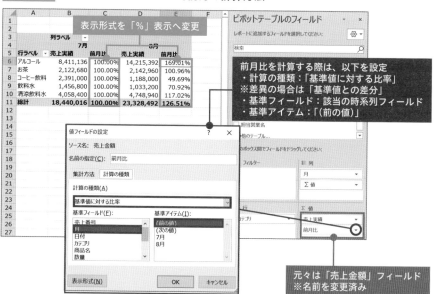

前月比を計算する際は、以下を設定
・計算の種類：「基準値に対する比率」
※差異の場合は「基準値との差分」
・基準フィールド：該当の時系列フィールド
・基準アイテム：「（前の値）」

元々は「売上金額」フィールド
※名前を変更済み

なお、図5-1-7の「基準アイテム」で選択した「(前の値)」は、集計元データ内に存在するデータが基準になります。つまり、日単位のデータだと「1日前の値」になるため、図5-1-6の事前準備が必要でした。

　続いて、対目標の場合です。こちらも先ほどと同じく、集計元データへ事前準備が必要となります。図5-1-8が一例です。

図5-1-8 　**対目標を求める際の集計元データのイメージ**

	A	B	C	D	E	F	G	H	I	J
1	売上番号	月	日付	カテゴリ	商品名	数量	売上目標	売上実績	顧客名	担当営業名
2		7月		アルコール			8,000,000			
3		7月		お茶			2,000,000			
4		7月		コーヒー飲料			2,000,000			
5		7月		飲料水			1,500,000			
6		7月		清涼飲料水			4,000,000			
7	0001	7月	2018/7/1	飲料水	炭酸水グレープフルーツ	51		183,600	大石ストア	奥田 道雄
8	0002	7月	2018/7/1	清涼飲料水	サイダー	42		180,600	石神商店	金野 栄蔵
9	0003	7月	2018/7/1	お茶	麦茶	45		108,000	スーパー三上	今 哲
10	0004	7月	2018/7/1	お茶	ウーロン茶	39		101,400	スーパー波留	奥山忠吉
11	0005	7月	2018/7/3	清涼飲料水	サイダー	39		167,700	スーパー大西	奥山 忠吉
12	0006	7月	2018/7/3	お茶	麦茶	57		136,800	大久ストア	相田 松夫
13	0007	7月	2018/7/3	お茶	緑茶	57		157,320	山本販売店	川西 泰雄
14	0008	7月	2018/7/4	お茶	レモンティー	54		216,000	石神商店	相田 松夫
15	0009	7月	2018/7/4	アルコール	ビール	42		403,200	大久ストア	熊沢 加奈
16	0010	7月	2018/7/6	清涼飲料水	サイダー	39		167,700	飯田ストア	金野 栄蔵
17	0011	7月	2018/7/7	コーヒー飲料	ブラックコーヒー	48		192,000	雨宮ストア	木下 志帆

目標用のレコードを集計元データへ加える

目標と実績でフィールドを分けておく

　少々不格好ですが、これが最も簡単な方法です(もし、目標を別テーブルでしっかり管理したい場合の方法は、第8章を参照してください)。

　ピボットテーブル側の設定は、「集計フィールド」という機能で既存のフィールドを元に計算をセットします(図5-1-9)。

図 5-1-9 ピボットテーブルでの対目標の計算方法

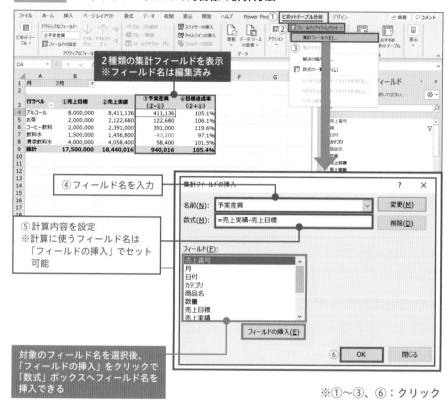

※①～③、⑥：クリック

なお、集計フィールドの変更や削除が必要な場合は、「集計フィールドの挿入」ダイアログ上の各ボタンで操作すればOKです。

数字の「良し悪しの判定」を Excelに任せる

☑ 数字の良し悪しの判定作業を、もっと楽にできないか

基準が定量的なら「良し悪しの判定」を自動化できる

数字を比べたら次のステップとして、その比べた結果が良いか悪いかを判定しましょう。そのために、図5-2-1のような「良し悪しの判定を行うための基準」が必要となります。

図5-2-1　判定基準の例

	A	B	C	D	E	F
1	月	7月				
2						
3	カテゴリ	①売上目標	②売上実績	③予実差異 (②-①)	④目標達成率 (②÷①)	判定
4	アルコール	8,000,000	8,411,136	411,136	105.1%	OK
5	お茶	2,000,000	2,122,680	122,680	106.1%	OK
6	コーヒー飲料	2,000,000	2,391,000	391,000	119.6%	OK
7	飲料水	1,500,000	1,456,800	-43,200	97.1%	NG
8	清涼飲料水	4,000,000	4,058,400	58,400	101.5%	OK
9	総計	17,500,000	18,440,016	940,016	105.4%	OK

判定基準 ※④が対象

OK	100.0%	以上
NG	100.0%	未満

事前に判定基準を定量的に決めておく

こうした判定基準は、「定量的」であることが大前提です。また、シート上に凡例として掲載しておくと、第三者から見ても分かりやすくなります。

判定結果を文字列で返すなら「IF」

判定基準が準備できたら、実際に数字の良し悪しを判定していきますが、こうした作業はExcelに任せてしまいましょう。実は、こうした作業はExcelの得意領域です。一つひとつの判定作業に人が頭を使うよりも、Excelで自動化した方が正確かつ速いため、判定作業に適した機能をうまく活用してください。

そうした機能の代表的なものは、関数の「IF」です。

> **IF(論理式, [値が真の場合], [値が偽の場合])**
> 論理式の結果（真または偽）に応じて、指定された値を返します。

IFを使うことで、図5-2-2のF列のように、E列（④目標達成率）の数値に応じて自動的に「OK」「NG」の文字列を振り分けることが可能です。

図5-2-2 IFの使用イメージ

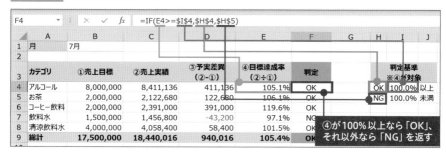

なお、IFの「E4>=$I$4」は「OK」と「NG」を分岐させる条件部分（論理式）ですが、2-4で解説した比較演算子を活用すればOKです。

ちなみに、図5-2-2の通り、IFは1つだと「最大で2種類の分岐」となります。もし3種類以上の分岐を実現したい場合は、図5-2-3のように「値が偽の場合」の部分へ新たなIFを代入してください。

図5-2-3 条件分岐が3種類以上の場合のIFの使用例

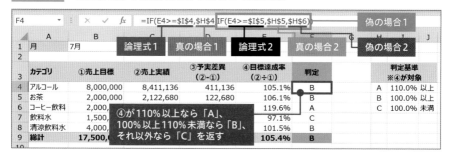

視覚的な「色」で判定結果を表示することも可能

文字列以外にも、条件に応じてセルの書式を切り替えるという方法もあります。その機能は「条件付き書式」と言い、図5-2-4のように特定の条件に合致するセルの塗りつぶしやフォントの色を強調できます。

第5章 データ分析は「データの視覚化」から

条件付き書式「セルの強調表示ルール」の使用イメージ

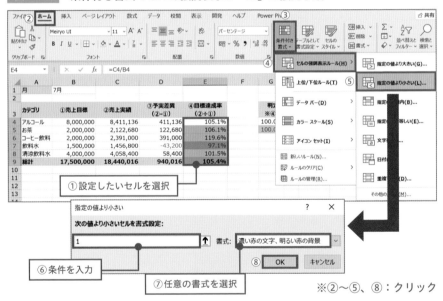

こうした条件付き書式は、次の手順で設定できます（図5-2-5）。

図5-2-5 **条件付き書式「セルの強調表示ルール」の設定手順**

今回は「100%未満」（=1未満）という「絶対的な基準値」を条件にしたため、「セルの強調表示ルール」を選択しています。他に、図5-2-6の「下位1項目」のように、「相対的な基準値」も条件にできます。

図5-2-6 条件付き書式「上位/下位ルール」の使用イメージ

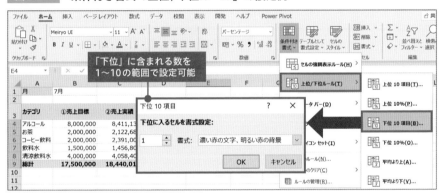

	A	B	C	D	E	
1	月	7月				「下位1項目」という
2						基準でも色付けできる
3	カテゴリ	①売上目標	②売上実績	③予実差異 (②-①)	④目標達成率 (②÷①)	判定基準 ※④が対象
4	アルコール	8,000,000	8,411,136	411,136	105.1%	下位1項目
5	お茶	2,000,000	2,122,680	122,680	106.1%	
6	コーヒー飲料	2,000,000	2,391,000	391,000	119.6%	
7	飲料水	1,500,000	1,456,800	-43,200	97.1%	
8	清涼飲料水	4,000,000	4,058,400	58,400	101.5%	
9	総計	17,500,000	18,440,016	940,016	105.4%	

こうした条件は、「上位/下位ルール」で設定可能です（図5-2-7）。

図5-2-7 条件付き書式「上位/下位ルール」の設定例

ランク分けを視覚化するなら「アイコン」を活用する

条件付き書式は、「アイコン」の表示設定も可能です（図5-2-8）。

図5-2-8 条件付き書式「アイコンセット」の使用イメージ

	A	B	C	D	E	F	G	H	I
1	月	7月							
2									
3	カテゴリ	①売上目標	②売上実績	③予実差異 (②-①)	④目標達成率 (②÷①)			判定基準 ※④が対象	
4	アルコール	8,000,000	8,411,136	411,136	105.1%		★	110.0% 以上	
5	お茶	2,000,000	2,122,680	122,680	106.1%		★	100.0% 以上	
6	コーヒー飲料	2,000,000	2,391,000	391,000	119.6%		☆	100.0% 未満	
7	飲料水	1,500,000	1,456,800	-43,200	97.1%				
8	清涼飲料水	4,000,000	4,058,400	58,400	101.5%				
9	総計	17,500,000	18,440,016	940,016	105.4%				

アイコンは、数値によって3~4段階のランク分けを視覚的に表せて便利です。
設定は図5-2-9の通り、「アイコンセット」を選択します。

図5-2-9 **条件付き書式「アイコンセット」の設定イメージ①**

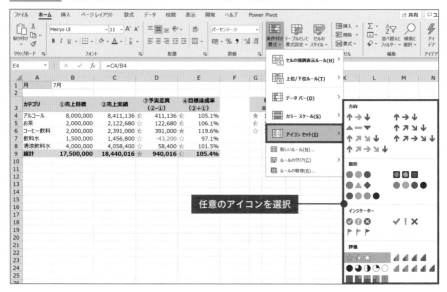

なお、各アイコンの条件は図5-2-10の流れで変更しましょう。

図5-2-10 **条件付き書式「アイコンセット」の設定イメージ②**

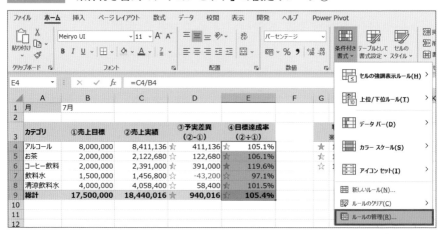

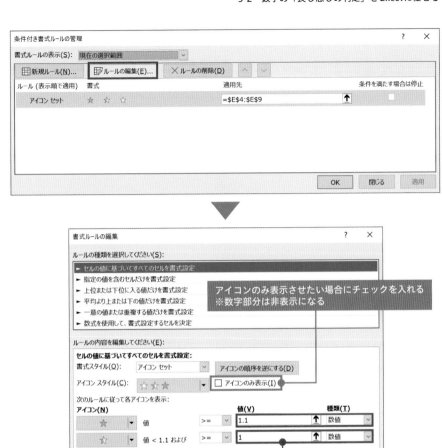

5-3 グラフなしでインスタントに数字データを「視覚化」する方法

☑ グラフを使わずに数字を視覚的に分かりやすくできないか

集計表が大きいとグラフの使い勝手が悪くなってしまう

数字データを視覚化するにはグラフが一般的ですが、図5-3-1のように集計表のサイズが大きいと、グラフをスクロールさせないと確認できません。

図5-3-1　サイズが大きい集計表の例

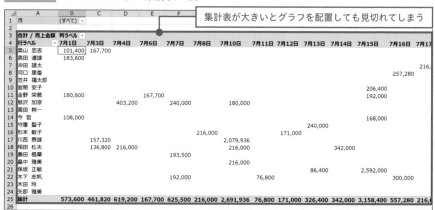

集計表が大きいとグラフを配置しても見切れてしまう

こうした場合は、グラフ以外の機能で視覚化した方が良いでしょう。

集計表上へ簡易的な横棒グラフを表示させる

まずは、条件付き書式の「データバー」です。これを活用すると、集計表に簡易的な横棒グラフを表示できます。イメージ的には、図5-3-2の通りです。

図5-3-2 データバーの使用イメージ

	A	B	C
1	月	7月	
2			
3	行ラベル	合計 / 売上金額	合計 / 売上金額2
4	⊟アルコール	8,411,136	45.61%
5	スコッチ	2,592,000	14.06%
6	芋焼酎	2,079,936	11.28%
7	白ワイン	1,320,000	7.16%
8	ビール	1,267,200	6.87%
9	赤ワイン	1,152,000	6.25%
10	⊟清涼飲料水	4,058,400	22.01%
11	サイダー	1,290,000	7.00%
12	ぶどうジュース	804,000	4.36%
13	コーラ	552,000	2.99%
14	レモンスカッシュ1	408,000	2.21%
15	レモンスカッシュ	360,000	1.95%
16	りんごジュース	342,000	1.85%
17	オレンジジュース	302,400	1.64%

> 集計表の中に簡易的な
> 横棒グラフを表示できる

　このデータバーは、「1列単位」（縦方向）で設定することが基本です。また、降順（大きい順）に並べ替えした方が見やすくなります。

　なお、設定時は図5-3-3の通り「データバー」を選びます。

図5-3-3 データバーの設定例①

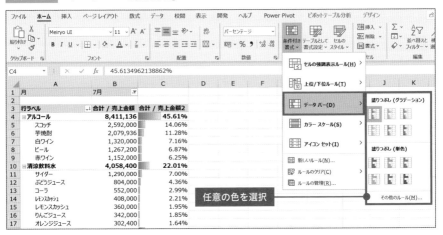

> 任意の色を選択

　このデータバーは、選択したセル範囲の数値の最小値・最大値に応じて自動的にバー（横棒グラフ）が作成されます。もし、この最小値・最大値を任意の値に変更したいなら、図5-3-4をご覧ください。この画面は、「ホーム」タブ→「条件付き書式」→「ルールの管理」→「ルールの編集」の順にクリックで表示されます。

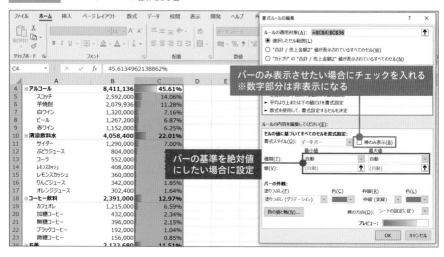

図5-3-4 データバーの設定例②

数字データの分布を色で表現するテクニック

条件付き書式には「カラースケール」という機能もあります。これは、集計表上の数字データの大きさを色で段階的に表現することが可能です。

イメージ的には、図5-3-5の通りです。

図5-3-5 カラースケールの使用イメージ

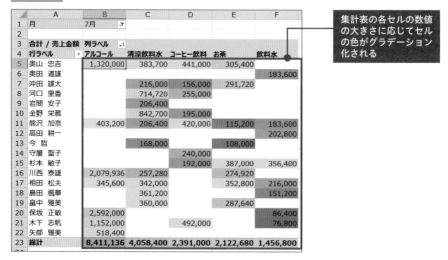

こちらの設定は図5-3-6の通り、「カラースケール」を選びます。

図5-3-6 **カラースケールの設定例①**

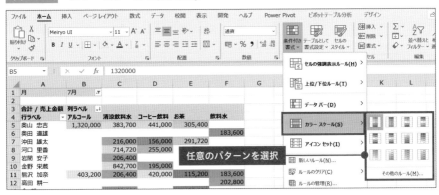

このカラースケールも、グラデーションの基準は設定したセル範囲の数字に応じて自動的に設定されるため、必要であればデータバーと同じ要領で任意のものへ変更してください（図5-3-7）。

図5-3-7 **カラースケールの設定例②**

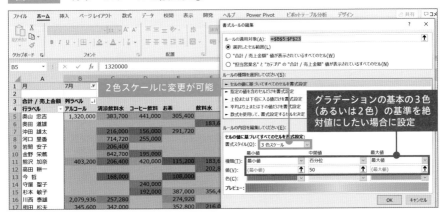

セル上へ簡易的なグラフを表示してトレンドを掴む

他に、セル上へ簡易的な折れ線グラフや縦棒グラフを表示できる機能として、「スパークライン」があります。この機能を活用すると、省スペースで集計表のトレンドの把握が可能です（図5-3-8）。

図5-3-8 スパークラインの使用イメージ

データバーは1列単位で設定しましたが、このスパークラインは「1行単位」（横方向）で設定します。手順は図5-3-9の通りです。

あとで設定を変更したい場合は、リボンの「スパークライン」タブにある各種コマンドを活用しましょう（図5-3-10）。

図5-3-9 スパークラインの設定手順

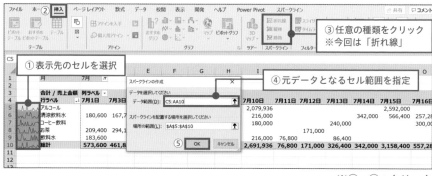

※②、⑤：クリック

図5-3-10 リボン「スパークライン」タブ

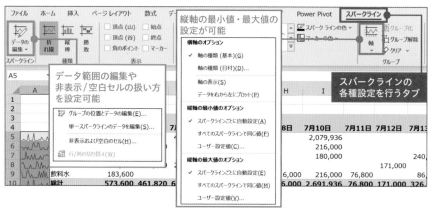

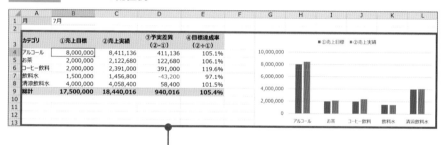

5-4 量・比率・トレンドの グラフ化テクニック

☑ どんな場合にどのグラフを使えば良いか

グラフは集計表とセットで配置する

集計表の傾向をぱっと見で把握するには、やはりグラフが最適です。理想は、図5-4-1のように集計表とセットで配置することです。

図5-4-1　グラフの配置例

スクロールせずに集計表とグラフがセットで確認できるとベスト

セットにすることで、全体のイメージをグラフ、詳細は集計表で確認することができます。また、なるべくスクロールせずに両方が1画面に納まる配置がベストです。

なお、どの種類のグラフも挿入の手順は一緒です（図5-4-2）。

225

図5-4-2 グラフの挿入手順

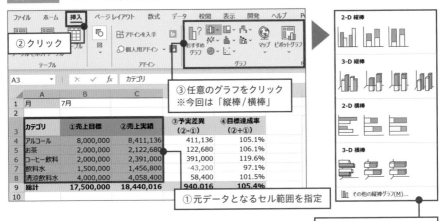

グラフの基本は「集合縦棒グラフ」

ここからは、実務で頻出のグラフについて解説していきますが、基本は「集合縦棒グラフ」です。このグラフは図5-4-3のように、数字の大きさを比較するのに適しており、利用シーンは非常に多いです。

図5-4-3 集合縦棒グラフの使用イメージ

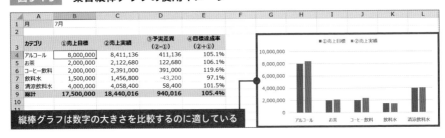

なお、この集合縦棒グラフは、挿入後のデフォルトのままでは若干見にくいです。そのため、図5-4-4のように見やすくするための加工が必要です。

図5-4-4 集合縦棒グラフを見やすくするポイント

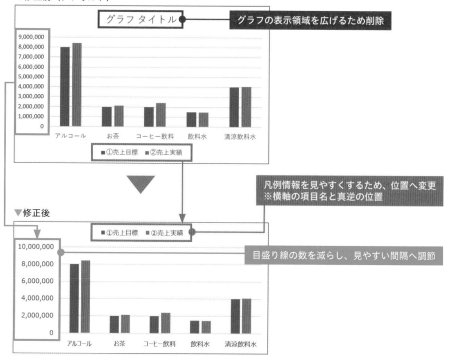

▼修正前（デフォルト）

グラフ タイトル ← グラフの表示領域を広げるため削除

凡例情報を見やすくするため、位置へ変更
※横軸の項目名と真逆の位置

▼修正後

目盛り線の数を減らし、見やすい間隔へ調節

　まず大前提として、グラフは「絶対不可欠な情報のみ」に絞ります。詳細部分は集計表に任せ、グラフは極力シンプルにしましょう。

　「グラフタイトル」は基本、不要です（必要であれば、グラフでなくセル上へ表記）。これは、クリックして「Delete」キーで削除可能です。

　目盛線は、必要最低限に減らします（図5-4-5）。

図5-4-5 縦軸の目盛の変更方法

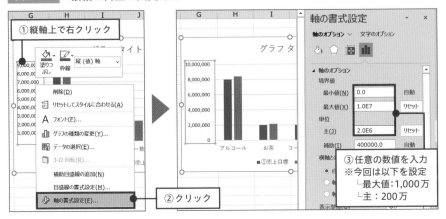

目安としては、最大値と最小値の間の目盛線は6本くらいが限度です。それ以上は、目盛線が多くて見にくくなります。

最後に、凡例の位置を図5-4-6の流れで変更すれば完了です。

図5-4-6 凡例の位置を変更する方法

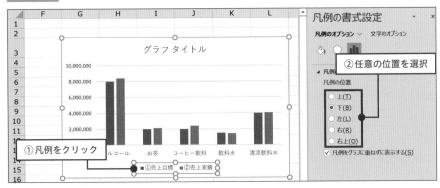

なお、横軸の項目名が長い場合は、「集合横棒グラフ」にした方が見やすくなります。データに応じて使い分けると良いでしょう。

トレンドを把握するなら「折れ線グラフ」が最適

次に利用頻度が高いのは、「折れ線グラフ」です。このグラフは、数字が時系列（年・月・日等）の経過でどのようなトレンドになったかを把握したい場合に便利

228

です。

　よって、図5-4-7のように、時系列の集計表に対して使うケースが一般的です。

図5-4-7　折れ線グラフの使用イメージ

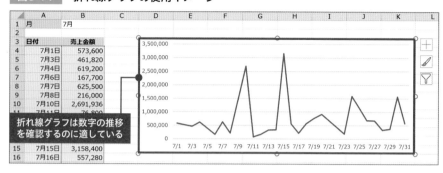

　この折れ線グラフを見やすくするポイントは、図5-4-8の通りです。グラフは図形と同じく、ドラッグ操作でサイズ調整が可能です。

　なお、グラフの表示形式の変更方法については、図5-4-9をご覧ください。

図5-4-8　折れ線グラフを見やすくするポイント

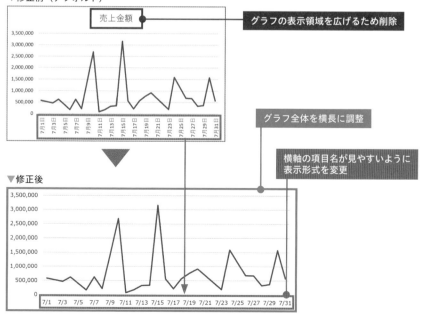

図5-4-9 横軸の項目名の表示形式を変更する方法

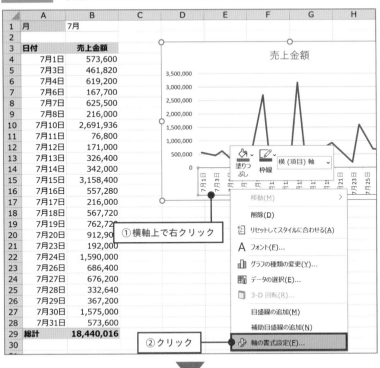

	A	B
1	月	7月
2		
3	**日付**	**売上金額**
4	7月1日	573,600
5	7月3日	461,820
6	7月4日	619,200
7	7月6日	167,700
8	7月7日	625,500
9	7月8日	216,000
10	7月10日	2,691,936
11	7月11日	76,800
12	7月12日	171,000
13	7月13日	326,400
14	7月14日	342,000
15	7月15日	3,158,400
16	7月16日	557,280
17	7月17日	216,000
18	7月18日	567,720
19	7月19日	762,720
20	7月20日	912,900
21	7月23日	192,000
22	7月24日	1,590,000
23	7月26日	686,400
24	7月27日	676,200
25	7月28日	332,640
26	7月29日	367,200
27	7月30日	1,575,000
28	7月31日	573,600
29	**総計**	**18,440,016**
30		

①横軸上で右クリック

②クリック

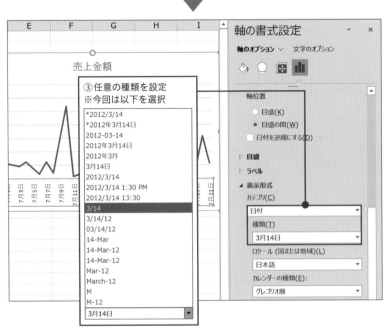

③任意の種類を設定
※今回は以下を選択

230

構成比は「円グラフ」を把握する

「円グラフ」も、実務でよく使うグラフの1つです。こちらは、図5-4-10のように、特定のデータの内訳を可視化することが得意です。

図5-4-10 円グラフの使用イメージ

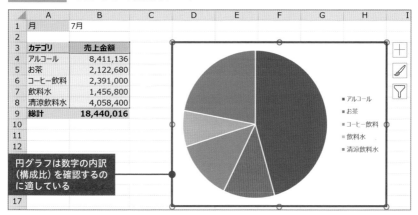

円グラフは数字の内訳（構成比）を確認するのに適している

円グラフを見やすくするためには、集合縦棒グラフや折れ線グラフで行った操作を行うと見やすくできます（図5-4-11）。

図5-4-11 円グラフを見やすくするポイント

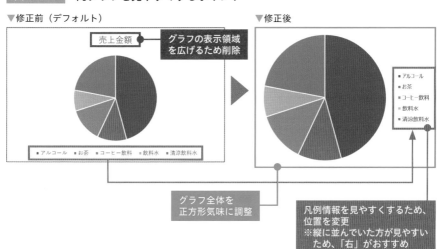

▼修正前（デフォルト）

グラフの表示領域を広げるため削除

グラフ全体を正方形気味に調整

▼修正後

凡例情報を見やすくするため、位置を変更
※縦に並んでいた方が見やすいため、「右」がおすすめ

なお、元データの数には注意してください。7つを超えると、一気に円グラフが見にくくなります。構成比の小さいデータは、元データ側で「その他」にまとめる等の事前準備を行った上でグラフ化してください。

複数の構成比を比較するなら「100%積み上げ縦棒グラフ」が有効

円グラフは1データの構成比だけでしたが、実務では「自社と他社」、「目標と実績」、「前月と今月」等、複数データの構成比を比較したいケースもあります。その場合は、図5-4-12のように「100%積み上げ縦棒グラフ」を活用しましょう。

図5-4-12　**100%積み上げ縦棒グラフの使用イメージ**

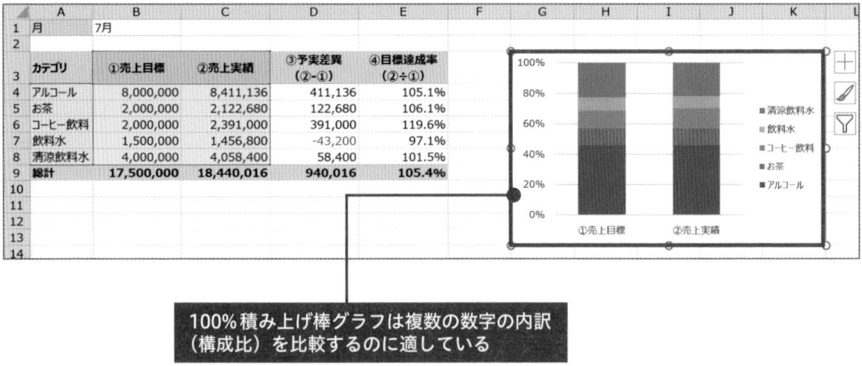

100%積み上げ棒グラフは複数の数字の内訳
（構成比）を比較するのに適している

このグラフは、あくまで100%を上限として構成比を比べるものです。イメージ的には、図のグラフの縦棒1本が円グラフ1つ分と同じ、という感じです。

なお、このグラフの挿入時、デフォルトで積み上げ状態にならない場合は、図5-4-13の手順で行列を変更しましょう。

図5-4-13 グラフの行列を変更する方法

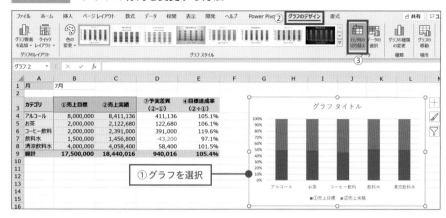

①グラフを選択

※②、③：クリック

グラフの設定条件を
自由自在に切り替える

☑ グラフの設定条件を変更したい場合はどうすれば良いか

グラフの設定変更は専用のダイアログ経由が一般的

　グラフ作成時、元データによっては必ずしも希望のレイアウトになるとは限りません。また、一度作成したグラフでも、状況が変われば設定の変更が必要となります。

　こうした場合、図5-5-1の手順で設定変更を行うことが一般的です。

図5-5-1 グラフの設定変更方法

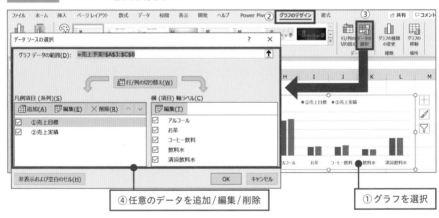

④任意のデータを追加／編集／削除

①グラフを選択

※②、③：クリック

　この「データソースの選択」ダイアログで、凡例項目/系列（グラフ内のデータ部分）や軸（横軸の項目名等）を編集できます。

　元データとなる集計表のレイアウトによっては、このダイアログ内で1つずつ系列の名称や値を設定しないといけない場合もあります。

　参考までに、集計表・「データソースの選択」ダイアログ・グラフの関係性のイメージを掴むため、図5-5-2をご覧ください。

図5-5-2 集計表・ダイアログ・グラフの関係性

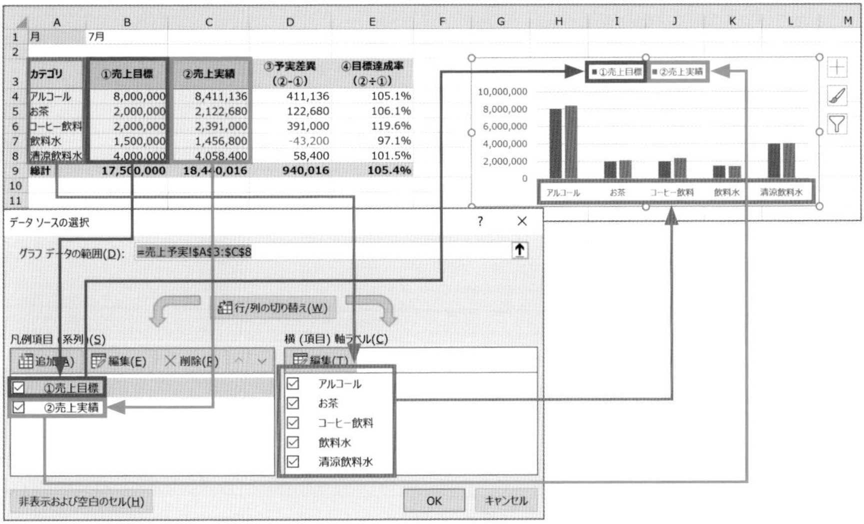

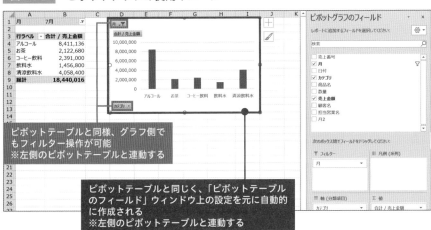

設定条件の切り替え頻度が高いなら「ピボットグラフ」が便利

どんなグラフが適しているかを探る等、グラフの設定条件を切り替える頻度が高い場合、「ピボットグラフ」が便利です。

ピボットグラフは、ピボットテーブルと同じくマウス操作中心で、凡例項目/系列や軸の設定を自由に変更できます（図5-5-3）。

図5-5-3 ピボットグラフの使用イメージ

その他の設定方法については、普通のグラフとほぼ一緒です（一部、作成できない種類のグラフあり）。

なお、このピボットグラフの挿入手順は、元々ピボットテーブルがあるかどうかで異なります。既にピボットテーブルがある場合は図5-5-4、ない場合は図5-5-5をご覧ください。

図5-5-4 **ピボットグラフの挿入手順（既存ピボットテーブルあり）**

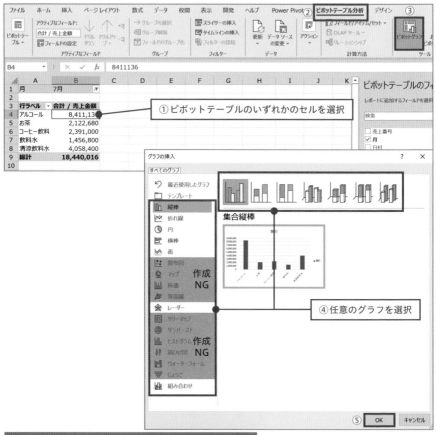

⑤以降は、次の2点の設定を任意で変更する
・「ピボットテーブルのフィールド」ウィンドウの各種設定
・グラフの各種設定

※②、③、⑤：クリック

図5-5-5 ピボットグラフの挿入手順（既存ピボットテーブルなし）

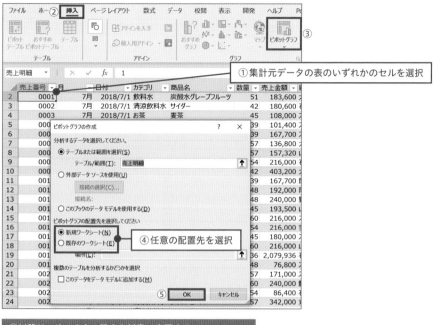

⑤以降は、次の2点の設定を任意で変更する
・「ピボットテーブルのフィールド」ウィンドウの各種設定
・グラフの各種設定
※グラフのデフォルトは「集合縦棒」

※②、③、⑤：クリック

　もし、「集合縦棒グラフ」以外の種類にグラフを変更したい場合は、図5-5-6の流れで変更しましょう（普通のグラフも同じ操作）。

図5-5-6 グラフの種類の変更方法

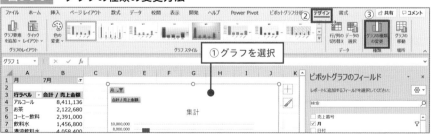

※②、③：クリック

　図5-5-6の後の流れは、図5-5-4の手順④⑤と同じです。

第5章

データ分析は「データの視覚化」から

ピボットテーブルとピボットグラフを別条件にしたい場合は

ピボットグラフは非常に便利ですが、ピボットテーブルと連動するため、実務で困るケースもあります（図5-5-7）。

図5-5-7 **ピボットテーブルとピボットグラフの連動で困る例**

▼行：「カテゴリ」、列：「月」の場合のピボットテーブルとピボットグラフ

ピボットテーブルとピボットグラフの希望のレイアウトにするための設定条件が異なる

▼行：「月」、列：「カテゴリ」の場合のピボットテーブルとピボットグラフ

こうしたことが煩わしい、あるいは対処法を知らないために、ピボットグラフを敬遠している方もいることでしょう。

この場合、ピボットテーブルとピボットグラフを別々に作成することで解決が可能です。

具体的には、ピボットグラフ側（＋新たなピボットテーブル）を新規シートで作成し、希望のグラフが完成後、元のピボットテーブルのシートへグラフのみを移動させればOKです。グラフの移動方法は、図5-5-8の流れで行います（通常のグラフも同じ操作）。

無事移動できると、図5-5-9のように、別条件で作成したピボットテーブルとピボットグラフの両方を同一シートへ配置することが可能になります。

図5-5-8　グラフの移動方法

※③、④、⑥：クリック

図5-5-9　別条件のピボットテーブル・グラフの同一シート配置例

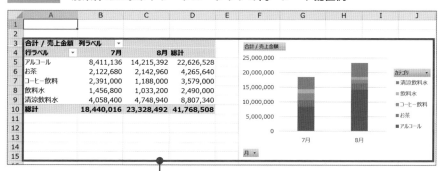

ピボットテーブルとピボットグラフのどちらも
希望のレイアウトにした上で一緒に表示できた

さらに便利なグラフの応用技

☑ グラフをもっと便利にできるのか

2種類以上のグラフを組み合わせ、より「刺さる」グラフを作る

　実務では、売上高と利益率等、関連するデータを別の種類のグラフで1つのエリア内に表したいケースがあります。図5-6-1は一例ですが、売上実績は「集合縦棒」、目標達成率は「折れ線」にしています。

図5-6-1　複合グラフの使用イメージ

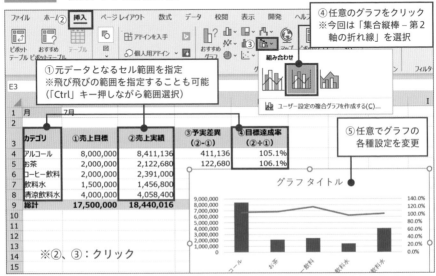

図5-6-2　複合グラフの作成手順

　これにより、各カテゴリの売上金額が目標達成しているかが視覚的に把握できます。こうしたグラフは、図5-6-2の手順で作成可能です。

　なお、既存のグラフを後から2軸の複合グラフへ変更する際は、図5-6-3の手順となります。

図5-6-3 後から第2軸の別種類のグラフへの変更手順

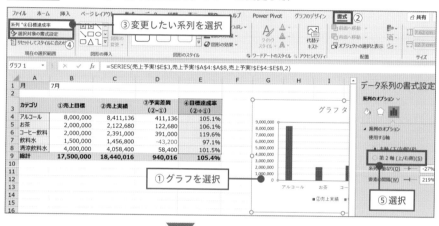

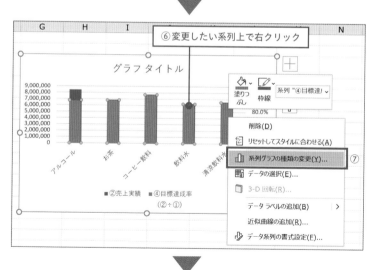

第5章

データ分析は「データの視覚化」から

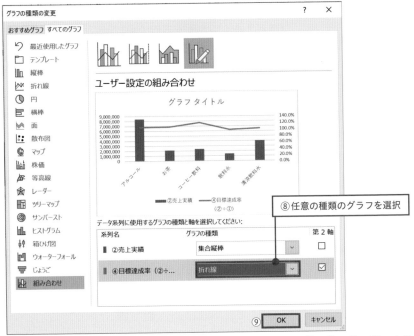

※②、④、⑦、⑨：クリック

　こうした複合グラフの注意点は、要素を詰め込み過ぎないことです。これは、普通の1種類のグラフも共通ですが、いつも以上に気を付けてください。

　複数種類のグラフが混在し、かつ2軸もある状態だと、通常よりもグラフ内の情報が多くなりがちです。

　あくまでも、このグラフで「何を伝えたいか」「それを伝えるために必要な要素は何か」を念頭に置いた上でグラフ作成しましょう。

　1つのグラフでごちゃごちゃするくらいなら、グラフを分割して見せた方が断然分かりやすいケースもあります。留意しておいてください。

「パレート図」から業務改善のヒントを探る

　複合グラフが作成できると、応用として「パレート図」も作成できるようになります。パレート図とは、図5-6-4のようなグラフです。

図5-6-4 パレート図の使用イメージ

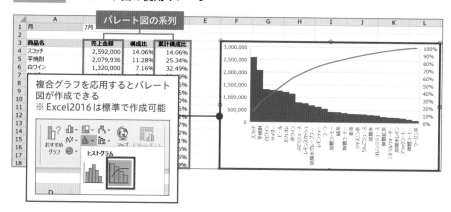

　このグラフは、「パレートの法則」(「80:20の法則」) を実践するためのツールとなります。この法則は有名ですが、ざっくり言うと「全体の数値の80%は、20%の構成要素からできている」という理論です。

　このグラフを活用することで、データの中で大きな割合を占める要素が特定できます。あとは、その要素に絞って改善すると、全体の結果に大きな影響を与えることができます。

　実際にパレート図を使う際には、図5-6-5の事前準備を行ってください。

図5-6-5 パレート図の事前準備のポイント

あとは、パレート図のグラフを作成するのみです。

グラフ作成後、さらにデータ活用しやすくするために、累計構成比を基準に各データを3つ程度にグループ分けすると、より具体的なターゲットを定めやすくなります。

こうしたグループ分けを、「ABC分析」と言います。イメージは図5-6-6の通りです。関数や条件付き書式等をうまく活用しましょう。

図5-6-6　ABC分析との組み合わせ例

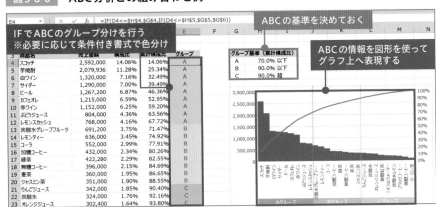

データの「ばらつき」を視覚化する方法

データ内の「ばらつき」を確認することも、データ分析の王道的な手法の1つです。まずは、データがどこに偏っているかを確認できる「ヒストグラム」について解説していきます（図5-6-7）。

図5-6-7　ヒストグラムの使用イメージ

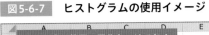

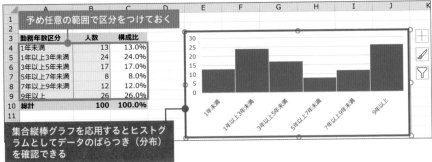

　グラフ自体は基本の集合縦棒グラフですが、事前にデータを特定の範囲で区切り、複数のグループを作っておくことが重要ポイントです。

　ちゃんと分布が把握できる区分けになっているか、留意しながら準備してください（図5-6-8）。なお、ヒストグラムの特徴は、縦棒が隣接していることです。各縦棒の幅の調整は、図5-6-9をご参照ください。

図5-6-8　ヒストグラムの事前準備のポイント

図5-6-9　グラフの要素の幅を調整する方法

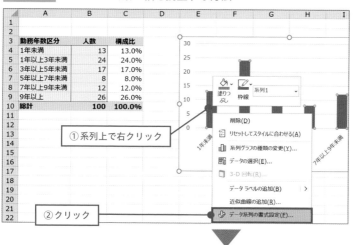

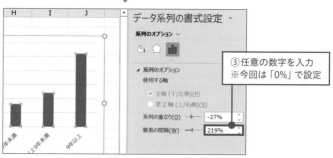

第5章　データ分析は「データの視覚化」から

その他、「散布図」もばらつき把握に有効な手法です（図5-6-10）。

図5-6-10　散布図の使用イメージ

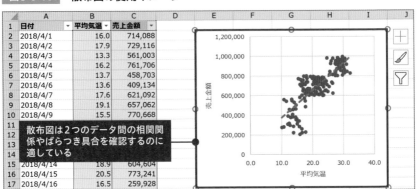

散布図は元データの数だけ、縦軸と横軸の交差した点をグラフ上にマッピングしたものです。この点の集まり具合で、全体の傾向を見ます。

図5-6-10であれば、全体的に点が右肩上がりになっており、「平均気温（横軸）の高い方が売上金額（縦軸）も高い」と言えます。

この散布図を見やすくするポイントは、図5-6-11の通りです。なお、軸ラベル等、グラフの要素の追加については、図5-6-12をご覧ください。

図5-6-11　散布図を見やすくするポイント

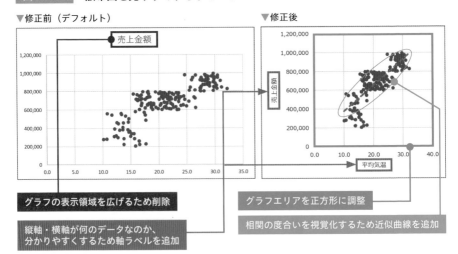

図5-6-12 グラフへ軸ラベルや近似曲線を追加する方法

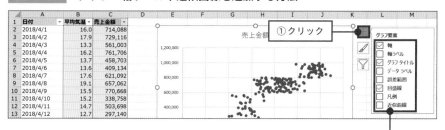

売上実績の目標達成状況を
3段階で評価する

> サンプルファイル：【5-A】売上予実集計表.xlsx

条件付き書式で売上実績を3段階のランク付けを行う

ここでの演習は、5-2で解説したランク分けの復習です。

サンプルファイルの「売上予実集計表」シートの「④目標達成率」の各セルへ、判定基準通りのルールに沿って自動的にアイコンで判定できるよう設定しましょう。

結果的に、図5-A-1になることがゴールです。

図5-A-1　演習5-Aのゴール

	A	B	C	D	E	F	G	H	I
1	月	7月							
2									
3	カテゴリ	①売上目標	②売上実績	③予実差異 (②-①)	④目標達成率 (②÷①)			判定基準 ※④が対象	
4	アルコール	8,000,000	8,411,136	411,136	☆ 105.1%		★	110.0%	以上
5	お茶	2,000,000	2,122,680	122,680	☆ 106.1%		☆	100.0%	以上
6	コーヒー飲料	2,0 判定基準通りのアイコン	391,000	119.6%		☆	100.0%	未満
7	飲料水	1,5 表示となるよう設定する	-43,200	97.1%				
8	清涼飲料水	4,000,000	4,058,400	58,400	☆ 101.5%				
9	総計	17,500,000	18,440,016	940,016	☆ 105.4%				

このアイコン表示を行うためには、条件付き書式の「アイコンセット」を使います。

では、実際に手を動かして設定してみましょう。

条件付き書式「アイコンセット」を設定する

「アイコンセット」の設定手順は図5-A-2の通りです。今回は「3種類の星」のアイコンセットを選択します。

図 5-A-2　条件付き書式「アイコンセット」の設定手順

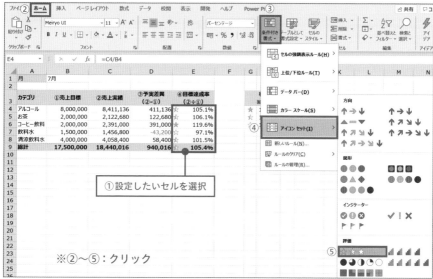

判定基準に沿ってアイコンルールの設定を変更する

　ここまでで、セル上へアイコンが表示されるようになりました。しかし、デフォルトの状態では、判定基準通りにランク分けされていないため、図5-A-3の手順で設定を変更する必要があります。

図 5-A-3　条件付き書式「アイコンセット」の設定変更手順①

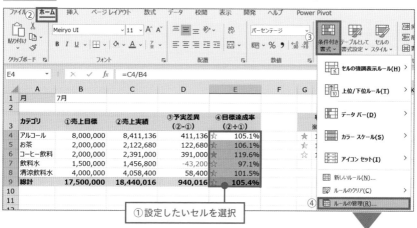

※②〜⑤：クリック

　手順⑤は、実務ではアイコンセット以外の条件付き書式がある場合もあるため、その場合は手順⑤の前に変更したい書式を選択しておく必要があります。

　手順⑥以降の流れは、図5-A-4の通りです。

図5-A-4　　条件付き書式「アイコンセット」の設定変更手順②

※⑦、⑧：クリック

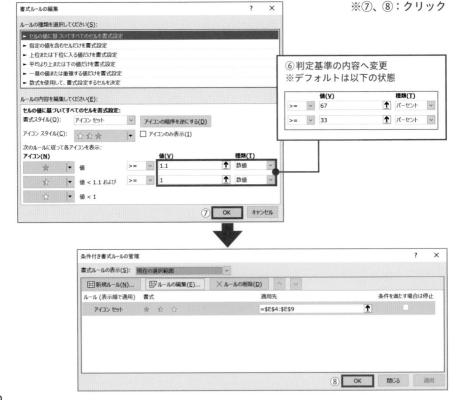

　手順⑥で数値を指定する際、最上段のアイコン（★）の「種類」が「パーセント」のままだと、「値」へ「110%」と入力できません（「パーセント」の上限は100%のため）。よって、「種類」を「数値」へ変え、「値」へ「110%」と同じ意味の「1.1」を入力しています。

　中段のアイコンは、同じ要領で設定すれば完了です。これで、判定基準通りにアイコン表示がされるようになります。

商品別の売上実績を金額に応じて
3色を軸に色分けを行う

📄 サンプルファイル：【5-B】商品別売上実績集計表.xlsx

条件付き書式で売上実績に応じて色分けを行う

　ここでの演習は、5-3で解説したカラースケールの復習です。

　サンプルファイルの「商品別売上実績集計表」シートの売上金額に応じて、セルの色分けを自動化しましょう。

　図5-B-1の状態になればOKです。

図5-B-1 　演習5-Bのゴール

	A	B	C
1			
2			
3	行ラベル ▾	合計 / 売上金額	
4	ウーロン茶	522,600	
5	オレンジジュース	554,400	
6	カフェオレ	1,215,000	
7	コーラ	1,080,000	
8	サイダー	2,154,300	
9	ジャスミン茶	792,000	
10	スコッチ	7,257,600	
11	ビール	1,814,400	
12	ぶどうジュース	1,334,640	
13	ブラックコーヒー	192,000	
14	ほうじ茶	101,400	
15	ミネラルウォーター	340,800	
16	ミルクティー	612,000	
17	りんごジュース	2,916,000	
18	レモンスカッシュ	408,000	
19	レモンスカッシュ	360,000	
20	レモンティー	816,000	
21	芋焼酎	4,506,528	
22	加糖コーヒー	1,068,000	
23	赤ワイン	1,152,000	
24	炭酸水	691,200	
25	炭酸水グレープフルーツ	1,036,800	
26	炭酸水レモン	421,200	
27	日本酒	4,464,000	

各セルの売上金額の大きさによってセルの色分けを行う

　この3色を軸にグラデーションで色分けを行う機能は、条件付き書式の「カラースケール」でした。

　では、実際に手を動かして設定してみましょう。

条件付き書式「カラースケール」を設定する

「カラースケール」の設定手順は、図5-B-2の通りです。今回は「緑、黄、赤の
カラースケール」を選択します。

図5-B-2　条件付き書式「カラースケール」の設定手順

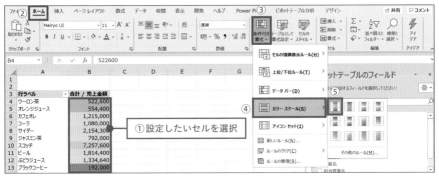

※②～⑤：クリック

これで設定は完了です。お手軽に色分けできるため、実務でもぜひ活用してく
ださい。

なお、カラースケールについては、今回のように3色、あるいは2色を軸にExcel
側で自動的にグラデーション化してくれるため、色の分岐点の数値を任意のもの
へ設定変更は基本的に不要です。

それよりも、設定するデータに応じて、良いデータは「緑」、悪いデータは「赤」
等、データの良し悪しがイメージしやすい色をチョイスするようにしましょう（数
字によって、小さい方が良い場合もあります）。

その方が、データの意味を視覚的に捉えやすくなります。

1年分の売上高と売上利益率をグラフ化する

サンプルファイル：【5-C】年間売上集計表.xlsx

1つのグラフ内に2種類のグラフを表示する

ここでの演習は、5-4と5-6で解説したグラフの復習です。

サンプルファイルの「年間売上集計表」シートの売上高は「集合縦棒」、売上利益率は「折れ線」で表示した複合グラフを作成してください。つまり、図5-C-1のグラフを完成させることがゴールです。

図5-C-1　演習5-Cのゴール

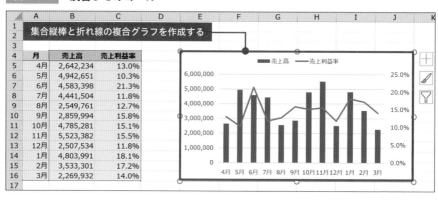

この複合グラフは、Excel2013以降はリボンの既定のコマンドが用意されているため、簡単に作成することが可能です。

では、実際に手を動かして設定してみましょう。

元データを選択の上、複合グラフ挿入する

複合グラフの設定手順は図5-C-2の通りです。

図5-C-2　複合グラフの設定手順

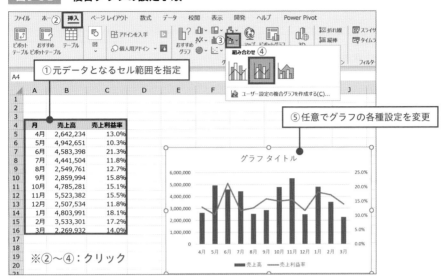

これで、あっという間に複合グラフが完成しました。あとは、任意でグラフの体裁を整えれば完了です。複合グラフを見やすくするために今回行った作業は、図5-C-3の2点です。

図5-C-3　複合グラフを見やすくするための作業2点

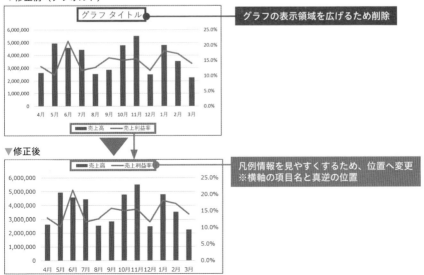

グラフタイトルは、選択して「Delete」キーを押すだけです。凡例の位置の変更については、図5-C-4の流れとなります。

図5-C-4　**凡例の位置を変更する方法**

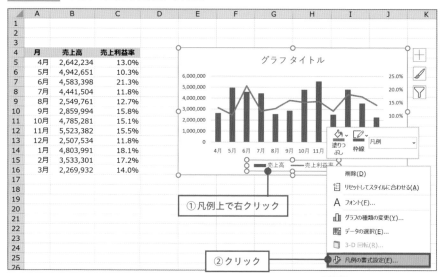

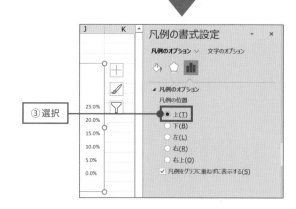

　なお、別の作業でシート右側のグラフ関連のウィンドウが開いている場合は、凡例部分をクリックすると、ウィンドウ上が「凡例の書式設定」に切り替わります。あとは、上記の手順③のみでOKです。

　グラフの設定変更が複数ある際は、こうした仕様を覚えておくと効率的に作業を進められます。ぜひ、覚えておきましょう。

第**6**章

データの「問題点」を発見し、重点的に分析する

　データ分析を進める中で、「データの視覚化」を実践していくと、さまざまな「問題点」が出てきます。例えば、「目標と実績が乖離している」「前月よりも数字が低い」「特定の項目の構成比が大きい」等です。そして、こうした問題点が起きている理由は、手持ちのデータを深掘りすることで判明することが多々あります。

　第6章では、データの「問題点」を深掘りするためのテクニックについて解説していきます。

データの「問題点」を
重点的に分析するための流れ

☑️ データの「問題点」の分析はどう行えば良いのか

「データの視覚化」の次に行うべきは「問題点」の深掘り

「問題点」とは、データを視覚化する際に設定した基準を下回ったデータのことです。例えば、図6-1-1のイメージです。

図6-1-1 「問題点」のイメージ

	A	B	C	D	E	F	G	H
1					問題点＝特定の基準を下回ったデータ			
2	事業年度	2019			※複数ある場合は優先順位の設定要			
3								
4	行ラベル	①売上目標	②売上実績	③予実差異 (②-①)	④目標達成率 (②÷①)		判定基準 ※④が対象	
5	営業1部	30,000,000	30,163,824	163,824	100.5%		100.0% 以上	
6	営業2部	15,000,000	14,900,220	-99,780	99.3%		100.0% 未満	
7	営業3部	30,900,000	31,408,932	508,932	101.6%			
8	営業4部	47,700,000	49,358,460	1,658,460	103.5%			
9	営業5部	34,800,000	34,377,408	-422,592	98.8%			
10	総計	158,400,000	160,208,844	1,808,844	101.1%			
11								

実務によっては、こうした「問題点」が起きている理由が何なのかを分析しなければならないケースがあります。そして、その際に行うべきは、手持ちのデータを深掘りすることです。

「問題点の深掘り」は、あらゆる角度で集計・可視化を反復すること

「問題点の深掘り」ですが、具体的には、集計条件を変えながらデータ集計とデータ視覚化を繰り返し行うことを言います。

そうすることで、「問題点」の発生原因を段階的に絞り込んでいくことができるのです。これも、データ分析の王道的な手法の1つです。

ポイントは、いきなり細かい集計表からスタートしないこと。細目から入ると、そもそも何のために分析していたかを見失ってしまうリスクがあります。なるべ

く全体像を捉えながら分析作業を進めるためにも、大枠の集計表からスタートしましょう。

　図6-1-2のように集計表のレベルを段階的に下げていくと、「問題点」をより詳細かつ具体的に捉えることが可能となります。

図6-1-2　集計表のレベルを下げていくイメージ

▼部署別（大きいレベルの集計）

▼担当者別（小さいレベルの集計）

例えば、図6-1-2の部署別集計表の問題点は、「営業2部」「営業5部」という部署レベルでした。しかし、1階層下げて担当者別の集計表にすることで、問題点を担当者レベルに分解して把握できる、といったイメージです。

　ちなみに、「営業5部」は6名中4名が目標未達の状態でした。各担当者の営業活動のデータ等、より詳細のデータがあれば、さらに深掘りすることが可能です。

　仮にデータがなければ、必要に応じて「なぜ目標未達だったか」を担当者やその上長へヒアリングする等、データ以外の方法で補填すると良いでしょう。

データの「問題点の深掘り」を行う流れ

　「問題点の深掘り」の大枠の進め方として、大きいレベルから集計レベルを段階的に下げていくと良いわけですが、より詳細な手順をフロー図にまとめたものが図6-1-3です。

図6-1-3　「問題点の深掘り」フロー

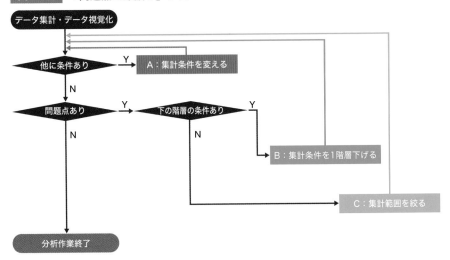

　基本的に、手持ちのデータで問題点の発生原因を突き止めるか、集計条件の切り口がなくなるまでは図のフローの作業を繰り返すイメージです。

　なお、A〜Cの各作業の詳細は、6-2以降で順次解説します。

6-2 深掘りすべき問題点を「ダイシング」で特定する

☑ 深掘りすべき「問題点」を特定するには、どうすれば良いか

「ダイシング」は問題点の特定に有効

「問題点の深掘り」フローにおける「A：集計条件を変える」の作業のことを、「ダイシング」と言います（図6-2-1）。

図6-2-1　フローにおける「ダイシング」の該当作業

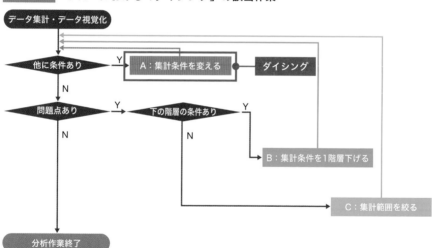

この「ダイシング」は、ダイス（サイコロ）の面を変えるように、集計の条件（軸）を切り替えるという分析手法です。主に、深掘りする問題点を特定するために行います。

ダイシングをExcelで効率的に行うには、集計条件の切り替えが容易なピボットテーブルが最適です。

また、データの視覚化部分は、集計表のサイズが変わっても問題がない条件付き書式を組み合わせることをおすすめします。

これらを組み合わせてダイシングを行った例が、図6-2-2です。

図6-2-2　「ダイシング」のイメージ

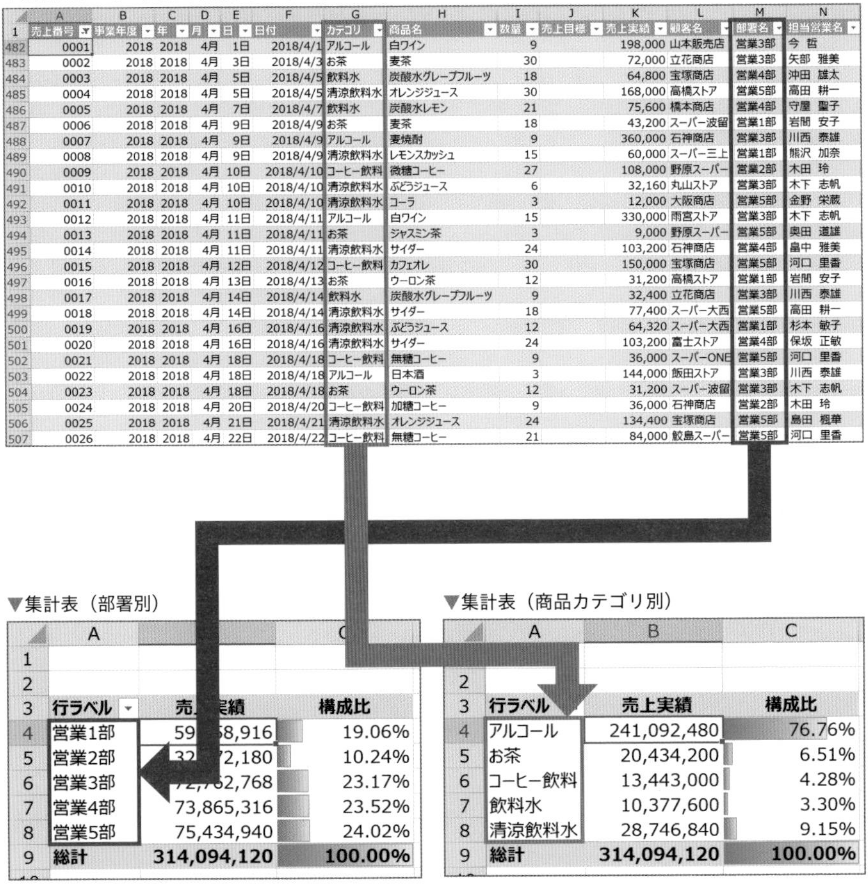

▼集計元データ（「売上明細」テーブル）

▼集計表（部署別）

行ラベル	売上実績	構成比
営業1部	59,868,916	19.06%
営業2部	32,172,180	10.24%
営業3部	72,762,768	23.17%
営業4部	73,865,316	23.52%
営業5部	75,434,940	24.02%
総計	314,094,120	100.00%

▼集計表（商品カテゴリ別）

行ラベル	売上実績	構成比
アルコール	241,092,480	76.76%
お茶	20,434,200	6.51%
コーヒー飲料	13,443,000	4.28%
飲料水	10,377,600	3.30%
清涼飲料水	28,746,840	9.15%
総計	314,094,120	100.00%

Excelでの「ダイシング」実践方法

　ダイシングを実際に行う際は、ピボットテーブルの「行」ボックスや「列」ボックス内の集計条件（フィールド）を別のものへ変更します。イメージ的には図6-2-3の通りです。

図6-2-3　「ダイシング」の作業手順

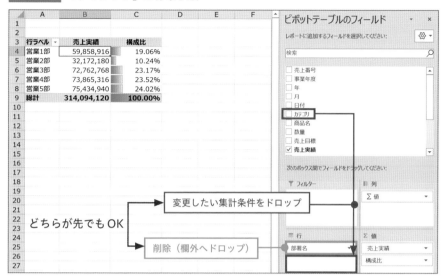

なお、集計元データによって、当然ながら集計条件は異なります。

例えば、図6-2-4の「売上明細」テーブルであれば、集計条件は大枠で4種類に分類できます。

図6-2-4　集計条件の例（「売上明細」テーブル）

	A	B	C	D	E	F	G	H	I	J	K	L	M	N
1	売上番号	事業年度	年	月	日	日付	カテゴリ	商品名	数量	売上目標	売上実績	顧客名	部署名	担当営業名
482	0001	2018	2018	4月	1日	2018/4/1	アルコール	白ワイン	9		198,000	山本販売店	営業3部	今 哲
483	0002	2018	2018	4月	3日	2018/4/3	お茶	麦茶	30		72,000	立花商店	営業3部	矢部 雅美
484	0003	2018	2018	4月	5日	2018/4/5	飲料水	炭酸水グレープフルーツ	18		64,800	宝塚商店	営業4部	沖田 雄太
485	0004	2018	2018	4月	5日	2018/4/5	清涼飲料水	オレンジジュース	30		168,000	高橋ストア	営業4部	高田 耕一
486	0005	2018	2018	4月	7日	2018/4/7	飲料水	炭酸水レモン	21		75,600	橋本商店	営業4部	守屋 聖子
487	0006	2018	2018	4月	9日	2018/4/9	お茶	麦茶	18		43,200	スーパー波留	営業1部	岩間 安子
488	0007	2018	2018	4月	9日	2018/4/9	アルコール	焼酎	9		360,000	石神商店	営業3部	今 泰雄
489	0008	2018	2018	4月	9日	2018/4/9	清涼飲料水	スポーツドリンク レッシュ	15		60,000	久野雑貨店	営業1部	沖田 加奈
490	0009	2018	2018	4月	10日	2018/4/10	コーヒー飲料	微糖コーヒー	27		108,000	野原スーパー	営業2部	木田 玲
491	0010	2018	2018	4月	10日	2018/4/10	清涼飲料水	ぶどうジュース	6		32,160	丸山ストア	営業2部	木下 志帆
492	0011	2018	2018	4月	10日	2018/4/10	清涼飲料水	コーラ	3		12,000	大阪商店	営業1部	金野 栄蔵
493	0012	2018	2018	4月	11日	2018/4/11	アルコール	白ワイン	15		330,000	南宮スーパー	営業3部	木下 志帆
494	0013	2018	2018	4月	11日	2018/4/11	お茶	ジャスミン茶	3		9,000	野原スーパー	営業1部	奥田 道雄
495	0014	2018	2018	4月	11日	2018/4/11	清涼飲料水	サイダー	24		103,200	石神商店	営業4部	畠中 香織
496	0015	2018	2018	4月	12日	2018/4/12	コーヒー飲料	カフェオレ	30		150,000	宝塚商店	営業2部	河口 里香
497	0016	2018	2018	4月	13日	2018/4/13	お茶	ウーロン茶	12		31,200	高橋ストア	営業1部	岩間 安子

ちなみに、種類によっては複数フィールドありますが、ダイシングは深掘り対象を特定することが目的のため、それぞれの種類の中でもっとも階層が大きいもので集計しましょう。

実際に集計を行う際は、最初に集計表の「型」を固めます。集計表の「型」は、図6-2-5のようなイメージです。

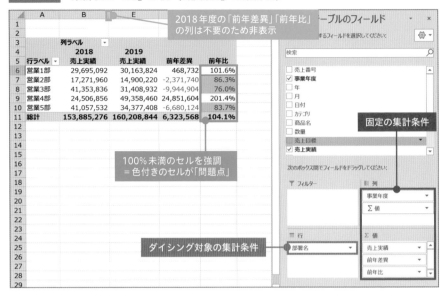

図6-2-5　集計表の「型」の例（「部署別」の集計表）

このように、ダイシングで切り替える条件以外は、ピボットテーブル側で予め設定を固定しておきます。設定を固めるにあたり最も重要なのは、「そもそも、なぜ問題点を深掘りするのか」という「目的」を踏まえることです。

図6-2-5は、「2020年度にさらに売上アップしていくために、前年比較で改善すべき対象を特定したい」という目的だったと仮定し、「前年差異」と「前年比」を事業年度別に比較できるようにしています（ピボットテーブルでの比較テクニックは5-1を参照）。

ちなみに、集計表はシンプルな「単純集計表」か「クロス集計表」にしましょう。複雑な集計表では問題点が分かりにくくなるためです。

また、「型」となる集計表は、基本的に新規シートに作成し、条件付き書式等の設定も事前に行っておきましょう。このシートをベースに集計表ごとシートを複製することで、別条件の集計表の作成工数を減らすためです。なお、集計条件別にシートを分けておくと、後で各集計表を横比較できて便利です。

一例として、図6-2-5の集計表を基準に、その他の集計条件で集計表を複製したものが、図6-2-6〜6-2-8です。

図6-2-6　「商品カテゴリ別」の集計表

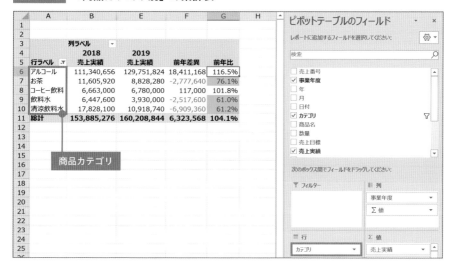

図6-2-7　「顧客別」の集計表

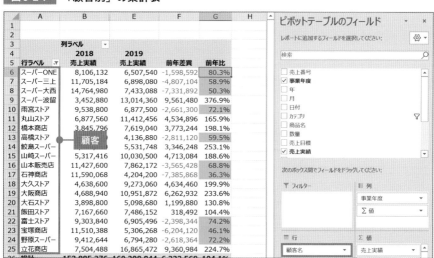

図6-2-8 「月別」の集計表

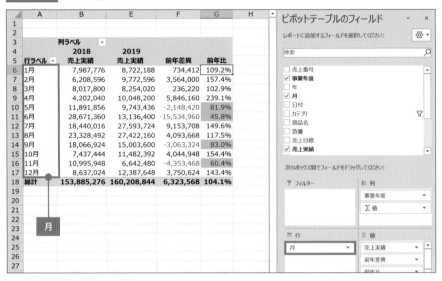

なお、事業年度が4月始まりのため、1〜3月を12月の下にしたい等、集計アイテムの並びを変えたい場合は、図6-2-9の方法で対応します。

図6-2-9 ピボットテーブル内のセルの移動方法

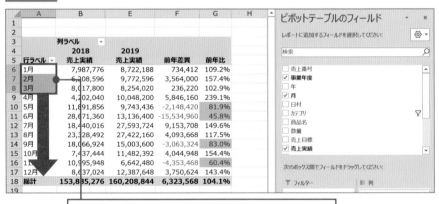

① 移動したいアイテム（セル範囲）を選択
② 移動したいアイテムの下端か左端（※）にカーソルを置く
※十字架マークが表示される場所
③ 移動したい先へドラッグ＆ドロップ

6-3 問題点の階層を下げるなら「ドリルダウン」

☑️ 「問題点」を掘り下げるには、どうすれば良いか

「ドリルダウン」は問題点の深掘りに最適

「問題点の深掘り」フローの「B：集計条件を1階層下げる」という作業のことを、「ドリルダウン」と言います（図6-3-1）。

図6-3-1 フローにおける「ドリルダウン」の該当作業

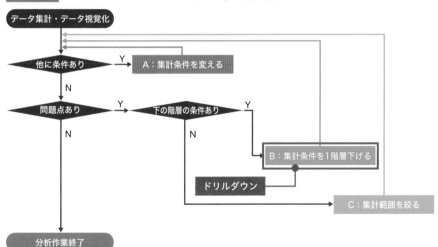

「ドリルダウン」は、ドリルで穴を掘るように、集計の条件（軸）を上位の階層（大きなレベル）から下位の階層（小さいレベル）へ掘り下げるという分析手法です。その名の通り、問題点の深掘りに効果的な手法です。

ドリルダウンをExcelで行う際は、ダイシングと同じくピボットテーブルと条件付き書式の組み合わせで進めると効率的です。

具体的には、図6-3-2のように、集計条件に下位のフィールドを加え、掘り下げていくイメージです。

図6-3-2 「ドリルダウン」のイメージ

▼部署別（大きいレベルの集計）

	A	B	E	F	G
1					
2					
3		**事業年度** ▼			
4		**2018**	**2019**		
5	**部署名** ▼	**売上実績**	**売上実績**	**前年差異**	**前年比**
6	営業1部	29,695,092	30,163,824	468,732	101.6%
7	営業2部	17,271,960	14,900,220	-2,371,740	86.3%
8	営業3部	41,353,836	31,408,932	-9,944,904	76.0%
9	営業4部	24,506,856	49,358,460	24,851,604	201.4%
10	営業5部	41,057,532	34,377,408	-6,680,124	83.7%
11	**総計**	**153,885,276**	**160,208,844**	**6,323,568**	**104.1%**

▼担当者別（小さいレベルの集計）

	A	B	C	F	G	H
1			「部署別」から「担当者別」へドリルダウン			
2						
3			**事業年度** ▼			
4			**2018**	**2019**		
5	**部署名** ▼	**担当営業名** ▼	**売上実績**	**売上実績**	**前年差異**	**前年比**
6	⊟営業1部	奥山 忠吉	8,777,328	2,643,240	-6,134,088	30.1%
7		岩間 安子	7,587,576	7,436,424	-151,152	98.0%
8		熊沢 加奈	7,096,344	13,322,328	6,225,984	187.7%
9		杉本 敏子	6,233,844	6,761,832	527,988	108.5%
10	営業1部 集計		29,695,092	30,163,824	468,732	101.6%
11	⊟営業2部	相田 松夫	4,958,100	7,279,452	2,321,352	146.8%
12		木田 玲	12,313,860	7,620,768	-4,693,092	61.9%
13	営業2部 集計		17,271,960	14,900,220	-2,371,740	86.3%
14	⊟営業3部	今 哲	12,433,740	10,629,300	-1,804,440	85.5%
15		川西 泰ม	5,884,992	4,476,540	-1,408,452	76.1%
16		木下 志帆	12,123,804	8,129,052	-3,994,752	67.1%
17		矢部 雅美	10,911,300	8,174,040	-2,737,260	74.9%
18	営業3部 集計		41,353,836	31,408,932	-9,944,904	76.0%
19	⊟営業4部	沖田 雄太	6,511,320	8,221,368	1,710,048	126.3%
20		守屋 聖子	4,035,300	11,468,400	7,433,100	284.2%
21		畠中 雅美	6,795,720	13,631,880	6,836,160	200.6%
22		保坂 正敏	7,164,516	16,036,812	8,872,296	223.8%
23	営業4部 集計		24,506,856	49,358,460	24,851,604	201.4%
24	⊟営業5部	奥田 道雄	8,174,784	4,340,100	-3,834,684	53.1%
25		河口 里香	11,899,020	2,861,220	-9,037,800	24.0%
26		笠井 福太郎	1,522,560	1,623,360	100,800	106.6%
27		金野 栄蔵	7,219,668	7,559,280	339,612	104.7%
28		高田 耕一	3,177,300	8,551,248	5,373,948	269.1%
29		島田 楓華	9,064,200	9,442,200	378,000	104.2%
30	営業5部 集計		41,057,532	34,377,408	-6,680,124	83.7%
31	**総計**		**153,885,276**	**160,208,844**	**6,323,568**	**104.1%**

Excelで「ドリルダウン」を実行するためのポイントとは

　ドリルダウンを実際に行う際は、ピボットテーブルの「行」ボックスや「列」ボックス内の集計条件（フィールド）の下に、1階層下のものを追加するイメージです（図6-3-3）。

図6-3-3　「ドリルダウン」の作業手順

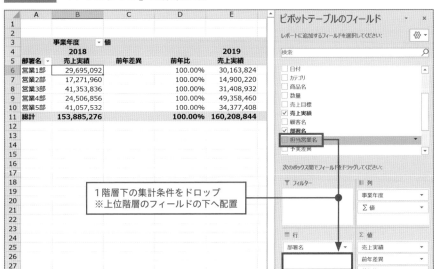

　この操作を行うことで、元が単純集計表なら階層集計表へ、元がクロス集計表なら多重クロス集計表へ変化します。

　なお、ピボットテーブルの操作自体は基本テクニックの範囲内であり簡単ですが、難しいのは集計元データのフィールドの階層関係を正確に把握することです。

　そのためには、6-2で解説した通り、集計元データの各フィールドを大枠でどの集計条件になるか分類できることがスタートラインです。

　あとは、同じ種類のフィールド間の階層関係を仕分けしましょう。

　6-2で例に挙げた「売上明細」テーブルであれば、種類別の階層関係は図6-3-4の通りとなります。

図6-3-4 集計条件の各種類のフィールド階層イメージ

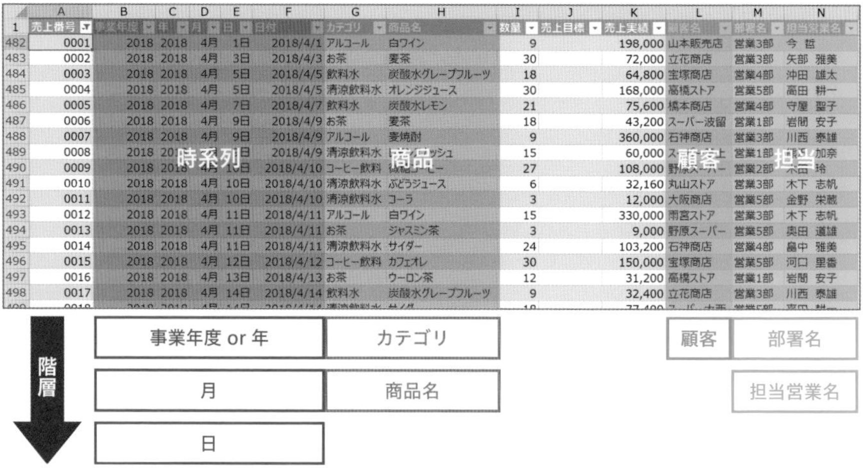

図6-3-4　集計条件の各種類のフィールド階層イメージ

ちなみに、「顧客」関係のフィールドは「顧客名」のみのため、こちらはドリルダウンできません。

「顧客名」も掘り下げたいなら、さらに「店舗名」等の下位の階層となるフィールドを集計元データへ追加する必要があります。

このように、集計元データによって、ドリルダウンが行えるか範囲が限定されるケースがあります。ご注意ください。

なお、ピボットテーブルを階層化する場合、レポートのレイアウト形式は「表形式」にした方が見やすいです（2-5参照）。

一例として、図6-3-4の集計元データで階層化できるもので集計表を作成したものが、図6-3-5～6-3-7です。

図6-3-5 「担当者別」の集計表

図6-3-6 「商品別」の集計表

図6-3-7   「日別」の集計表

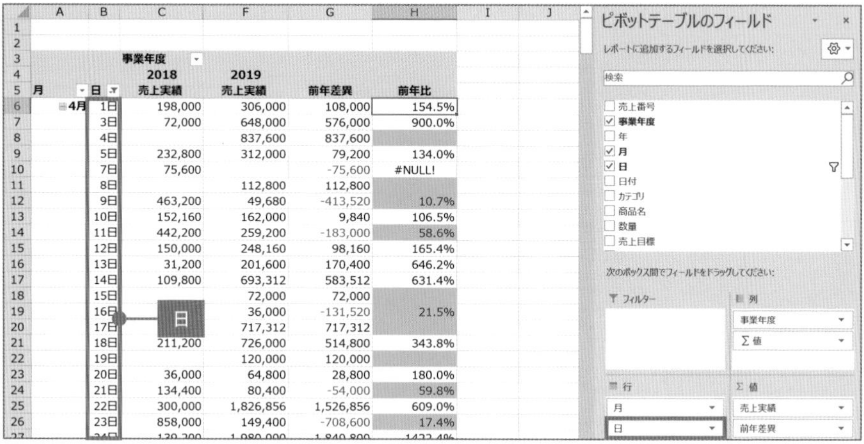

階層化された集計表へ役立つTIPS

図6-3-7のように、集計条件が増えることでピボットテーブル内に空白セルや
エラー値が表示されてしまうケースがあります。こうした場合は、図6-3-8の方
法で表示させる値を変更可能です。

図6-3-8   ピボットテーブルのエラー値・空白セルの値の変更方法

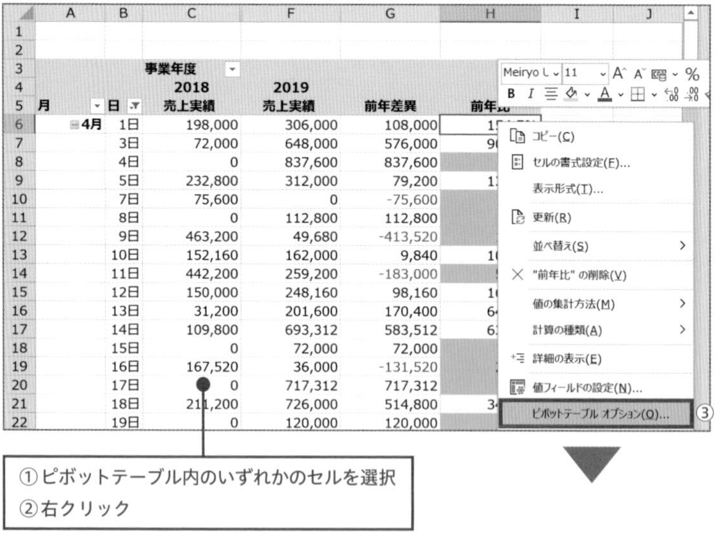

① ピボットテーブル内のいずれかのセルを選択
② 右クリック

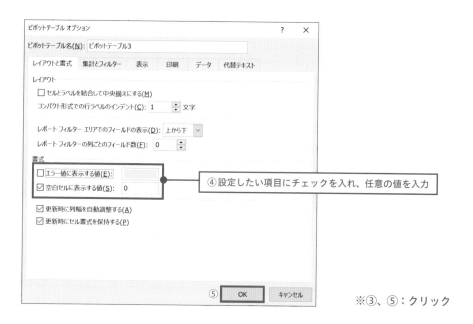

第6章　データの「問題点」を発見し、重点的に分析する

　一例が図6-3-9です。なお、空白セルはあくまでも「集計元データ上の空白セル」を指しています。ピボットテーブルで計算させた結果、空白セルになったものには対応しませんので、ご注意ください。

図6-3-9　エラー値・空白セルの値の設定変更例

	A	B	C	F	G	H
1						
2	空白セルに表示する値を「0」で設定				エラー値に表示する値をブランク（空白）で設定	
3			事業年度 ▼		※「#NULL!」のエラー値が消えている	
4			2018	2019		
5	月 ▼	日 ▼	売上実績	売上実績	前年差異	前年比
6	⊟4月	1日	198,000	306,000	108,000	154.5%
7		3日	72,000	648,000	576,000	900.0%
8		4日	0	837,600	837,600	
9		5日	232,800	312,000	79,200	134.0%
10		7日	75,600	0	-75,600	
11		8日	0	112,800	112,800	
12		9日	463,200	49,680	-413,520	10.7%
13		10日	152,160	162,000	9,840	106.5%
14		11日	442,200	259,200	-183,000	58.6%

　その他、階層化させた集計表は情報量が多くなり、可読性が下がります。その際は、問題がない上位アイテム配下の下位アイテムは折りたたんでおくと集計表が見やすくなります（図6-3-10）。

図6-3-10　下位アイテムを折りたたむ方法

	A	B	C	F	G	H
1						
2						
3			事業年度 ▼			
4			2018	2019		
5	部署名 ▼	担当営業名 ▼	売上実績	売上実績	前年差異	前年比
6	⊞ 営業1部		29,695,092	30,163,824	468,732	101.6%
7	⊟ 営業2部	相田 松夫	4,958,100	7,279,452	2,321,352	146.8%
8		木田 玲	12,313,860	7,620,768	-4,693,092	61.9%
9	営業2部 集計		17,271,960	14,900,220	-2,371,740	86.3%
10	⊟ 営業3部	今 哲	12,433,740	10,629,300	-1,804,440	85.5%
11		川西 泰雄	5,884,992	4,476,540	-1,408,452	76.1%
12		木下 志帆	12,123,804	8,129,052	-3,994,752	67.1%
13		矢部 雅美	10,911,300	8,174,040	-2,737,260	74.9%
14	営業3部 集計		41,353,836	31,408,932	-9,944,904	76.0%
15	⊞ 営業4部		24,506,856	49,358,460	24,851,604	201.4%
16	⊞ 営業5部	奥田 道雄	8,174,784	4,340,100	-3,834,684	53.1%
17		河口 里香	11,899,020	2,861,220	-9,037,800	24.0%

下位のアイテムを閉じたい場合は「−」ボタンをクリック
※開きたい場合は「＋」をクリック

6-4 「スライシング」で問題点を絞り込む

☑ 「問題点」に特化した分析を行うには、どうすれば良いか

「スライシング」することで、問題点に焦点を絞った分析が可能

「問題点の深掘り」フローの「C：集計範囲を絞り込む」の作業のことを、「スライシング」と言います（図6-4-1）。

図6-4-1　フローにおける「スライシング」の該当作業

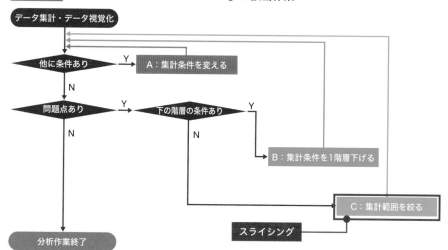

「スライシング」は、集計の条件（軸）を特定の項目でスライス（絞込み）し、その項目に焦点を絞っていく分析手法です。この手法は、大枠の問題点をターゲットにし、より詳細な分析を行う際に有効です。

スライシングをExcelで行う際は、図6-4-2のように、ピボットテーブルのレポートフィルター機能を活用します。

図6-4-2 「スライシング」のイメージ

▼部署別（大きいレベルの集計）

	A	B	E	F	G
1					
2					
3		事業年度 ▼			
4		2018	2019		
5	部署名 ▼	売上実績	売上実績	前年差異	前年比
6	営業1部	29,695,092	30,163,824	468,732	101.6%
7	営業2部	17,271,960	14,900,220	-2,371,740	86.3%
8	営業3部	41,353,836	31,408,932	-9,944,904	76.0%
9	営業4部	24,506,856	49,358,460	24,851,604	201.4%
10	営業5部	41,057,532	34,377,408	-6,680,124	83.7%
11	総計	153,885,276	160,208,844	6,323,568	104.1%

▼営業3部 - 商品カテゴリ別（小さいレベルの集計）

	A	B	E	F	G
1	部署名	営業3部 ▼			
2					
3		事業年度 ▼			
4		2018	2019		
5	カテゴリ ▼	売上実績	売上実績	前年差異	前年比
6	アルコール	33,773,856	26,624,832	-7,149,024	78.8%
7	お茶	2,431,680	1,505,400	-926,280	61.9%
8	コーヒー飲料	978,000	912,000	-66,000	93.3%
9	飲料水	1,099,200	696,000	-403,200	63.3%
10	清涼飲料水	3,071,100	1,670,700	-1,400,400	54.4%
11	総計	41,353,836	31,408,932	-9,944,904	76.0%

> 「部署別」を「営業3部」へスライシング（絞込み）の上、別軸（商品カテゴリ）で集計

　このように、フィルターで絞込みを行うのは、大きなレベルの集計で顕在化した「問題点」です。図6-4-2で言えば、部署別でもっとも前年比が低い「営業3部」をターゲットにしています。

Excelで「スライシング」の基本動作

スライシングをExcelで行う場合は、図6-4-3の手順が基本となります。

図6-4-3 「スライシング」の作業手順

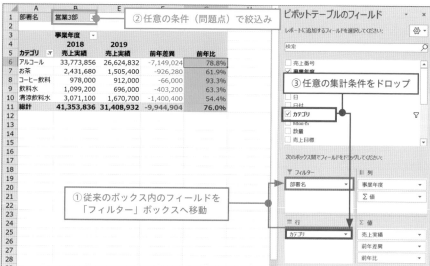

図のように、レポートフィルターでの絞込みが基本ですが、スライサーやタイムラインでもOKです（両機能については2-6参照）。

なお、スライシングで大事なのは「どの条件で絞り込むのか」という点です。この条件は、ダイシングやドリルダウンで明確化された問題点が対象となりますが、問題点の数が多い場合、すべての問題点を条件にして調べるのは労力がかかり過ぎます。

よって、全パターンを確認が難しい場合は、もっとも「問題の度合いが高いもの」を優先すると良いでしょう。

図6-4-3で言えば、部署別でもっとも前年比が低かった「営業3部」を最優先に分析対象とする、といったイメージです。

この後は、ダイシングとの組み合わせです。「営業3部」に絞った状態で、別の集計条件（軸）で細分化することで、より詳細の問題点を把握することが可能となります。

一例として、「営業3部」に絞った状態で作成した集計表は、図6-4-4〜6-4-6の通りです。

図6-4-4　「営業3部 - 商品カテゴリ別」の集計表

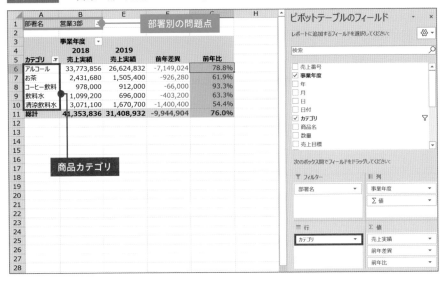

図6-4-5　「営業3部 - 顧客別」の集計表

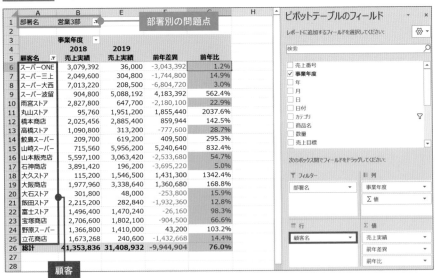

図6-4-6　「営業3部-月別」の集計表

このように、営業3部でスライスした集計の中でも、さらに問題点が浮かび上がってきます。

例えば、図6-4-6で言えば、12ヶ月中7ヶ月は前年比でマイナスです。特に、6月、7月、12月は前年比3割未満と大幅に低調なことが分かります。

あとは、より解像度の上がった問題点に対し、さらにダイシング・ドリルダウン・スライシングを組み合わせて行い、可能な限りデータの深掘りを行っていきましょう。

これができると、手持ちのデータの活用度が上がり、実務で成果を上げやすくなります。

知っておくと格段に捗る
分析テクニック

☑ 深掘りした「問題点」に該当する詳細データを手早く確認するには、どうすれば良いか

☑ より大きなレベルで集計データを捉えたい場合は、どうすれば良いか

深掘りしたデータの詳細確認は「ドリルスルー」が便利

データの深掘り分析を行っていると、問題点部分の具体的な詳細データを確認したくなるケースがあります。

その場合、「ドリルスルー」が便利です（図6-5-1）。

図6-5-1 「ドリルスルー」のイメージ

▼営業3部 - 月別

▼営業3部 - 2018年度12月（集計元データの該当部分）

▼営業3部 - 2019年度12月（集計元データの該当部分）

図のように、ドリルスルーとは集計結果の元になっている詳細データを参照することです。

Excelのピボットテーブルには、このドリルスルーのための機能が実装されています。この機能を使うことで、新規シートへ詳細データの一覧をテーブル形式で出力可能です。

ドリルスルーを行う方法は図6-5-2の通り、実質的にダブルクリックのみです。大変手軽です。

図6-5-2　「ドリルスルー」の作業手順

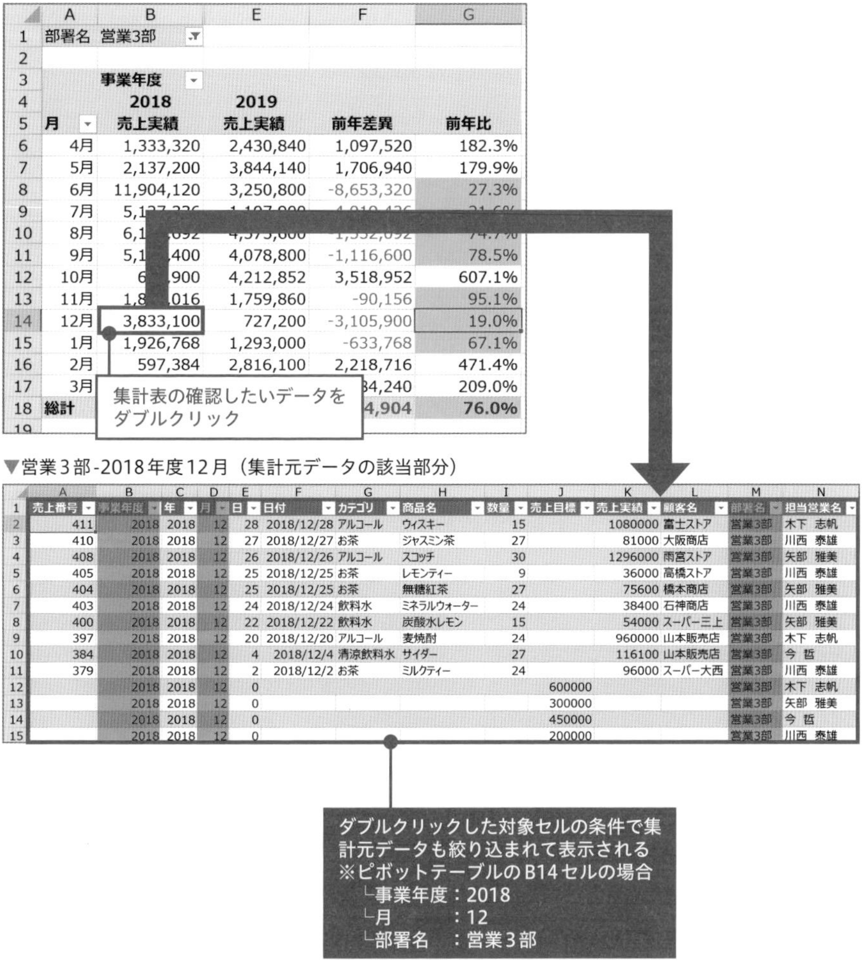

▼営業3部-月別

	A	B	E	F	G
1	部署名	営業3部			
2					
3		事業年度			
4		2018	2019		
5	月	売上実績	売上実績	前年差異	前年比
6	4月	1,333,320	2,430,840	1,097,520	182.3%
7	5月	2,137,200	3,844,140	1,706,940	179.9%
8	6月	11,904,120	3,250,800	-8,653,320	27.3%
9	7月	[illegible]	[illegible]	[illegible]	[illegible]
10	8月	[illegible]	[illegible]	[illegible]	[illegible]
11	9月	[illegible]	4,078,800	-1,116,600	78.5%
12	10月	[illegible]	4,212,852	3,518,952	607.1%
13	11月	[illegible]	1,759,860	-90,156	95.1%
14	12月	3,833,100	727,200	-3,105,900	19.0%
15	1月	1,926,768	1,293,000	-633,768	67.1%
16	2月	597,384	2,816,100	2,218,716	471.4%
17	3月	[illegible]	[illegible]	[illegible]	209.0%
18	総計	[illegible]	[illegible]	[illegible]	76.0%

▼営業3部-2018年度12月（集計元データの該当部分）

	A	B	C	D	E	F	G	H	I	J	K	L	M	N
1	売上番号	事業年度	年	月	日	日付	カテゴリ	商品名	数量	売上目標	売上実績	顧客名	部署名	担当営業名
2	411	2018	2018	12	28	2018/12/28	アルコール	ウィスキー	15		1080000	富士ストア	営業3部	木下　志帆
3	410	2018	2018	12	27	2018/12/27	お茶	ジャスミン茶	27		81000	大阪商店	営業3部	川西　泰雄
4	408	2018	2018	12	26	2018/12/26	アルコール	スコッチ	30		1296000	雨宮ストア	営業3部	矢部　雅美
5	405	2018	2018	12	25	2018/12/25	お茶	レモンティー	9		36000	高橋ストア	営業3部	川西　泰雄
6	404	2018	2018	12	25	2018/12/25	お茶	無糖紅茶	27		75600	橋本商店	営業3部	矢部　雅美
7	403	2018	2018	12	24	2018/12/24	飲料水	ミネラルウォーター	24		38400	石神商店	営業3部	川西　泰雄
8	400	2018	2018	12	22	2018/12/22	飲料水	炭酸水レモン	15		54000	スーパー三上	営業3部	矢部　雅美
9	397	2018	2018	12	20	2018/12/20	アルコール	麦焼酎	24		960000	山本販売店	営業3部	木下　志帆
10	384	2018	2018	12	4	2018/12/4	清涼飲料水	サイダー	27		116100	山本販売店	営業3部	今　哲
11	379	2018	2018	12	2	2018/12/2	お茶	ミルクティー	24		96000	スーパー大西	営業3部	川西　泰雄
12		2018	2018	12	0					600000			営業3部	木下　志帆
13		2018	2018	12	0					300000			営業3部	矢部　雅美
14		2018	2018	12	0					450000			営業3部	今　哲
15		2018	2018	12	0					200000			営業3部	川西　泰雄

実は、3-1でもドリルスルーのテクニックは解説していましたが、集計表が複雑になってくると、どのセルをダブルクリックすると、どんな詳細データが出力されるかをイメージしにくいものです。よって、どのセルをダブルクリックすると、どんな詳細データが確認できるのか、実際にさまざまなデータで試してみてください。

手持ちのデータで大枠を把握しにくい場合は「ドリルアップ」する

　集計元データによって、図6-5-3のように詳細データしかないケースもあります。このままでは、問題点の把握が困難なケースが多いです。

図6-5-3　集計元データで大枠を把握しにくい例

	A	B	C	D	E	F	G	H	I	J	K	L	M	N
1	売上番号	事業年度	年	月	日	日付	カテゴリ	商品名	数量	売上目標	売上実績	顧客名	部署名	担当営業名
482	0001	2018	2018	4月	1日	2018/4/1	アルコール	白ワイン	9		198,000	山本販売店	営業3部	今 哲
483	0002	2018	2018	4月	3日	2018/4/3	お茶	麦茶	30		72,000	立花商店	営業3部	矢部 雅美
484	0003	2018	2018	4月	5日	2018/4/5	飲料水	炭酸水グレープフルーツ	18		64,800	宝塚商店	営業4部	沖田 雄太
485	0004	2018	2018	4月	5日	2018/4/5	清涼飲料水	オレンジジュース	30		168,000	高橋ストア	営業5部	高田 耕一
486	0005	2018	2018	4月	7日	2018/4/7	飲料水	炭酸水レモン	21		75,600	橋本商会	営業4部	守屋 聖子
487	0006	2018	2018	4月	9日	2018/4/9	お茶	麦茶	18		43,200	スーパー波留	営業1部	岩間 安子
488	0007	2018	2018	4月	9日	2018/4/9	アルコール	麦焼酎	9		360,000	石神商店	営業3部	川西 泰雄
489	0008	2018	2018	4月	9日	2018/4/9	清涼飲料水	レモンスカッシュ	15		60,000	スーパー三上	営業1部	熊沢 加奈
490	0009	2018	2018	4月	10日	2018/4/10	コーヒー飲料	微糖コーヒー	27		108,000	野原スーパー	営業2部	木田 玲
491	0010	2018	2018	4月	10日	2018/4/10	清涼飲料水	ぶどうジュース	6		32,160	丸山ストア	営業3部	木下 志帆
492	0011	2018	2018	4月	10日	2018/4/10	清涼飲料水	コーラ	3		12,000	大阪商店	営業5部	金野 栄蔵
493	0012	2018	2018	4月	11日	2018/4/11	アルコール	白ワイン	15		330,000	雨宮ストア	営業3部	木下 志帆

顧客に関するデータが顧客名しかなく大枠での把握が難しい

　この場合、まずはシンプルに大枠で問題点を捉えられるようにすると、分析の手戻りを減らすことができます。そのために有効なのは、「ドリルアップ」という手法です。

　ドリルアップのイメージは図6-5-4の通りですが、ご覧の通り、ドリルダウンの反対の概念となります。

図6-5-4　「ドリルアップ」のイメージ

▼担当者別（小さいレベルの集計）

	A	B	C	F	G	H
1						
2						
3			事業年度 ▼			
4			2018	2019		
5	部署名 ▼	担当営業名 ▼	売上実績	売上実績	前年差異	前年比
6	⊟営業1部	奥山 忠吉	8,777,328	2,643,240	-6,134,088	30.1%
7		岩間 安子	7,587,576	7,436,424	-151,152	98.0%
8		熊沢 加奈	7,096,344	13,322,328	6,225,984	187.7%
9		杉本 敏子	6,233,844	6,761,832	527,988	108.5%
10	営業1部 集計		29,695,092	30,163,824	468,732	101.6%
11	⊟営業2部	相田 松夫	4,958,100	7,279,452	2,321,352	146.8%
12		木田 玲	12,313,860	7,620,768	-4,693,092	61.9%
13	営業2部 集計		17,271,960	14,900,220	-2,371,740	86.3%
14	⊟営業3部	今 哲	12,433,740	10,629,300	-1,804,440	85.5%
15		川西 泰雄	5,884,992	4,476,540	-1,408,452	76.1%
16		木下 志帆	12,123,804	8,129,052	-3,994,752	67.1%
17		矢部 雅美	10,911,300	8,174,040	-2,737,260	74.9%
18	営業3部 集計		41,353,836	31,408,932	-9,944,904	76.0%
19	⊟営業4部	沖田 雄太	6,511,320	8,221,368	1,710,048	126.3%
20		守屋 聖子	4,035,300	11,468,400	7,433,100	284.2%
21		畠中 雅美	6,795,720	13,631,880	6,836,160	200.6%
22		保坂 正敏	7,164,516	16,036,812	8,872,296	223.8%
23	営業4部 集計		24,506,856	49,358,460	24,851,604	201.4%
24	⊟営業5部	奥田 道雄	8,174,784	4,340,100	-3,834,684	53.1%
25		河口 里香	11,899,020	2,861,220	-9,037,800	24.0%
26		笠井 福太郎	1,522,560	1,623,360	100,800	106.6%
27		金野 栄蔵	7,219,668	7,559,280	339,612	104.7%
28		高田 耕一	3,177,300	8,551,248	5,373,948	269.1%
29		島田 楓華	9,064,200	9,442,200	378,000	104.2%
30	営業5部 集計		41,057,532	34,377,408	-6,680,124	83.7%
31	総計		153,885,276	160,208,844	6,323,568	104.1%

▼部署別（大きいレベルの集計）

	A	B	E	F	G
1	「担当者別」から「部署別」へドリルアップ				
2					
3		事業年度 ▼			
4		2018	2019		
5	部署名 ▼	売上実績	売上実績	前年差異	前年比
6	営業1部	29,695,092	30,163,824	468,732	101.6%
7	営業2部	17,271,960	14,900,220	-2,371,740	86.3%
8	営業3部	41,353,836	31,408,932	-9,944,904	76.0%
9	営業4部	24,506,856	49,358,460	24,851,604	201.4%
10	営業5部	41,057,532	34,377,408	-6,680,124	83.7%
11	総計	153,885,276	160,208,844	6,323,568	104.1%

　集計元データに上位の階層となるフィールドがあれば、ドリルダウンの際と反対の手順でピボットテーブルを設定するだけなので、そこまで難しいものではないでしょう。

　しかし、困るのは図6-5-3のように、元々上位の階層のフィールドがないケー

スです。こうした場合、ドリルアップの事前準備として、集計元データへ上位の
階層となるフィールドを追加してしまいましょう（図6-5-5）。

図6-5-5 「ドリルアップ」を行うための事前準備

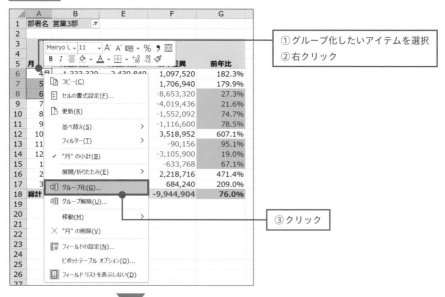

この方法が理想ですが、集計元データへの追加が難しい場合は、ピボットテーブル側で「グループ化」という機能を使うと良いです。

この機能を使うことで、集計表上の各アイテムを任意にまとめることができます。「グループ化」の設定方法は、図6-5-6の通りです。

図6-5-6 「グループ化」の設定方法

284

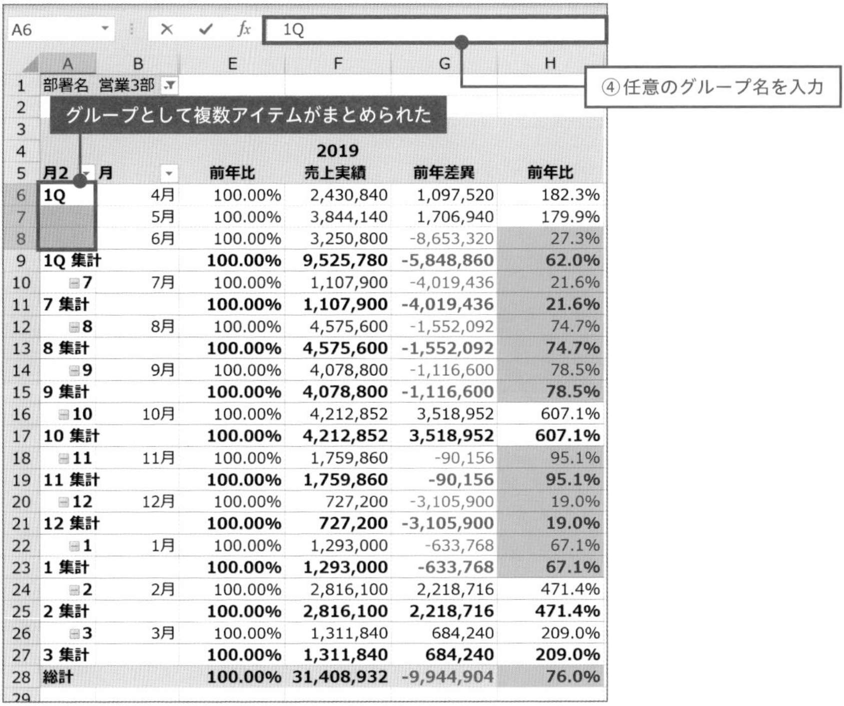

	A	B	E	F	G	H
1	部署名	営業3部				
2						
3						
4				2019		
5	月2	月	前年比	売上実績	前年差異	前年比
6	1Q	4月	100.00%	2,430,840	1,097,520	182.3%
7		5月	100.00%	3,844,140	1,706,940	179.9%
8		6月	100.00%	3,250,800	-8,653,320	27.3%
9	**1Q 集計**		**100.00%**	**9,525,780**	**-5,848,860**	**62.0%**
10	7	7月	100.00%	1,107,900	-4,019,436	21.6%
11	**7 集計**		**100.00%**	**1,107,900**	**-4,019,436**	**21.6%**
12	8	8月	100.00%	4,575,600	-1,552,092	74.7%
13	**8 集計**		**100.00%**	**4,575,600**	**-1,552,092**	**74.7%**
14	9	9月	100.00%	4,078,800	-1,116,600	78.5%
15	**9 集計**		**100.00%**	**4,078,800**	**-1,116,600**	**78.5%**
16	10	10月	100.00%	4,212,852	3,518,952	607.1%
17	**10 集計**		**100.00%**	**4,212,852**	**3,518,952**	**607.1%**
18	11	11月	100.00%	1,759,860	-90,156	95.1%
19	**11 集計**		**100.00%**	**1,759,860**	**-90,156**	**95.1%**
20	12	12月	100.00%	727,200	-3,105,900	19.0%
21	**12 集計**		**100.00%**	**727,200**	**-3,105,900**	**19.0%**
22	1	1月	100.00%	1,293,000	-633,768	67.1%
23	**1 集計**		**100.00%**	**1,293,000**	**-633,768**	**67.1%**
24	2	2月	100.00%	2,816,100	2,218,716	471.4%
25	**2 集計**		**100.00%**	**2,816,100**	**2,218,716**	**471.4%**
26	3	3月	100.00%	1,311,840	684,240	209.0%
27	**3 集計**		**100.00%**	**1,311,840**	**684,240**	**209.0%**
28	**総計**		**100.00%**	**31,408,932**	**-9,944,904**	**76.0%**

図6-5-6の手順を、まとめたいグループの数だけ繰り返せばOKです。

このように、集計元データの追加が難しい場合でも、疑似的にドリルアップすることも可能です。

「部署別」を「商品カテゴリ別」へ ダイシングする

サンプルファイル：【6-A】FY19_売上明細.xlsx

「部署別」の集計表をベースに「商品カテゴリ別」へ切り替える

ここでの演習は、6-2で解説したダイシングの復習です。

サンプルファイルの「部署別」シートの集計表をベースにして、「商品カテゴリ別」の集計表を新規シートへ複製してください。

結果的に、図6-A-1になることがゴールです。

図6-A-1 演習6-Aのゴール

▼集計表（部署別）

	A	B	E	F	G
1					
2					
3		事業年度			
4		2018	2019		
5	部署名	売上実績	売上実績	前年差異	前年比
6	営業1部	29,695,092	30,163,824	468,732	101.6%
7	営業2部	17,271,960	14,900,220	-2,371,740	86.3%
8	営業3部	41,353,836	31,408,932	-9,944,904	76.0%
9	営業4部	24,506,856	49,358,460	24,851,604	201.4%
10	営業5部	41,057,532	34,377,408	-6,680,124	83.7%
11	総計	153,885,276	160,208,844	6,323,568	104.1%

▼集計表（商品カテゴリ別）

集計条件（軸）を切り替える

	A	B	E	F	G
3		事業年度			
4		2018	2019		
5	カテゴリ	売上実績	売上実績	前年差異	前年比
6	アルコール	111,340,656	129,751,824	18,411,168	116.5%
7	お茶	11,605,920	8,828,280	-2,777,640	76.1%
	コーヒー飲料	6,663,000	6,780,000	117,000	101.8%
9	飲料水	6,447,600	3,930,000	-2,517,600	61.0%
10	清涼飲料水	17,828,100	10,918,740	-6,909,360	61.2%
11	総計	153,885,276	160,208,844	6,323,568	104.1%

ちなみに、ベースとなる「部署別」の集計表はすでにピボットテーブルで作成されている状態です。では、実際に手を動かして「商品カテゴリ別」の集計表を作成できるように設定してみましょう。

「部署別」シートを複製する

「商品カテゴリ別」の集計表を配置するシートが新たに必要です。

まずは、既存の「部署別」シートを複製し、「商品カテゴリ別」というシート名へリネームしましょう。

詳細の手順は、図6-A-2の通りです。

図6-A-2　シートの複製手順

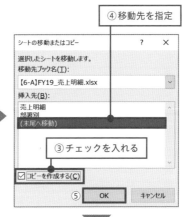

④ 移動先を指定

③ チェックを入れる

① コピー元のシート名の上で右クリック

⑥ コピーしたシート名の上で右クリック

⑦

⑧ コピーしたシート名を入力
※今回は「商品カテゴリ別」

※②、⑤、⑦：クリック

ピボットテーブルの「行」ボックスを「カテゴリ」に変更する

新設した「商品カテゴリ別」シートには、「部署別」の集計表も当然コピーされている状態です。あとは、この集計表のピボットテーブルの設定を変更していきます。

具体的には、「行」ボックスにある「部署名」フィールドを「カテゴリ」フィールドに変更すればOKです。

実際の作業手順は、図6-A-3の通りです。

図6-A-3 「ダイシング」の作業手順

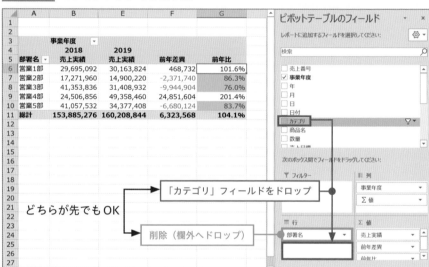

最終的には、図6-A-4の状態になっていれば完璧ですね。

図6-A-4 「商品カテゴリ別」集計表

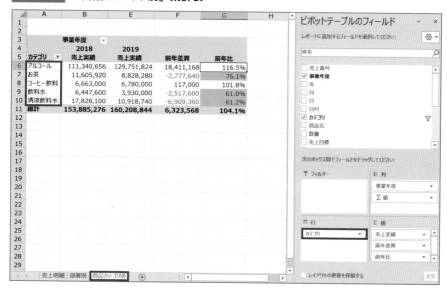

「商品カテゴリ」から「商品名」へ
ドリルダウンする

サンプルファイル：【6-B】FY19_売上明細.xlsx

「商品カテゴリ別」の集計表を「商品別」に掘り下げる

ここでの演習は、6-3で解説したドリルダウンの復習です。

図6-B-1　演習6-Bのゴール

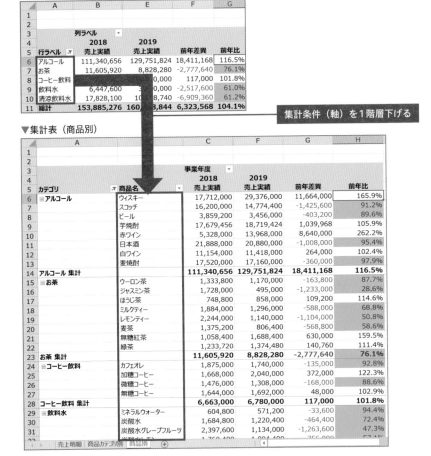

▼集計表（商品カテゴリ別）

▼集計表（商品別）

集計条件（軸）を1階層下げる

　サンプルファイルの「商品カテゴリ別」シートの集計表をベースにして、「商品別」の集計表へドリルダウンしてください。

　なお、「商品別」の集計表は新規シートに配置します。図6-B-1の状態になっていればOKです。

　それでは、実際にピボットテーブルを操作し、「商品別」の集計表へドリルダウンしてみます。

「商品カテゴリ別」シートを複製し、非表示の列を再表示する

　6-Aと同様に、まずは「商品カテゴリ別」シートをコピーし、シート名を「商品別」へリネームしましょう。

　新設した「商品」シートには、「商品カテゴリ別」の集計表が残っていますが、C・D列が非表示になっているため、一旦再表示しておいてください。

　これは、ドリルダウン後の集計表のサイズが変更されると、本来表示したかった列が非表示になってしまう可能性があるために行います。

ピボットテーブルの「行」ボックスへ「商品」を追加する

　ここから、「商品別」シートの集計表を「商品カテゴリ」から「商品別」へドリルダウンしていきます。具体的には、「行」ボックスにある「カテゴリ」フィールドの下に「商品」フィールドを追加しましょう。

　実際の作業手順は、図6-B-2の通りです。

図6-B-2　「ダイシング」の作業手順

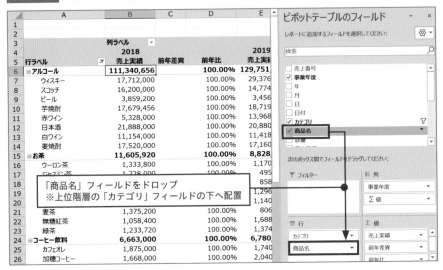

あとは、ピボットテーブルのレイアウト形式を「表形式」へ変更し、D・E列を非表示にすればOKです。

レイアウト形式の変更方法は図6-B-3、完成イメージは図6-B-4をご覧ください。

図6-B-3　ピボットテーブルのレイアウト形式の変更手順

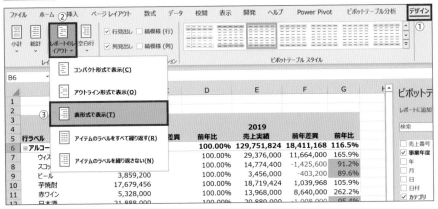

※①～③：クリック

図6-B-4 「商品別」集計表

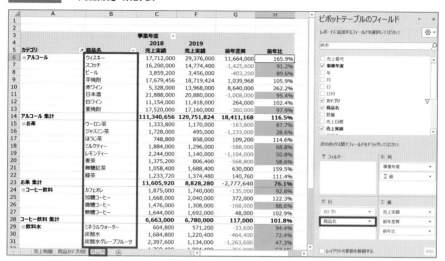

前年比が1番低い「商品カテゴリ」に スライシングする

サンプルファイル：【6-C】FY19_売上明細.xlsx

特定の「商品カテゴリ」に絞り込んだ集計表を作成する

ここでの演習は、6-4で解説したスライシングの復習です。

サンプルファイルの「商品カテゴリ別」シートの集計表の中で、前年比が1番低い「飲料水」に絞り込んだ「月別」の集計表を新たに作成してください。ゴールは、図6-C-1の通りです。

図6-C-1 演習6-Cのゴール

▼集計表（商品カテゴリ別）

	A	B	E	F	G
1					
2					
3		事業年度			
4		2018	2019		
5	カテゴリ	売上実績	売上実績	前年差異	前年比
6	アルコール	111,340,656	129,751,824	18,411,168	116.5%
7	お茶	11,605,920	8,828,280	-2,777,640	76.1%
8	コーヒー飲料	6,663,000	6,780,000	117,000	101.8%
9	飲料水	6,447,600	3,930,000	-2,517,600	61.0%
10	清涼飲料水	17,828,100	10,918,740	-6,909,360	61.2%
11	総計	153,885,276	160,208,844	6,323,568	104.1%

「カテゴリ」の「飲料水」で
絞込みの上、別軸（月）で集計する

▼集計表（飲料水-月別）

	A	B	E	F	G
1					
2	カテゴリ	飲料水			
3					
4		事業年度			
5		2018	2019		
6	月	売上実績	売上実績	前年差異	前年比
7	4月	216,000	97,200	-118,800	45.0%
8	5月	162,000	130,800	-31,200	80.7%
9	6月	805,200	784,800	-20,400	97.5%
10	7月	1,456,800	442,800	-1,014,000	30.4%
11	8月	1,033,200	367,200	-666,000	35.5%
12	9月	982,800	705,600	-277,200	71.8%
13	10月	206,400	43,200	-163,200	20.9%
14	11月	614,400	561,600	-52,800	91.4%
15	12月	222,000	120,000	-102,000	54.1%
16	1月	198,000	54,000	-144,000	27.3%
17	2月	237,600	246,000	8,400	103.5%
18	3月	313,200	376,800	63,600	120.3%
19	総計	6,447,600	3,930,000	-2,517,600	61.0%
20					
21					

実際にピボットテーブルを操作して、「飲料水」でスライシングした「月別」集計表を作成してください。

「商品カテゴリ別」シートを複製する

6-Bと同様に、まずは「商品カテゴリ別」シートをコピーし、シート名を「飲料水-月別」へリネームしましょう。

ピボットテーブルのレポートフィルターに「飲料水」を設定する

ここから、「飲料水-月別」シートの集計表を「カテゴリ」フィールドの「飲料水」でスライシングしていきます。

現状、「行」ボックスにある「カテゴリ」フィールドを「フィルター」ボックスへ移動し、シート上のレポートフィルターを「飲料水」で絞込みましょう。

最後に、「月」フィールドを「行」ボックスへドロップすればOKです。実際の作業手順は、図6-C-2の通りです。

図6-C-2　「スライシング」の作業手順

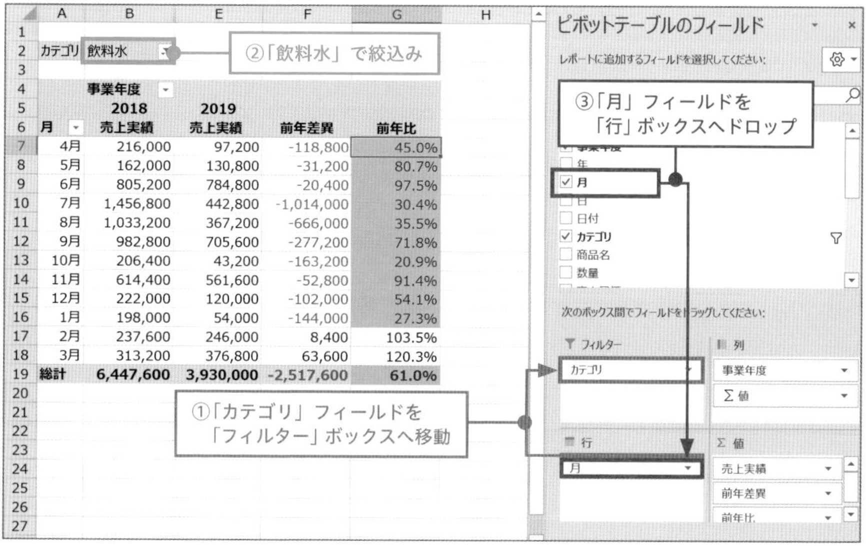

「スライサー」でスライシングする

スライシングは、レポートフィルター（「フィルター」ボックス）で行う以外にも、スライサーでも構いません。

スライサーの場合の手順は、図6-C-3をご覧ください。

図6-C-3 **スライサーでのスライシング手順**

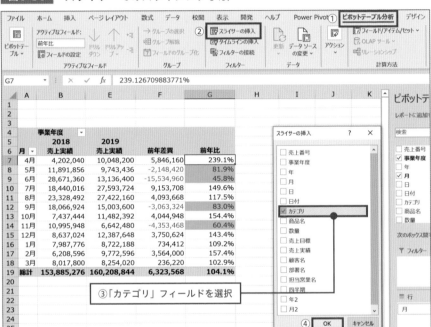

※①〜②、④：クリック

あとは、表示された「カテゴリ」スライサー上で「飲料水」を選択すればOKです（図6-C-4）。

スライシングの条件を切り替える頻度が高い場合、もしくは第三者へ自由に切り替えてもらう前提であれば、スライサーの方が便利です。

用途に応じて、レポートフィルターと使い分けましょう。

図6-C-4　スライサーでの「飲料水-月別」集計表

第 **7** 章

データ間の「関連性の強さ」を分析する

データ分析は、最終的に「ビジネス上の成果」へ
つなげることが求められます。一例を挙げると、次
のような成果です。

・売上向上

・経費削減

・業務効率向上

・顧客/従業員満足度向上

これらの達成に向け、成果のデータに影響を与え
ているデータは何か、データ間の「関連性の強さ」
を分析するノウハウは必須でしょう。それがあれば、
格段に成果を上げやすくなります。

7-1 データ間の関連性を調べるなら「相関分析」と「回帰分析」

☑️ データ間の「関連性」はどうやって分析すれば良いのか

2つのデータ間の関連性を見たいなら「相関分析」

　分析を進めていくと、特定のデータ間で関連性があるか調べたいケースが出てきます。例えば、「気温が高くなるほど売上金額が高くなっているのではないか」等です。

　このように、2つのデータ間で関連性を調べたい場合、「相関分析」が有効です。図7-1-1は、Excelで相関分析を行った際のイメージです。

図7-1-1　相関分析のイメージ

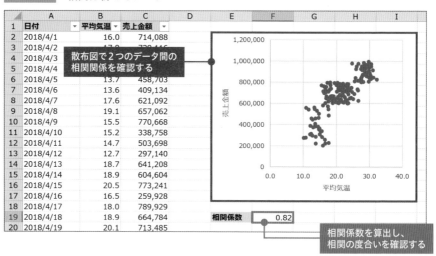

　相関分析は、散布図を作成するとともに、「相関係数」を算出する手法のことを言います（詳細手順は7-2以降で解説）。

　なお、相関係数とは、2つのデータ間の相関の強さを数値で表したものです。これは、1から-1の範囲で相関の強弱を示しています。

　相関の強弱の判断は、次の基準を参考にしてください。

・0.7以上：強い正の相関

・0.4以上0.7未満：正の相関

・0.2以上0.4未満：弱い正の相関

・－0.2以上0.2未満：ほぼ相関なし

・－0.4以上－0.2未満：弱い負の相関

・－0.7以上－0.4未満：負の相関

・－0.7未満：強い負の相関

　この基準を踏まえると、図7-1-1の相関係数「0.82」は「強い正の相関」に該当します。さらに言えば、図7-1-1のデータは、「平均気温が高いほど売上金額も高い」という関係だと分かります。

　なお、「正の相関」「負の相関」を散布図上で見た場合にどうなるのかをまとめたものが、図7-1-2です。

図7-1-2　散布図での相関関係の例（3種類）

▼正の相関　　　　　　　▼負の相関　　　　　　　▼相関なし

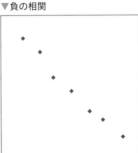

　このように、「正の相関」は右肩上がり、「負の相関」は右肩下がり、「相関なし」は規則性がない散布図になることが分かります。

結果に影響を与えるデータを調べるなら「回帰分析」

　相関関係よりもっと深く、ビジネス上の成果・結果に影響を与えているデータが何なのかを特定したいケースもあるでしょう。例えば、「売上に影響を与えてい

るデータは何か」等です。

　この場合は、相関分析ではなく「回帰分析」を使います。売上金額と平均気温の2データで回帰分析を行った場合のイメージは、図7-1-3の通りです。

図7-1-3　　**回帰分析のイメージ**

　回帰分析とは、2つのデータの関係性を回帰直線（近似曲線）と回帰式（y=ax+bという一次関数）で表す手法のことです。ここで扱う2つのデータは、「結果」と「原因」に区別されます。

　「結果」とは、図7-1-3であれば「売上金額」のデータが該当し、ビジネスの目的や成果、結果を示すデータのことです。

　このデータは、専門用語では「目的変数」と言います。ちなみに、回帰式の「y」に該当し、散布図上ではY軸です。

　一方、「原因」とは、「平均気温」等、「結果」のデータへ影響を与えるデータのことです（回帰式の「x」）。このデータは、専門用語では「説明変数」と言い、回帰式の「x」、散布図上のX軸となります。

　なお、図7-1-3のように、回帰分析がどの程度信用できるのか、分析精度を確かめるためには、「分析ツール」という機能で確認すると良いでしょう（回帰分析の詳細手順は7-4以降で解説）。

　ちなみに、回帰式を求めることで、図7-1-4のように「平均気温30℃の場合の売上金額」等をシミュレーションすることが可能です。

図7-1-4　回帰式でのシミュレーション例

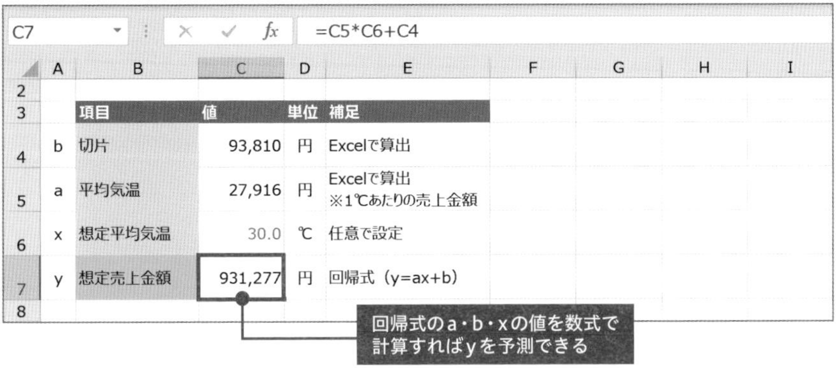

　過去実績を分析し、新たな目標値を策定する際にも、こうした回帰分析は非常に有効です。

　今回はイメージしやすいように2つのデータで行いましたが、正式にはこれを「単回帰分析」と言います。また、3つ以上のデータで行う回帰分析もあり、こちらは「重回帰分析」と言います。「原因」に該当するデータ（説明変数）の種類が増えるイメージですね（「結果」のデータは必ず1種類）。

7-2 2つのデータの関連性を「相関分析」で数値化する

☑️ Excelでの「相関分析」はどのように行うのか

散布図で視覚化することが相関分析の第一歩

では、実際にExcelでの相関分析をどのように進めていくかについて解説していきます。大枠での進め方は、次の2ステップです。

> 1. 2つのデータから散布図を作成する
> 2. 相関係数を算出する

まず行うべきは、散布図の作成です（作成方法は5-6参照）。これにより、2つのデータに相関関係が見られるかを視覚的に確認します。また併せて、「外れ値」の有無も確認しましょう（図7-2-1）。

図7-2-1 「外れ値」のイメージ

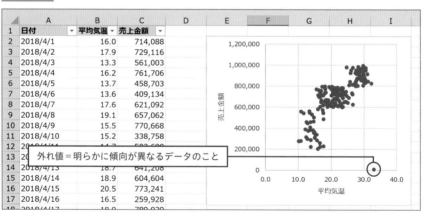

この「外れ値」は、いわばデータ範囲の中で異常な値のことです。このような傾向の値があれば、まずは入力誤りではないかを確認しましょう。

もし入力誤りでなければ、分析対象に入れるか否かを判断してください。この

判断にセオリーはないため、関係者と協議の上決定すると良いでしょう（分析対象外なら、散布図から該当データを外します）。

2つのデータの関係性の強さを関数で数値化する

散布図の作成後は、相関係数を関数で算出します。用いる関数は「CORREL」です。図7-2-2の通り、2つのデータ範囲を指定するだけで相関係数が計算できます。

> **CORREL(配列 1, 配列 2)**
> 2つの配列の相関係数を返します。

図7-2-2　CORRELの使用イメージ

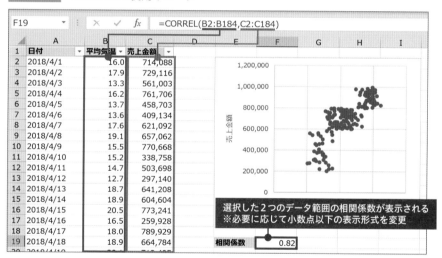

ここまでが、相関分析の基本的な進め方となります。

相関係数だけで判断することは危険

ここからは、相関分析の代表的な注意点に触れておきます。

相関分析に慣れてくると、相関係数だけを算出して終わらせようとする方もいますが、必ず散布図の作成は行いましょう。理由は、相関係数だけではデータ間

の関係性を見誤る危険性があるためです。

一例として、図7-2-3を見てください。

図7-2-3　見せかけの相関例①

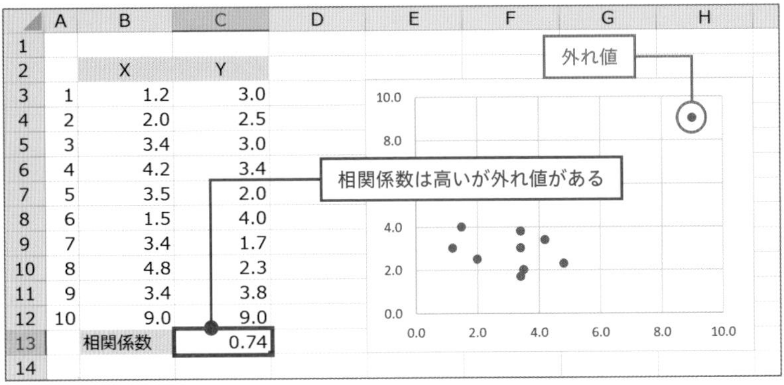

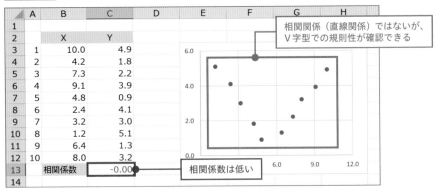

こちらは、ぱっと見では相関係数は0.7以上のため、「強い正の相関」があるはずですが、散布図を見てみると「外れ値」がありますね。これは、「外れ値」があることで、たまたま相関係数が高くなってしまっているケースです。

ちなみに、このデータから「外れ値」を除外した相関係数は「－0.31」となります。これは「弱い負の相関」なので、分析結果がかなり異なっていますね。

続いて、別なケースとして図7-2-4も見てください。

図7-2-4　見せかけの相関例②

　このケースでは、相関係数はほぼ0ですが、散布図を見るとＶ字型になっており、2つのデータ間では明らかに関係性がありそうです。

　実は、相関係数とは「直線関係」を表す指標のため、直線以外の関係性まで網羅的に把握できるわけではないことを知っておきましょう。

　なお、図7-2-4のケースでは、X軸を「6」を基準に区切ることで、左側は「負の相関」、右側は「正の相関」という直線関係になります。

　このように、ケースによっては、データ区間別に相関分析を行うというテクニックも有効です。ただし、こうした工夫も散布図でデータ間の関係性を視覚化しているからこそ、実践できるわけです。

　最後に、相関係数が正しくならない可能性として、対象データの「数」にも注意が必要です。

　図7-2-3と図7-2-4は簡略的な説明のため、10レコードのみでしたが、実務ではデータ数が少ないと相関関係を正しく捉えられない可能性が高いです（1レコードあたりの影響度が高くなってしまうため）。

　ざっくりとした目安ですが、実務上は最低限20レコード以上のデータで相関分析を行うことをおすすめします。

相関分析の応用テクニック

☑ 相関係数を関数なしで算出する方法はないか

☑ データの組み合わせが複数種類ある場合はどうするか

関数を使わずに相関係数を出すには

相関係数の算出については、CORREL以外の方法もあります。それは、「分析ツール」アドインを活用することです。

Excelは「アドイン」という機能拡張が可能であり、拡張できる機能の1つとして「分析ツール」があります。名称の通り、さまざまな分析に対応している機能です。

図7-3-1 「分析ツール」アドインの設定方法

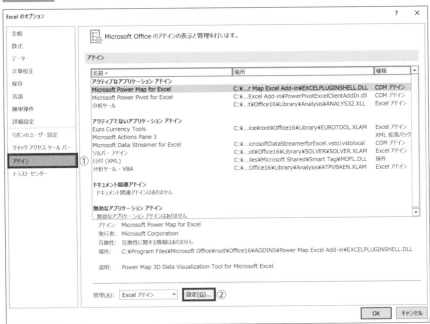

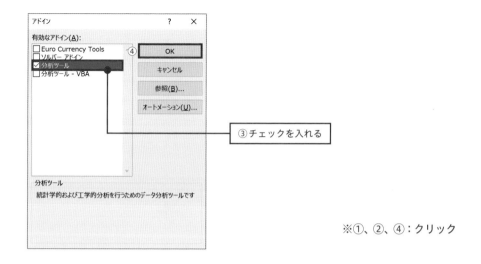

アドインの設定作業は、最初の1回だけ行う必要があります。未設定の方は、図
7-3-1の通り「Excelオプション」ダイアログ（リボン「ファイル」タブ→「オプ
ション」）経由で設定しましょう。

設定が完了すると図7-3-2のように、リボン「データ」タブへ「データ分析」と
いうコマンドが追加されます。

図7-3-2　「分析ツール」のリボンへの表示イメージ

ここまで準備が整ったら、実際にこの分析ツールを使った相関係数の算出をし
ていきます。算出の手順は、図7-3-3の通りです。そして無事作業が完了すると、
図7-3-4のように算出結果が出力されます。

図7-3-3 「分析ツール」での相関係数の算出手順

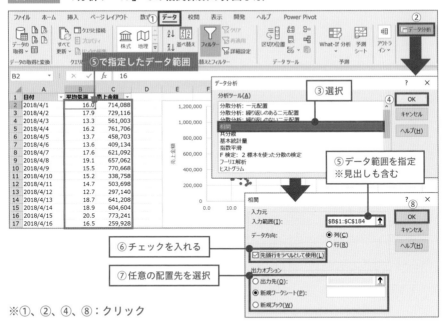

図7-3-4 「分析ツール」での相関係数の出力結果イメージ

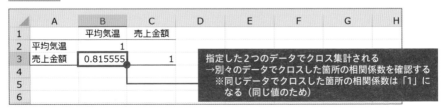

最初は出力結果のクロス集計表が見にくいかもしれませんが、ざっくり言えば「1」以外の箇所が確認すべき対象です。

なお、図7-3-4で算出した相関係数「0.815555」は、当然ですがCORRELで算出した結果と同じになります（7-2参照）。

複数のデータの組み合わせを相関分析する

相関分析の基本は、2つのデータを個別に分析していくことですが、分析したいデータの組み合わせが複数種類あった場合、分析作業が煩雑になってしまいます。

このような場合の対処法ですが、例えば、「売上高」と関連性が高いのは、曜日なのか気温なのかを調べたいとします（図7-3-5はこのケースの該当データ）。

図7-3-5 複数データの例

	A	B	C	D	E	F	G	H	I	J	K	L
1	日付	曜日	売上高	平均気温	最高気温	日	月	火	水	木	金	土
2	2018/4/1	日	81,280	16.0	21.9	1	0	0	0	0	0	0
3	2018/4/2	月	63,095	17.9	24.5	0	1	0	0	0	0	0
4	2018/4/3	火	49,651	17.9	23.4	0	0	1	0	0	0	0
5	2018/4/4	水	79,957	20.1	26.2	0	0	0	1	0	0	0
6	2018/4/5	木	64,665	13.3	15.3	0	0	0	0	1	0	0
7	2018/4/6	金	52,412	18.1	22.4	0	0	0	0	0	1	0
8	2018/4/7	土	94,575	16.2	21.8	0	0	0	0	0	0	1
9	2018/4/8	日	99,481	11.9	16.8	1	0	0	0	0	0	0
10	2018/4/9	月	74,319	13.7	19.9	0	1	0	0	0	0	0

事前準備としては、曜日等の定性データは図7-3-5のF～L列のように、「1」「0」の数値で表しておきましょう（該当が「1」）。こうすることで、元々定性データであったとしても数値として取り扱いでき、相関分析が可能となります。

準備の完了後は、分析ツールでデータ範囲を指定する工程で、相関を見たい全データを選択してください（図7-3-6）。すると、図7-3-7のようなクロス集計表が出力されます。

図7-3-6 複数データの相関係数の算出例（分析ツール）

	A	B	C	D	E	F	G	H	I	J	K	L	M	N	O	P
1	日付	曜日	売上高	平均気温	最高気温	日	月	火	水	木	金	土				
2	2018/4/1	日	81,280	16.0	21.9	0	0	0	0	0	0					
3	2018/4/2	月	63,095	17.9	24.5	0	1	0	0	0	0					
4	2018/4/3	火	49,651	17.9	23.4	0	0	1	0	0	0					
5	2018/4/4	水	79,957	20.1	26.2	0	0	0	1	0	0					
6	2018/4/5	木	64,665	13.3	15.3	0	0	0	0	1	0					
7	2018/4/6	金	52,412	18.1	22.4											
8	2018/4/7	土	94,575	16.2	21.8	0	0									
9	2018/4/8	日	99,481	11.9	16.8	1	0	0								
10	2018/4/9	月	74,319	13.7	19.9	0	1	0								
11	2018/4/10	火	68,364	13.6	19.1	0	1	0	1							
12	2018/4/11	水	44,549	17.6	21.9	0	0									
13	2018/4/12	木	47,870	19.1	25.9	0	0									
14	2018/4/13	金	57,891	15.5	20.9	0	0									
15	2018/4/14	土	96,055	15.2	18.8	0	0									
16	2018/4/15	日	80,484	17.9	22.1	1	0									
17	2018/4/16	月	37,009	14.7	20	0	1									
18	2018/4/17	火	63,961	12.7	15	0	0	1								
19	2018/4/18	水	71,493	12.7	16	0	0									
20	2018/4/19	木	72,855	16.2	22.2	0	0									

指定したデータ範囲

相関
入力元
入力範囲(I): $C$1:$L$31
データ方向: ●列(C) ○行(R)
☑先頭行をラベルとして使用(L)
出力オプション
○出力先(O):
●新規ワークシート(P):
○新規ブック(W)
OK
キャンセル
ヘルプ(H)

2つ以上のデータを指定することも可能

図7-3-7 **複数データの出力結果イメージと体裁変更例**

	A	B	C	D	E	F	G	H	I	J	K
1		売上高	平均気温	最高気温	日	月	火	水	木	金	土
2	売上高	1									
3	平均気温	-0.02346	1								
4	最高気温	0.147306	0.916843	1							
5	日	0.494395	0.047516	0.113165	1						
6	月	-0.25564	-0.05104	-0.03801	-0.2	1					
7	火	-0.27752	-0.22535	-0.2648	-0.17541	-0.17541	1				
8	水	-0.07011	0.052479	-0.04569	-0.17541	-0.17541	-0.15385	1			
9	木	-0.09658	-0.02084	0.004869	-0.17541	-0.17541	-0.15385	-0.15385	1		
10	金	-0.29619	0.106502	0.097567	-0.17541	-0.17541	-0.15385	-0.15385	-0.15385	1	
11	土	0.478641	0.091067	0.125657	-0.17541	-0.17541	-0.15385	-0.15385	-0.15385	-0.15385	1
12											

一番気になるデータの列を確認する

視覚的に分かりやすくするため
表示形式とデータバーで視覚化

	A	B	C	D	E	F	G	H	I	J	K
1		売上高	平均気温	最高気温	日	月	火	水	木	金	土
2	売上高	1.00									
3	平均気温	-0.02	1.00								
4	最高気温	0.15	0.92	1.00							
5	日	0.49	0.05	0.11	1.00						
6	月	-0.26	-0.05	-0.04	-0.20	1.00					
7	火	-0.28	-0.23	-0.26	-0.18	-0.18	1.00				
8	水	-0.07	0.05	-0.05	-0.18	-0.18	-0.15	1.00			
9	木	-0.10	-0.02	0.00	-0.18	-0.18	-0.15	-0.15	1.00		
10	金	-0.30	0.11	0.10	-0.18	-0.18	-0.15	-0.15	-0.15	1.00	
11	土	0.48	0.09	0.13	-0.18	-0.18	-0.15	-0.15	-0.15	-0.15	1.00
12											

　このように、図7-3-6で指定したデータのすべての組み合わせの相関係数が確認できますが、デフォルトの状態では少々見にくいため、表示形式や条件付き書式等を設定し、見やすくすると良いでしょう。

　結果、図7-3-7では、相関係数だけで見る限り、気温よりも曜日（特に土日）の影響度が高いことが分かりました。あとは、念のため個別に散布図を作成し、相関係数と矛盾がないかを確認していけばOKです。

7-4 「回帰分析」で2つのデータから結果を予測する

☑ **Excelでの「回帰分析」はどのように行うのか**

散布図上へ回帰直線と回帰式を挿入する方法

次はExcelでの回帰分析についてですが、まずは2つのデータで行う「単回帰分析」からです。単回帰分析の大枠での進め方は、次の4ステップとなります。

1. 2つのデータから散布図を作成する
2. 散布図へ回帰直線と回帰式（単回帰式）を挿入する
3. 回帰分析の有意性、単回帰式の精度を確認する
4. （必要であれば）単回帰式を元に結果を予測する

相関分析と同様に散布図を作成した後、散布図へ回帰直線（近似曲線）を追加し（図7-4-1）、単回帰式を表示させます（図7-4-2）。

そして、仕上げに回帰直線と単回帰式の体裁を整えます（図7-4-3）。

図7-4-1　散布図へ回帰直線（近似曲線）を追加する方法

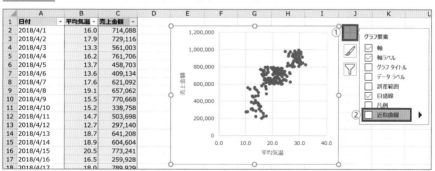

※①、②：クリック

図7-4-2 散布図へ単回帰式を表示する方法

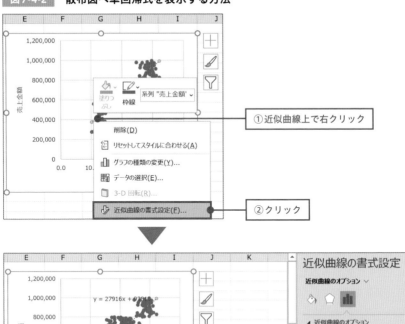

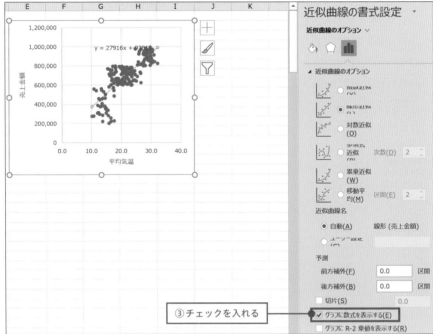

図7-4-3 回帰直線・回帰式の体裁を整え方の例

▼回帰直線（近似曲線）の色・太さ・線の種類等の変更

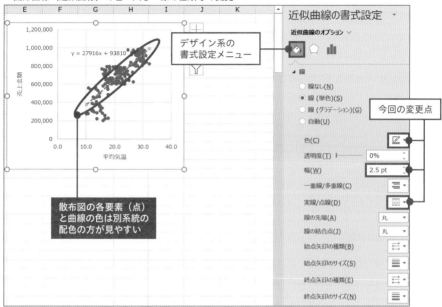

▼回帰式の場所変更

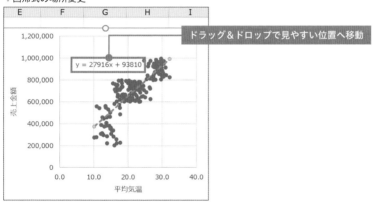

　なお。回帰直線は、デフォルトでは同系色となってしまうケースがあるので、上記のようにコントラストをつけると良いでしょう。

分析ツールで回帰分析の有意性・単回帰式の精度を確認する

続いて、分析ツールを用いて回帰分析を行います。詳細の手順は図7-4-4、作業完了後の出力結果のイメージは図7-4-5の通りです。

図7-4-4 「分析ツール」の回帰分析の操作手順（単回帰分析）

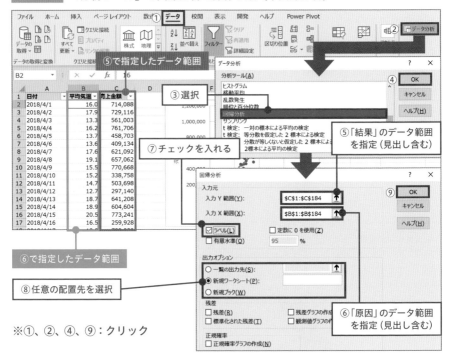

図7-4-5 「分析ツール」での回帰分析の出力結果例（単回帰分析）

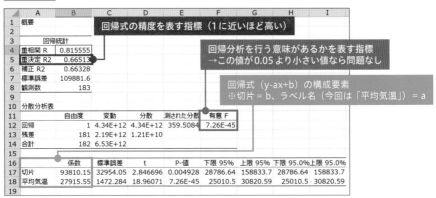

図7-4-5の通り、単回帰分析では次の3点を中心に確認しましょう。

まずは「有意F」です。これは、回帰分析を行う意味があるかを表す指標です（この値が0.05より小さい値なら意味がある）。

今回の例では「7.26E-45」と表示されていますが、これは「7.26 × 10のマイナス45乗」のことで、ほぼゼロとなります。（0.05未満）

次に「重決定R2」です。これは、単回帰式の精度を表す指標です。

今回の例では「0.66513」なので、「売上金額の変動要素として、平均気温で約66.5%を説明できる」という意味になります。

このように、この指標は「原因」のデータで「結果」をどの程度説明できるかを示すものです（いくつ以上という基準値はなし）。

最後に、単回帰式（y-ax+b）の構成要素です。これは、散布図上に表示した単回帰式の「b」の部分（切片）と「a」の部分（ラベル名）の詳細な値を確認できます。

回帰分析から結果をシミュレーションするには

単回帰式（y=ax+b）を用いて予測をします。

図7-4-6は丁寧な表にしていますが、分析ツールの出力結果にて単回帰式の「a」と「b」は記載されているため、付近の余白スペースへ数式を組んでもOKです。

図7-4-6 単回帰式の数式例

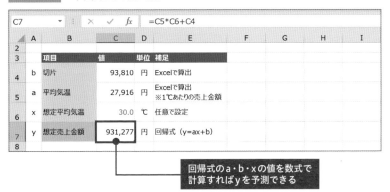

3つ以上のデータで「回帰分析」を行う方法

☑ 3つ以上のデータの場合、「回帰分析」をどう行えば良いか

「結果」データに影響を与えている「原因」データを特定する

3つ以上のデータで行う「重回帰分析」ですが、進め方は次の4ステップとなります。

> 1. 「原因」データの「結果」データに与える影響を確認する
> 2. 影響度・関係しない確率を可視化する
> 3. 関係しない「原因」データを除いて回帰分析の精度を高める
> 4. （必要であれば）回帰式を元に結果を予測する

今回、重回帰分析を行う対象データは、図7-5-1の通りESアンケートの集計結果です。

図7-5-1 **重回帰分析の対象データ（ESアンケート集計結果）**

	A	B	C	D	E	F	G	H	I	J	K	L	M	N
1	社員番号	氏名	仕事	上司	組織風土	会社	制度/処遇	コンプラ	業務負荷	推奨度	継続意向度	総合満足度		凡例
2	50001	黒木 繁次	4.6	4.6	4.4	4.3	4.7	4.3	4.3	5.0	4.0	5.0		4以上
3	50002	中嶋 嘉邦	4.2	3.8	4.0	3.3	4.2	4.7	3.7	3.0	4.0	5.0		3未満
4	50003	瀬戸 斎	3.0	3.4	4.0	3.7	4.0	4.3	4.0	3.0	5.0	4.0		
5	50004	渡部 孝市	4.6	4.6	4.3	4.7	4.6	5.0	4.7	4.0	4.0	5.0		
6	50005	緒方 準司	4.4	4.6	4.5	4.7	4.3	5.0	4.3	4.0	4.0	5.0		
7	50006	菅 真由美	4.6	4.2	4.5	4.3	4.6	4.7	4.3	4.0	4.0	5.0		
8	50007	土屋 十四夫	4.6	4.8	4.5	5.0	4.3	4.7	5.0	4.0	5.0	5.0		
9	50008	村井 裕香	4.4	4.6	4.5	4.7	4.6	4.0	4.3	5.0	4.0	5.0		
10	50009	大崎 彰揮	3.8	4.4	4.0	3.3	4.1	4.7	3.7	4.0	3.0	4.0		

このデータの「総合満足度」が「結果」データです。総合満足度への影響度が高いデータが何か、重回帰分析で明らかにしましょう。

なお、重回帰分析では3つ以上のデータを取り扱いますが、「結果」データは必ず1種類のみ、それ以外は「原因」データになります（上限は16まで）。

実際に重回帰分析を進める際は、分析ツールの「回帰分析」を使います。手順は単回帰分析とほぼ同様ですが、「原因」データの範囲指定の際、「原因」データ

をすべて指定すればOKです（図7-5-2）。

そして、分析結果の出力後のイメージは図7-5-3の通りです。

図7-5-2　「分析ツール」の回帰分析の操作手順（重回帰分析）

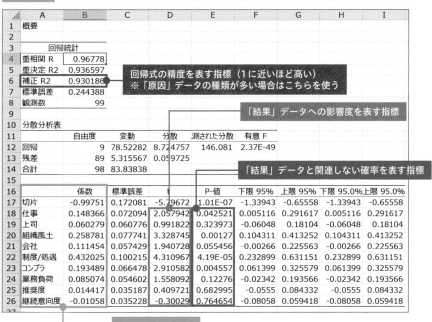

図7-5-3　「分析ツール」での回帰分析の出力結果例（重回帰分析）

	A	B	C	D	E	F	G	H	I
1	概要								
2									
3		回帰統計							
4	重相関 R	0.96778							
5	重決定 R2	0.936597							
6	補正 R2	0.930186							
7	標準誤差	0.244388							
8	観測数	99							
9									
10	分散分析表								
11		自由度	変動	分散	測された分散	有意 F			
12	回帰	9	78.52282	8.724757	146.081	2.37E-49			
13	残差	89	5.315567	0.059725					
14	合計	98	83.83838						
15									
16		係数	標準誤差	t	P-値	下限 95%	上限 95%	下限 95.0%	上限 95.0%
17	切片	-0.99751	0.172081	-5.79672	1.01E-07	-1.33943	-0.65558	-1.33943	-0.65558
18	仕事	0.148366	0.072094	2.057942	0.042521	0.005116	0.291617	0.005116	0.291617
19	上司	0.060279	0.060776	0.991822	0.323973	-0.06048	0.18104	-0.06048	0.18104
20	組織風土	0.258781	0.077741	3.328745	0.00127	0.104311	0.413252	0.104311	0.413252
21	会社	0.111454	0.057429	1.940728	0.055456	-0.00266	0.225563	-0.00266	0.225563
22	制度/処遇	0.432025	0.100215	4.310967	4.19E-05	0.232899	0.631151	0.232899	0.631151
23	コンプラ	0.193489	0.066478	2.910582	0.004557	0.061399	0.325579	0.061399	0.325579
24	業務負荷	0.085074	0.054602	1.558092	0.12276	-0.02342	0.193566	-0.02342	0.193566
25	推奨度	0.014417	0.035187	0.409721	0.682995	-0.0555	0.084332	-0.0555	0.084332
26	継続意向度	-0.01058	0.035228	-0.30029	0.764654	-0.08058	0.059418	-0.08058	0.059418

単回帰分析以上の情報量ですが、主に次の3点を確認しましょう。

まずは「補正R2」です。これは、重回帰式の精度を表す指標です。

単回帰式の場合、1つ上にある「重決定R2」を使ってしましたが、こちらは「原因」データの数に比例して精度が高くなってしまう性質があります。よって、重回帰分析の際は、データ数が多い場合の影響を考慮してくれる「補正R2」の方を使います。

ちなみに、今回の例は「0.930186」なので、相当精度が高いです。

次に「P-値」です。各「原因」データの「結果」データと関連しない確率を表します（値が大きいと「関連しない」確率が上がる）。

これは単回帰分析の有意Fと同様に、0.05より小さい値だと「結果」データとの関連性があると見れば良いです。

最後に「t」です。これは、各「原因」データの「結果」データに与える影響度を表します。

データによってマイナスのものもありますが、この影響度は「絶対値」（正負の符号を除いた数値部分のみ）で捉えるものです。

一般的には、これが「2」以下のものは「結果」への影響が小さいと言えます。ちなみに、「P-値」と反比例の関係にあります。

なお、「P-値」と「t」について、ぱっと見でどのデータが「結果」との関連性が低いか等を把握するため、条件付き書式を設定しましょう（図7-5-4）。

図7-5-4 影響度・関係しない確率の可視化の例

16		係数	標準誤差	t	P-値	下限 95%	上限 95%	下限 95.0%	上限 95.0%
17	切片	-0.99751	0.172081	-5.79672	1.01E-07	-1.33943	-0.65558	-1.33943	-0.65558
18	仕事	0.148366	0.072094	2.057942	0.042521	0.005116	0.291617	0.005116	0.291617
19	上司	0.060279	0.060776	0.991822	0.323973	-0.06048	0.18104	-0.06048	0.18104
20	組織風土	0.258781	0.077741	3.328745	0.00127	0.104311	0.413252	0.104311	0.413252
21	会社	0.111454	0.057429	1.940728	0.055456	-0.00266	0.225563	-0.00266	0.225563
22	制度/処遇	0.432025	0.100215	4.310967	4.19E-05	0.232899	0.631152	0.232899	0.631152
23	コンプラ	0.193489	0.066478	2.910584	0.004557	0.061399	0.325579	0.061399	0.325579
24	業務負荷	0.085074	0.054602	1.558092	0.12276	-0.02342	0.193566	-0.02342	0.193566
25	推奨度	0.014417	0.035187	0.409721	0.682995	-0.0555	0.084332	-0.0555	0.084332
26	継続意向度	-0.01058	0.035228	-0.30029	0.764654	-0.08058	0.059418	-0.08058	0.059418

データバーで影響度
の大きさを可視化

0.05以上に色付け
※「結果」データと関連しない可能性が高いため

重回帰分析の精度を高めるには

重回帰分析では、データ数が多いと精緻な分析ができないケースがあります。分析精度を高めるため、図7-5-5のように「結果」データへ関係しないデータを取り除き、再度回帰分析を行う必要があります。

図7-5-5　回帰分析の精度を高める作業の流れ

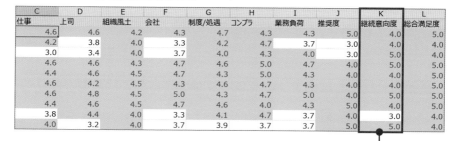

16		係数	標準誤差	t	P-値	下限 95%	上限 95%	下限 95.0%	上限 95.0%
17	切片	-0.99751	0.172081	-5.79672	1.01E-07	-1.33943	-0.65558	-1.33943	-0.65558
18	仕事	0.148366	0.072094	2.057942	0.042521	0.005116	0.291617	0.005116	0.291617
19	上司	0.060279	0.060776	0.991822	0.323973	-0.06048	0.18104	-0.06048	0.18104
20	組織風土	0.258781	0.077741	3.328745	0.00127	0.104311	0.413252	0.104311	0.413252
21	会社	0.111454	0.057429	1.940728	0.055456	-0.00266	0.225563	-0.00266	0.225563
22	制度/処遇	0.432025	0.100215	4.310967	4.19E-05	0.232899	0.631151	0.232899	0.631151
23	コンプラ	0.193489	0.066478	2.910582	0.004557	0.061399	0.325579	0.061399	0.325579
24	業務負荷	0.085074	0.054602	1.558092	0.12276	-0.02342	0.193566	-0.02342	0.193566
25	推奨度	0.014417	0.035187	0.409721	0.682995	-0.0555	0.084332	-0.0555	0.084332
26	継続意向度	-0.01058	0.035228	-0.30029	0.764654	-0.08058	0.059418	-0.08058	0.059418

①色付きセルで最大値のデータを確認

C 仕事	D 上司	E 組織風土	F 会社	G 制度/処遇	コンプラ	H 業務負荷	I 推奨度	J	K 継続意向度	L 総合満足度
4.6	4.6	4.2	4.3	4.7	4.3	4.3	5.0		4.0	5.0
4.2	3.8	4.0	3.3	4.7	4.7	3.7	3.0		4.0	4.0
3.0	3.4	4.0	3.7	4.0	4.3	4.0	3.0		5.0	4.0
4.6	4.6	4.3	4.7	4.6	5.0	4.7	4.0		5.0	5.0
4.4	4.6	4.5	4.7	4.3	5.0	4.3	4.0		5.0	5.0
4.6	4.2	4.5	4.3	4.6	4.7	4.3	4.0		4.0	5.0
4.6	4.8	4.5	5.0	4.3	4.7	5.0	4.0		5.0	5.0
4.4	4.6	4.5	4.7	4.6	4.0	4.3	5.0		4.0	5.0
3.8	4.4	4.0	3.3	4.1	4.7	3.7	4.0		3.0	4.0
4.0	3.2	4.0	3.7	3.9	3.7	3.7	5.0		5.0	4.0

②該当データの列を削除

③再度回帰分析を実施

この手順①の色付きセルがなくなるまで、手順①〜③を繰り返していけばOKです。今回の例では、計4セット実施しました。

最終的な結果は、図7-5-6の通りです。

図7-5-6 最終的な回帰分析結果の例

	A	B	C	D	E	F	G	H	I
1	概要								
2									
3		回帰統計							
4	重相関 R	0.966307							
5	重決定 R2	0.933749							
6	補正 R2	0.930187							
7	標準誤差	0.244386							
8	観測数	99							
9									
10	分散分析表								
11		自由度	変動	分散	測された分散	有意 F			
12	回帰	5	78.284	15.6568	262.1501	3.44E-53			
13	残差	93	5.554384	0.059725					
14	合計	98	83.83838		0.05以上のデータがなくなった				
15									
16		係数	標準誤差	t	P-値	下限 95%	上限 95%	下限 95.0%	上限 95.0%
17	切片	-0.99679	0.165189	-6.03427	3.22E-08	-1.32482	-0.66876	-1.32482	-0.66876
18	仕事	0.164387	0.069885	2.352273	0.020768	0.025611	0.303164	0.025611	0.303164
19	組織風土	0.284325	0.074557	3.813552	0.000246	0.136271	0.43238	0.136271	0.43238
20	会社	0.140167	0.052039	2.693506	0.008388	0.036828	0.243506	0.036828	0.243506
21	制度/処遇	0.493927	0.092789	5.323137	7.04E-07	0.309667	0.678187	0.309667	0.678187
22	コンプラ	0.209136	0.064573	3.238749	0.001665	0.080907	0.337365	0.080907	0.337365

このように、段階的に絞り込んでいくことで、どの部分を優先的に改善して行けば良いかも明確化することが可能です。

重回帰分析でも結果をシミュレーションすることは可能

重回帰分析でも結果の予測は可能です。図7-5-7のように、数式で重回帰式を計算してください。

図7-5-7 重回帰式の数式例

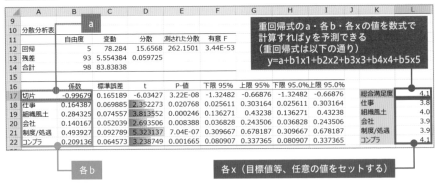

「原因」データが多い場合、bとxの掛け算が増え、数式が煩雑になるため、「SUMPRODUCT」の関数を使うと良いです。(図7-5-8)

> **SUMPRODUCT(配列1,[配列2],[配列3],…)**
> 範囲または配列の対応する要素の積を合計した結果を返します。

図7-5-8 SUMPRODUCTの使用イメージ

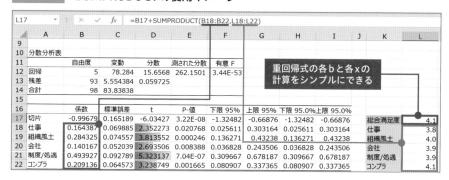

アンケートの各設問の
相関関係を数値化する

サンプルファイル：【7-A】ESアンケート集計結果.xlsx

各設問の相関係数のクロス集計表を作成する

ここでの演習は、7-3で解説した相関分析の復習です。

サンプルファイルには、ESアンケートの集計結果があります。これを元に、各設問のすべての組み合わせの相関係数を求めてください。

最終的には、図7-A-1のように、新規シートへクロス集計表形式にまとめるイメージです。

図7-A-1 演習7-Aのゴール

▼分析対象データ

	A	B	C	D	E	F	G	H	I	J	K	L
1	社員番号	氏名	仕事	上司	組織風土	会社	制度/処遇	コンプラ	業務負荷	推奨度	継続意向度	総合満足度
2	50001	黒木 繁次	4.6	4.6	4.2	4.3	4.7	4.3	4.3	5.0	4.0	5.0
3	50002	中嶋 嘉邦	4.2	3.8	4.0	3.3	4.2	4.7	3.7	3.0	4.0	4.0
4	50003	瀬戸 斎	3.0	3.4	4.0	3.7	4.0	4.3	4.0	3.0	4.0	4.0
5	50004	渡部 孝市	4.6	4.6	4.3	4.7	4.6	5.0	4.7	4.0	5.0	5.0
6	50005	緒方 準司	4.4	4.4	4.5	4.7	4.3	5.0	4.3	4.0	4.0	5.0
7	50006	菅 真由美	4.6	4.2	4.5	4.3	4.6	4.7	4.3	5.0	4.0	5.0
8	50007	土屋 十四夫	4.6	4.8	4.5	5.0	4.3	4.7	5.0	4.0	5.0	5.0
9	50008	村井 裕香	4.4	4.4	4.5	4.7	4.6	4.0	4.3	5.0	4.0	5.0
10	50009	大崎 彰揮	3.8	4.4	4.0	3.3	4.1	4.7	3.7	4.0	3.0	4.0

全ての組み合わせの相関係数を算出する

▼相関係数のクロス集計表

	A	B	C	D	E	F	G	H	I	J	K
1		仕事	上司	組織風土	会社	制度/処遇	コンプラ	業務負荷	推奨度	継続意向度	総合満足度
2	仕事	1.00									
3	上司	0.78	1.00								
4	組織風土	0.83	0.80	1.00							
5	会社	0.80	0.77	0.76	1.00						
6	制度/処遇	0.89	0.84	0.88	0.82	1.00					
7	コンプラ	0.71	0.72	0.74	0.62	0.76	1.00				
8	業務負荷	0.78	0.73	0.76	0.78	0.83	0.66	1.00			
9	推奨度	0.69	0.63	0.69	0.55	0.69	0.53	0.63	1.00		
10	継続意向度	0.73	0.68	0.73	0.74	0.78	0.63	0.72	0.54	1.00	
11	総合満足度	0.89	0.85	0.90	0.84	0.94	0.80	0.84	0.69	0.77	1.00

この作業は、分析ツールと関数の2通りの方法がありますが、今回は分析ツールで行います。

では、実際に手を動かして相関係数のクロス集計表を作成していきましょう。

分析ツールで新規シートへ相関係数を算出する

分析ツールで「相関」のメニューを実行していきます。今回は新規シートへ分析結果を出力してください。

手順の詳細は、図7-A-2の通りです。

図7-A-2　複数データの相関係数の算出例（分析ツール）

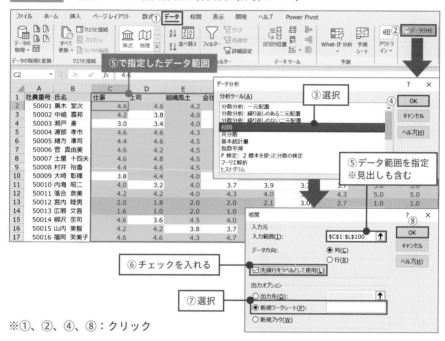

※①、②、④、⑧：クリック

これで図7-A-3のように、新規シートへ相関係数のクロス集計表が出力されます。

図7-A-3　「分析ツール」での相関係数の出力結果イメージ

	A	B	C	D	E	F	G	H	I	J	K
1		仕事	上司	組織風土	会社	制度/処遇	コンプラ	業務負荷	推奨度	継続意向度	総合満足度
2	仕事	1									
3	上司	0.776805	1								
4	組織風土	0.825685	0.801343	1							
5	会社	0.799661	0.766546	0.759805	1						
6	制度/処遇	0.886676	0.837735	0.879439	0.824928	1					
7	コンプラ	0.713814	0.718225	0.738275	0.619623	0.76017	1				
8	業務負荷	0.779751	0.730583	0.762489	0.780613	0.829009	0.657833	1			
9	推奨度	0.691517	0.631059	0.688038	0.553077	0.685264	0.528652	0.629121	1		
10	継続意向度	0.734128	0.684584	0.732942	0.739978	0.781751	0.633444	0.718626	0.54423	1	
11	総合満足度	0.892585	0.845878	0.901749	0.837556	0.943994	0.796021	0.835926	0.691319	0.769637	1

相関係数のクロス集計表の体裁を整える

新規シートへ出力されたデフォルトの状態では非常に分かりにくいので、体裁を整えていきましょう。

一例として、図7-A-4をご覧ください。

図7-A-4 相関係数のクロス集計表の体裁例

こちらの方が視覚的に分かりやすいと思います。

分析ツールの出力結果は、基本的に数字の羅列になるため、必要に応じて表示形式や条件付き書式をうまく活用し、視覚的に分かりやすくすることをおすすめします。

なお、今回は相関係数を算出して終了でしたが、実務では散布図を作成し、「外れ値」（異常値）がないか確認しましょう。

演習 7-B

平均気温が30℃の場合の売上金額を予測する

サンプルファイル：【7-B】売上集計表.xlsx

単回帰分析で導き出した単回帰式で売上金額を算出する

ここでの演習は、7-4で解説した単回帰分析の復習です。

サンプルファイル上の平均気温と売上金額の集計表を元に、単回帰分析を行い、図7-B-1のように平均気温30℃の場合の売上金額を数式で算出してください。

図7-B-1　演習7-Bのゴール

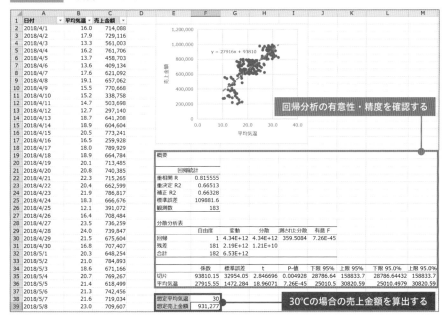

分析ツールで回帰分析を行い、結果を既存シートへ出力する

まず、分析ツールで「回帰分析」を行います。今回は既存シートのE19セルへ分析結果を出力してください（図7-B-2）。

出力結果の確認方法は、図7-B-3をご覧ください。

図7-B-2 「分析ツール」の回帰分析の操作手順（単回帰分析）

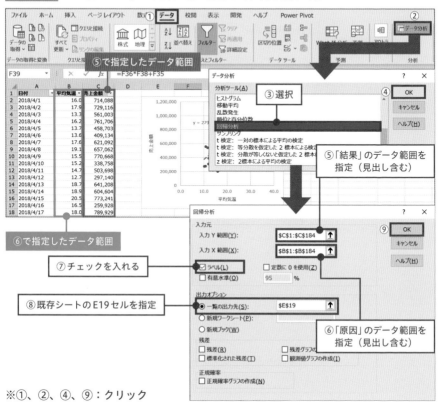

⑥で指定したデータ範囲

⑦ チェックを入れる

⑧ 既存シートのE19セルを指定

※①、②、④、⑨：クリック

図7-B-3 「分析ツール」での回帰分析の出力結果後の確認方法

19	2018/4/18	18.9	664,784	概要							
20	2018/4/19	20.1	713,485				②どの程度の精度かチェック				
21	2018/4/20	20.8	740,385		回帰統計						
22	2018/4/21	22.3	715,265	重相関 R	0.815555						
23	2018/4/22	20.4	662,599	重決定 R2	0.66513		①有意性があるかチェック				
24	2018/4/23	21.9	786,817	補正 R2	0.66328		（0.05未満ならOK）				
25	2018/4/24	18.3	666,676	標準誤差	109881.6						
26	2018/4/25	12.1	391,072	観測数	183						
27	2018/4/26	16.4	708,484								
28	2018/4/27	23.5	736,259	分散分析表							
29	2018/4/28	24.0	739,847		自由度	変動	分散	測された分散	有意 F		
30	2018/4/29	21.5	675,604	回帰	1	4.34E+12	4.34E+12	359.5084	7.26E-45		
31	2018/4/30	16.8	707,407	残差	181	2.19E+12	1.21E+10				
32	2018/5/1	20.3	648,254	合計	182	6.53E+12					
33	2018/5/2	21.0	784,893								
34	2018/5/3	18.6	671,166		係数	標準誤差	t	P-値	下限 95%	上限 95%	下限 95.0%	上限 95.0%
35	2018/5/4	20.7	769,267	切片	93810.15	32954.05	2.846696	0.004928	28786.64	158833.7	28786.64432	158833.7
36	2018/5/5	21.4	618,499	平均気温	27915.55	1472.284	18.96071	7.26E-45	25010.5	30820.59	25010.4979	30820.59
37	2018/5/6	21.3	742,456								
38	2018/5/7	21.6	719,034	想定平均気温	30						
39	2018/5/8	23.0	709,607	想定売上金額							

数式で単回帰式をセットし、売上金額の予測値を算出する

最後に、図7-B-4の通り数式で売上金額を予測して完了です。

図7-B-4　**単回帰式の数式例**

単回帰式のa・b・xの値を数式で計算し、yを予測する

総合満足度にもっとも
影響を与えている設問を特定する

📄 サンプルファイル：【7-C】ESアンケート集計結果.xlsx

重回帰分析で各設問が総合満足度に与える影響度を数値化する

ここでの演習は、7-5で解説した重回帰分析の復習です。

サンプルファイルのESアンケートの集計結果の中の「総合満足度」を高めるため、各設問の中でもっとも総合満足に影響を与えているデータを特定しましょう。

今回のゴールは、図7-C-1の通りです。

図7-C-1 演習7-Cのゴール

▼分析対象データ

	A	B	C	D	E	F	G	H	I	J	K	L
1	社員番号	氏名	仕事	上司	組織風土	会社	制度/処遇	コンプラ	業務負荷	推奨度	継続意向度	総合満足度
2	50001	黒木 繁次	4.6	4.6	4.2	4.3	4.4	4.3	4.3	5.0	4.0	5.0
3	50002	中嶋 嘉邦	4.2	3.8	4.0	3.3	4.2	4.7	3.7	3.0	4.0	4.0
4	50003	瀬戸 斎	3.0	3.4	4.0	3.7	4.0	4.3	4.0	3.0	5.0	4.0
5	50004	渡部 孝市	4.6	4.6	4.3	4.7	4.6	5.0	4.7	4.0	5.0	5.0
6	50005	緒方 準司	4.4	4.6	4.5	4.7	4.3	5.0	4.3	4.0	4.0	4.0
7	50006	菅 真由美	4.6	4.2	4.5	4.3	4.6	4.7	4.3	4.0	5.0	5.0
8	50007	土屋 十四支	4.6	4.8	4.5	5.0	4.3	4.7	5.0	4.0	5.0	5.0
9	50008	村井 裕香	4.4	4.6	4.5	4.7	4.6	4.0	4.3	5.0	4.0	4.0
10	50009	大崎 彰揮	3.8	4.4	4.0	3.3	4.1	4.7	3.7	4.0	3.0	4.0
11	50010	内海 昭二	4.0	3.2	4.0	3.7	3.9	3.7	3.7	5.0	5.0	4.0
12	50011	落合 倉美	4.2	4.2	4.0	4.3	4.0	3.7	4.3	5.0	5.0	4.0
13	50012	宮内 睦男	2.0	1.8	2.0	2.0	2.1	3.0	2.7	1.0	1.0	2.0
14	50013	広瀬 文吾	1.6	1.0	2.0	1.0	1.6	3.0	2.0	3.0	1.0	2.0
15	50014	柳沢 宗司	4.6	3.6	4.5	4.0	4.1	4.0	4.3	4.0	4.0	4.0
16	50015	山内 美智	4.2	4.2	3.8	3.7	4.0	4.0	4.0	4.0	4.0	4.0
17	50016	福岡 芙美子	4.6	4.6	4.3	4.7	4.4	4.3	4.3	4.0	5.0	5.0
18	50017	西原 茂信	4.4	4.4	4.5	5.0	4.9	5.0	4.3	4.0	4.0	4.0
19	50018	荻野 憲志	4.2	4.4	4.8	4.7	4.7	5.0	4.3	4.0	4.0	4.0
20	50019	神田 益三	4.4	4.0	4.8	4.3	4.7	4.0	5.0	4.0	4.0	5.0
21	50020	川原 美津枝	5.0	4.4	4.5	5.0	4.8	4.7	4.0	5.0	4.0	5.0
22	50021	古賀 敬史	3.0	2.4	3.5	3.3	3.2	3.0	3.3	2.0	4.0	3.0
23	50022	秋元 朋美	2.6	2.8	2.8	2.0	3.4	3.7	3.0	4.0	2.0	3.0
24	50023	髙松 美樹	2.6	3.8	3.3	3.0	2.3	3.3	2.3	2.0	3.0	3.0
25	50024	大橋 貫太郎	3.8	4.4	3.5	4.7	3.8	3.3	4.3	3.0	4.0	4.0
26	50025	塚本 貞久	3.0	4.4	4.5	3.3	4.3	4.3	4.0	5.0	4.0	5.0
27	50026	木下 礼子	4.4	4.4	4.8	4.0	4.6	5.0	4.3	5.0	5.0	5.0
28	50027	今村 教夫	4.6	4.4	4.5	4.7	4.4	4.3	4.3	4.0	5.0	5.0
29	50028	河野 靖浩	3.8	4.4	4.2	3.3	3.7	3.3	4.3	5.0	3.0	4.0
30	50029	菊地 右京	3.4	2.6	3.0	3.7	3.1	3.3	3.3	3.0	4.0	3.0
31	50030	茂木 軍市	4.4	4.6	4.5	4.7	4.2	4.0	4.3	5.0	5.0	5.0

▼回帰分析結果

	A	B	C	D	E	F	G	H	I
1	概要								
2									
3		回帰統計							
4	重相関 R	0.96778							
5	重決定 R2	0.936597							
6	補正 R2	0.930186							
7	標準誤差	0.244388		総合満足度へもっと影響度の高いデータを特定する					
8	観測数	99							
9									
10	分散分析表								
11		自由度	変動	分散	測された分散	有意 F			
12	回帰	9	78.52282	8.724757	146.081	2.37E-49			
13	残差	89	5.315567	0.059725					
14	合計	98	83.83838						
15									
16		係数	標準誤差	t	P-値	下限 95%	上限 95%	下限 95.0%	上限 95.0%
17	切片	-0.99751	0.172081	-5.79672	1.01E-07	-1.33943	-0.65558	-1.33943	-0.65558
18	仕事	0.148366	0.072094	2.057942	0.042521	0.005116	0.291617	0.005116	0.291617
19	上司	0.060279	0.060776	0.991822	0.323973	-0.06048	0.18104	-0.06048	0.18104
20	組織風土	0.258781	0.077741	3.328745	0.00127	0.104311	0.413252	0.104311	0.413252
21	会社	0.111454	0.057429	1.940728	0.055456	-0.00266	0.225563	-0.00266	0.225563
22	制度/処遇	0.432025	0.100215	4.310967	4.19E-05	0.232899	0.631151	0.232899	0.631151
23	コンプラ	0.193489	0.066478	2.910582	0.004557	0.061399	0.325579	0.061399	0.325579
24	業務負荷	0.085074	0.054602	1.558092	0.12276	-0.02342	0.193566	-0.02342	0.193566
25	推奨度	0.014417	0.035187	0.409721	0.682995	-0.0555	0.084332	-0.0555	0.084332
26	継続意向度	-0.01058	0.035228	-0.30029	0.764654	-0.08058	0.059418	-0.08058	0.059418

　重回帰分析は7-5で解説した通り、通常は複数回分析を繰り返し、段階的に分析精度を高めていきますが、今回は練習のため、1回の分析結果から総合満足度への影響度合いを確認してください。

分析ツールで回帰分析を行い、結果を新規シートへ出力する

　実際に手を動かして、重回帰分析を行っていきましょう。まずは分析ツールで、「回帰分析」のメニューを実行していきます。今回は新規シートへ分析結果を出力してください。

　手順の詳細は、図7-C-2の通りです。

図7-C-2 **「分析ツール」の回帰分析の操作手順（重回帰分析）**

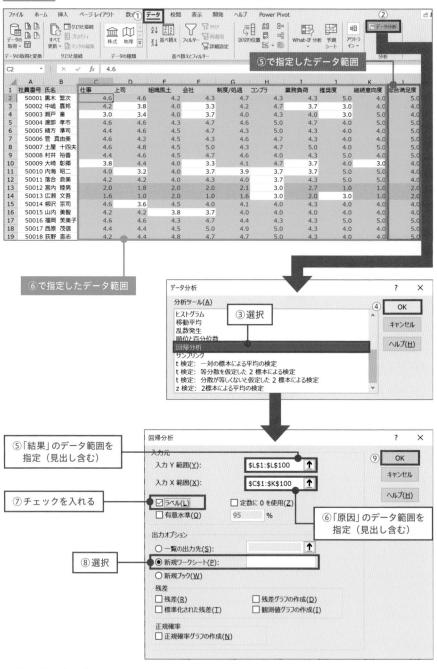

⑥で指定したデータ範囲

データ分析

分析ツール(A)
ヒストグラム
移動平均
乱数発生
順位と百分位数
回帰分析　③選択
サンプリング
t 検定：一対の標本による平均の検定
t 検定：等分散を仮定した 2 標本による検定
t 検定：分散が等しくないと仮定した 2 標本による検定
z 検定：2標本による平均の検定

④ OK
キャンセル
ヘルプ(H)

回帰分析

⑤「結果」のデータ範囲を
指定（見出し含む）

入力元
入力 Y 範囲(Y):　$L$1:$L$100
入力 X 範囲(X):　$C$1:$K$100

⑦チェックを入れる
☑ ラベル(L)　　□ 定数に 0 を使用(Z)
□ 有意水準(O)　95　%

⑥「原因」のデータ範囲を
指定（見出し含む）

⑨ OK
キャンセル
ヘルプ(H)

出力オプション
○ 一覧の出力先(S):
⑧選択　　● 新規ワークシート(P):
○ 新規ブック(W)

残差
□ 残差(R)　　　　　□ 残差グラフの作成(D)
□ 標準化された残差(T)　□ 観測値グラフの作成(I)

正規確率
□ 正規確率グラフの作成(N)

※①、②、④、⑨：クリック

出力結果に条件付き書式を設定し、影響度が高いデータを特定する

新規シートへ出力された分析結果に対し、図7-C-3のように「補正R2」の値の確認と併せ、「t」「P-値」へ条件付き書式を設定します。

図7-C-3　「分析ツール」での重回帰分析の出力結果後の確認方法

	A	B	C	D	E	F	G	H	I
1	概要								
2									
3		回帰統計		①どの程度の精度かチェック					
4	重相関 R	0.96778							
5	重決定 R2	0.936597							
6	補正 R2	0.930186							
7	標準誤差	0.244388							
8	観測数	99							
9									
10	分散分析表								
11		自由度	変動	分散	測された分散	有意 F			
12	回帰	9	78.52282	8.724757	146.081	2.37E-49			
13	残差	89	5.315567	0.059725					
14	合計	98	83.83838						
15									
16		係数	標準誤差	t	P-値	下限 95%	上限 95%	下限 95.0%	上限 95.0%
17	切片	-0.99751	0.172081	-5.79672	1.01E-07	-1.33943	-0.65558	-1.33943	-0.65558
18	仕事	0.148366	0.072094	2.057942	0.042521	0.005116	0.291617	0.005116	0.291617
19	上司	0.060279	0.060776	0.991822	0.323973	-0.06048	0.18104	-0.06048	0.18104
20	組織風土	0.258781	0.077741	3.328745	0.00127	0.104311	0.413252	0.104311	0.413252
21	会社	0.111454	0.057429	1.940728	0.055456	-0.00266	0.225563	-0.00266	0.225563
22	制度/処遇	0.432025	0.100215	4.310967	4.19E-05	0.232899	0.631151	0.232899	0.631151
23	コンプラ	0.193489	0.066478	2.910582	0.004557	0.061399	0.325579	0.061399	0.325579
24	業務負荷	0.085074	0.054602	1.558092	0.12276	-0.02342	0.193566	-0.02342	0.193566
25	推奨度	0.014417	0.035187	0.409721	0.682995	-0.0555	0.084332	-0.0555	0.084332
26	継続意向度	-0.01058	0.035228	-0.30029	0.764654	-0.08058	0.059418	-0.08058	0.059418

②条件付き書式「データバー」を設定

③条件付き書式「セルの強調表示ルール」を設定
※0.05以上で色付け

図7-C-3のように「原因」データが複数ある場合、条件付き書式を設定しておくと、ぱっと見で分析結果を把握しやすくなります。

なお、手順②③の設定範囲は「切片」を含めませんので、ご注意ください。

では、分析結果から総合満足度へ最も影響を与えているデータを特定していきましょう。「t」の絶対値（正負の符号を除いた数値部分のみ）で最大のものを探せばOKです

今回は図7-C-4の通り、「制度/処遇」のバーが最も高く、影響度が最大であることが分かります。

図7-C-4 「分析ツール」での重回帰分析の出力結果後の確認方法

16		係数	標準誤差	t	P-値	下限 95%	上限 95%	下限 95.0%	上限 95.0%
17	切片	-0.99751	0.172081	-5.79672	1.01E-07	-1.33943	-0.65558	-1.33943	-0.65558
18	仕事	0.148366	0.072094	2.057942	0.042521	0.005116	0.291617	0.005116	0.291617
19	上司	0.060279	0.060776	0.991822	0.323973	-0.06048	0.18104	-0.06048	0.18104
20	組織風土	0.258781	0.077741	3.328745	0.00127	0.104311	0.413252	0.104311	0.413252
21	会社	0.111454	0.057429	1.940728	0.055456	-0.00266	0.225563	-0.00266	0.225563
22	制度/処遇	0.432025	0.100215	4.310967	4.19E-05	0.232899	0.631151	0.232899	0.631151
23	コンプラ	0.193489	0.066478	2.910582	0.004557	0.061399	0.325579	0.061399	0.325579
24	業務負荷	0.085074	0.054602	1.558092	0.12276	-0.02342	0.193566	-0.02342	0.193566
25	推奨度	0.014417	0.035187	0.409721	0.682995	-0.0555	0.084332	-0.0555	0.084332
26	継続意向度	-0.01058	0.035228	-0.30029	0.764654	-0.08058	0.059418	-0.08058	0.059418

総合満足度に最も影響が高いデータ

　ちなみに、通常はここから「P-値」の色付きのものがなくなるまで、段階的に重回帰分析を繰り返します。また必要に応じて、重回帰式を元に予測値を算出します。

　この辺りは、7-5を参照しながら、ぜひ実務でチャレンジしてみてください。

第 8 章

ビッグデータ時代の集計方法

近年「ビッグデータ時代」と称されるほど、以前よりも多種多様なデータを取得しやすくなっています。それに伴い、実務で取り扱うデータの種類やボリュームも多くなり、従来のExcelの使い方だけでは苦戦してしまう方もいることでしょう。

しかし、最近のExcelはこうした時代の変化に合わせ、多種多量なデータでも容易に集計/分析できるようバージョンアップしています。第8章ではその詳細と、一つ上を行くテクニックについて解説していきたいと思います。

8-1 別ファイルの複数テーブルを一元的に集計するには

☑️ 別ファイルに分かれている複数テーブルは、どうすれば一緒に集計できるか

別ファイルにテーブルが分かれる状態とは

実務で扱うデータの種類や数が多くなると、データの種類別にデータを管理することが増えていくものです。

例えば、図8-1-1のようなイメージです。

図8-1-1 別ファイルに分かれた複数テーブルの例

▼売上明細.csv

	A	B	C	D	E	F
1	売上番号	日付	商品コード	数量	顧客コード	社員番号
2	S0001	2018/4/1	PE006	9	C005	E0006
3	S0002	2018/4/3	PB003	30	C018	E0009
4	S0003	2018/4/5	PA003	30	C019	E0008
5	S0004	2018/4/5	PD004	18	C008	E0015
6	S0005	2018/4/7	PD003	21	C002	E0001
7	S0006	2018/4/9	PE003	15	C012	E0004
8	S0007	2018/4/9	PE003	9	C016	E0005
9	S0008	2018/4/9	PB003	18	C017	E0014
10	S0009	2018/4/10	PA001	3	C013	E0003

▼売上計画.xlsx

	A	B	C	D	E
1	日付	部署	社員番号	営業担当	売上目標
2	2018/4/1	営業4部	E0001	守屋 聖子	450,000
3	2018/4/1	営業5部	E0002	笠井 福太郎	150,000
4	2018/4/1	営業5部	E0003	金野 栄蔵	500,000
5	2018/4/1	営業1部	E0004	熊沢 加奈	550,000
6	2018/4/1	営業3部	E0005	川西 泰雄	750,000
7	2018/4/1	営業3部	E0006	今 哲	1,550,000
8	2018/4/1	営業5部	E0007	奥田 道雄	1,000,000
9	2018/4/1	営業5部	E0008	高田 耕一	300,000
10	2018/4/1	営業3部	E0009	矢部 雅美	1,500,000

▼顧客マスタ.xlsx

	A	B	C	D
1	■顧客マスタ			
2				
3	顧客コード	会社名	担当者	エリア
4	C001	飯田ストア	伊藤様	城東
5	C002	橋本商店	橋本様	城東
6	C003	鮫島スーパー	阿部様	城東
7	C004	富士ストア	御子柴様	城東
8	C005	山本販売店	石井様	城東
9	C006	大久ストア	斎藤様	城西
10	C007	山崎スーパー	山崎様	城西

▼商品一覧.xlsx

	A	B	C	D	E
1	商品コード	カテゴリ	商品名	販売単価	原価
2	PA001	清涼飲料水	コーラ	4000	600
3	PA002	清涼飲料水	サイダー	4300	580
4	PA003	清涼飲料水	オレンジジュース	5600	1180
5	PA004	清涼飲料水	ぶどうジュース	5360	1776
6	PA005	清涼飲料水	りんごジュース	6000	2540
7	PA006	清涼飲料水	レモンスカッシュ	4000	500
8	PB001	お茶	緑茶	2760	500
9	PB002	お茶	ウーロン茶	2600	400
10	PB003	お茶	麦茶	2400	430

▼営業担当マスタ.xlsx

	A	B	C	D
1	社員番号	担当者名	性別	部署コード
2	E0001	守屋 聖子	女性	D004
3	E0002	笠井 福太郎	男性	D005
4	E0003	金野 栄蔵	男性	D005
5	E0004	熊沢 加奈	女性	D001
6	E0005	川西 泰雄	男性	D003
7	E0006	今 哲	男性	D003
8	E0007	奥田 道雄	男性	D005
9	E0008	高田 耕一	男性	D005
10	E0009	矢部 雅美	女性	D003

▼部署一覧.txt

```
部署一覧.txt - メモ帳
ファイル(F) 編集(E) 書式(O) 表示(V) ヘルプ(H)
部署コード,部署名
D001,営業1部
D002,営業2部
D003,営業3部
D004,営業4部
D005,営業5部
```

　この場合、確かにデータ毎にメンテナンスはしやすくなり、運用効率が上がります。ただし、難点なのはファイル跨ぎの集計を行うための事前準備が大変なことです。こういったケースの集計を行うには、データ転記作業（4章参照）を駆使し、テーブルを一つにまとめることが必要だからです。

　しかし、Excel2013以降は、実際に複数テーブルをひとまとめにせずとも、仮想的にテーブル間を連携させ、自由自在に集計することが可能になりました。

複数テーブルの一元化は「主キー」が基準

　ここで重要なのは、各テーブルにきちんと「主キー」があることです。なぜなら、データ転記と同様に、各テーブルを連携させるための基準は主キーだからです。

　一例として、先ほどの図8-1-1の各テーブルを主キーで関連付けたものが、図8-1-2です。

図8-1-2　各テーブルの「主キー」の関連性イメージ

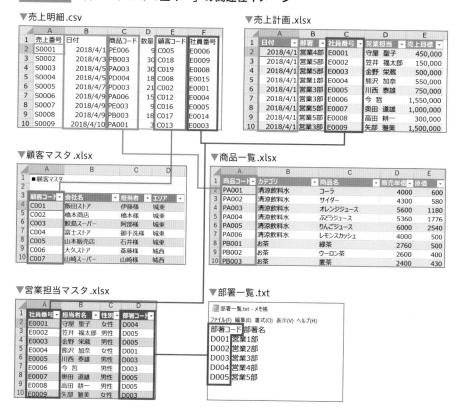

なお、「売上明細」と「売上計画」は、どちらも「日付」フィールドがあります
ね。もし、「売上明細」と「売上計画」を日別に比較したい場合は、「日付」に関
するマスタテーブルも必要となります。

　この「日付」に関するマスタテーブルの例は、図8-1-3です。

　事業年度や四半期別の分析もできるよう、「日付」を基準に、さまざまな時系列
でフィールドを分けてみました（主キーは「日付」）。

図8-1-3　「日付」のマスタ例（「カレンダー」テーブル）

	A	B	C	D	E	F
1	日付	年	月	日	事業年度	四半期
2	2018/4/1	2018	4	1	2018	Q1
3	2018/4/2	2018	4	2	2018	Q1
4	2018/4/3	2018	4	3	2018	Q1
5	2018/4/4	2018	4	4	2018	Q1
6	2018/4/5	2018	4	5	2018	Q1
7	2018/4/6	2018	4	6	2018	Q1
8	2018/4/7	2018	4	7	2018	Q1
9	2018/4/8	2018	4	8	2018	Q1
10	2018/4/9	2018	4	9	2018	Q1
11	2018/4/10	2018	4	10	2018	Q1
12	2018/4/11	2018	4	11	2018	Q1
13	2018/4/12	2018	4	12	2018	Q1
14	2018/4/13	2018	4	13	2018	Q1
15	2018/4/14	2018	4	14	2018	Q1
16	2018/4/15	2018	4	15	2018	Q1
17	2018/4/16	2018	4	16	2018	Q1
18	2018/4/17	2018	4	17	2018	Q1
19	2018/4/18	2018	4	18	2018	Q1
20	2018/4/19	2018	4	19	2018	Q1

　これで、計7種類のテーブルになりました。これらを題材に、一元的に集計す
るテクニックを解説していきましょう。

　ちなみに、このように複数テーブルを主キーで連携させて管理することを、「リ
レーショナルデータベース」（RDB）と言います。

Excelで「リレーショナルデータベース」を構築する

　Excelでリレーショナルデータベースを構築するには、Excel2013から登場した
「データモデル」と「リレーションシップ」を活用します。

　まずデータモデルですが、これはざっくり言うと、Excelブック内の新たなデー
タの格納先です。データモデルへデータを読み込ませると、データを圧縮して格
納できます。

このデータモデルでは、従来のExcelワークシート以上のデータ数を扱うことができ、仕様上の1テーブルあたりで管理可能なレコード数は約20億（1,999,999,997）が上限です。

これは、ワークシートの行数の約1,908倍にあたります。

次にリレーションシップですが、これはその名の通り、テーブル間を主キーで連携させることが可能な機能です。

今回の7種のテーブルを連携させたイメージは、図8-1-4の通りです。

図8-1-4 リレーションシップのイメージ

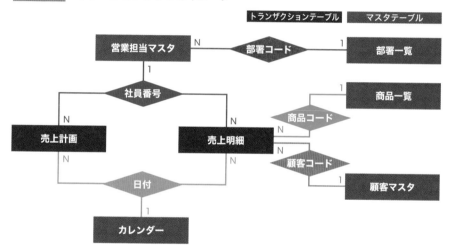

ちなみに、テーブルの種類を「マスタ」と「トランザクション」で区分けしています。

トランザクションとは、出来事の記録を更新していくためのテーブルのことです。今回は「売上明細」と「売上計画」の2種類です。

なお、マスタとトランザクションの関係性は、各テーブルをつなぐ主キーの線のつなぎ目にある「1」と「N」でも判別できます。

これは、そのテーブルにおける主キーが一意なのか、複数あるのかの違いです。

「1」は一意を表し、主キーを管理するマスタ側は当然「1」となります。もう一方の「N」は複数を表し、基本的にトランザクション側はマスタの主キーデータを複数保持するケースが多いため、「N」が中心となります。

複数テーブルの一元的な集計作業の流れ

　ここで、複数テーブルの集計作業の流れを整理すると、図8-1-5の通り3ステップとなります。

図8-1-5　**複数テーブルの集計プロセス**

	集計プロセス	使用する機能
1	複数テーブルを一つのExcelブックに取り込む	パワークエリ、データモデル
2	取り込んだ各テーブルを連携させる	リレーションシップ
3	連携済みのデータモデルで集計する	ピボットテーブル（パワーピボット）

　ステップ1,2が、まさにリレーションデータベースの構築作業に該当します。

　そして、リレーショナルデータベースを実際に集計する方法は、ピボットテーブルを活用します（ステップ3）。

　なお、データモデルを活用したピボットテーブルは、「パワーピボット」と言います。それぞれの詳細は、8-2以降で解説していきます。

8-2 主要なファイル形式の テーブル取得方法

☑ ファイル形式でテーブルの取得方法は変わるか

テーブルの取得はパワークエリで行う

複数テーブルの集計プロセスを進めていきましょう。8-2では、ステップ1の作業を行います。

図8-2-1 集計プロセス上のステップ1

集計プロセス	使用する機能
1 複数テーブルを一つのExcelブックに取り込む	パワークエリ、データモデル
2 取り込んだ各テーブルを連携させる	リレーションシップ
3 連携済みのデータモデルで集計する	ピボットテーブル（パワーピボット）

8-2のスコープ

ステップ1は、集計対象のすべてのテーブルを同じExcelブックに取り込む作業です。これはパワークエリを使っていきます。

ちなみに、テーブルを取り込みにあたり、実務で頻出のパターンは次の5つです。

1. 同一ブック内のシート
2. 別のExcelブック
3. CSVファイル
4. テキストファイル
5. 複数ファイルが格納されているフォルダー

各ファイル内でデータが更新されるならパターン1〜4、定期的にフォルダー内のファイルが増えていくならパターン5で取得してください。

ちなみに、パターン1は3-6、4-3、4-4、4-6、パターン5は4-4で、それぞれの取得方法は解説済みです。よって、ここでは残りのパターン2〜4の取得方法について解説していきます。

別ファイル（Excelブック/CSV/テキストファイル）の取得方法

　まずは、パターン2「別のExcelブック」を取得する方法です。詳細手順は図8-2-2の通りです。

図8-2-2　Excelブックのテーブル取得手順

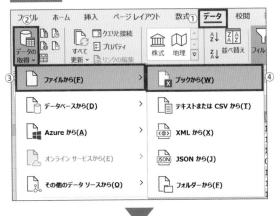

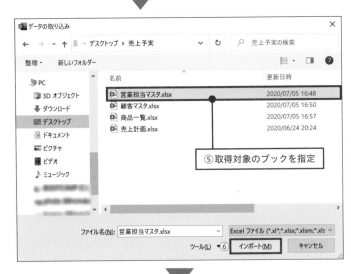

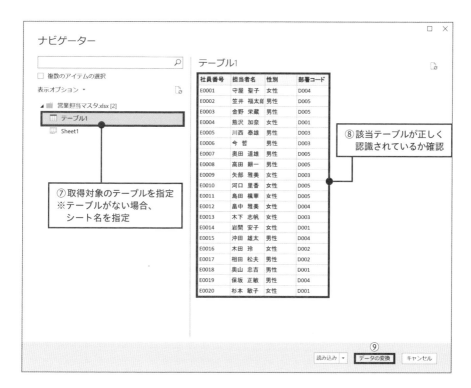

※①～④、⑥、⑨：クリック

　手順⑨まで終えると、Power Queryエディターが起動するので、必要に応じてデータ整形作業を行い、「閉じて読み込む」を行います。

　あとは、状況に応じてシート上に表示するか、「接続の作成のみ」にするかを選択してください。

　続いて、パターン3「CSVファイル」とパターン4「テキストファイル」ですが、実は取得手順は一緒です（図8-2-3）。

図8-2-3 CSV/テキストファイルのテーブル取得手順

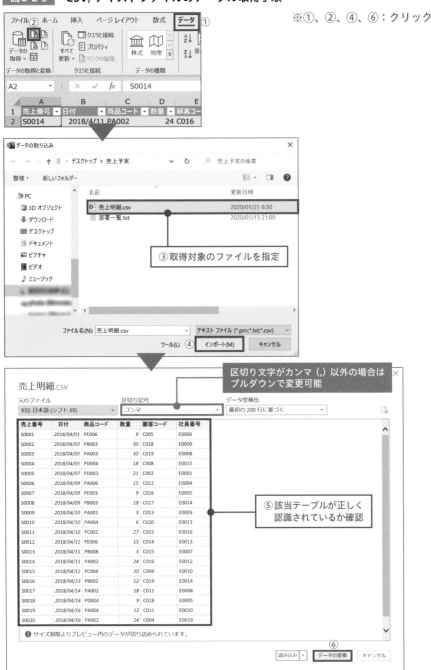

　そもそもCSVは「Comma Separated Value」の略称で、実態はカンマ区切りのテキストです。よって、テキストファイルと同じようなデータになるため、取得手順も同じになるわけですね。

　ちなみに、テーブル取得時のどのパターンにも共通しますが、「データ型は問題ないか」、「ヘッダーが設定されているか」の2点は見落としやすいので注意しましょう。

　データ型は、特に数字が「テキスト」（ABC）になっている場合は必ず「整数」にしてください（図8-2-4）。

　ヘッダーの設定については、ヘッダー部分が「Column1」等になっていれば、1行目をヘッダーとして設定しましょう（図8-2-5）。

図8-2-4　**データ型の設定イメージ**

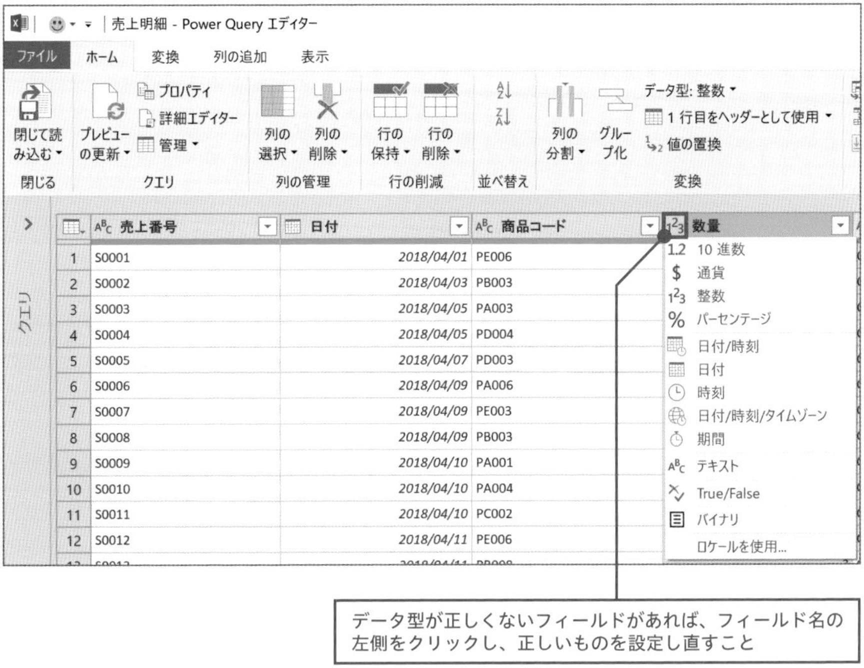

データ型が正しくないフィールドがあれば、フィールド名の
左側をクリックし、正しいものを設定し直すこと

ヘッダーの設定イメージ

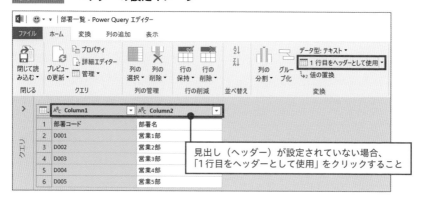

見出し（ヘッダー）が設定されていない場合、
「1行目をヘッダーとして使用」をクリックすること

　あとは、すべてのテーブルを取得したら、主要なトランザクションテーブルをデータモデルへ追加します。今回であれば、図8-1-4で連携先のもっとも多かった「売上明細」が該当します。データモデルの追加は図8-2-6の通りです。

データモデルへの追加方法

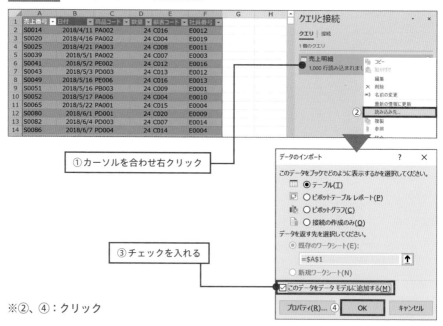

①カーソルを合わせ右クリック

③チェックを入れる

※②、④：クリック

クエリの数が増えたら管理を工夫する

取得するテーブル数に応じて、「クエリと接続」ウィンドウ上に表示されるクエリは多くなり、視認性が悪くなります。よって、クエリを管理しやすいように工夫しましょう。

例えば、用途に応じたクエリ名にすることも1つです。おすすめは、テーブルの種類に応じて頭文字＋アンダーバー（_）をつけることです（マスタなら「M_」、トランザクションなら「T_」）。

もう1つは、類似のクエリはグループ化しましょう（手順は図8-2-7）。これで、図8-2-8のようにウィンドウ上の表示を整理できます。

図8-2-7 複数クエリのグループ化の方法

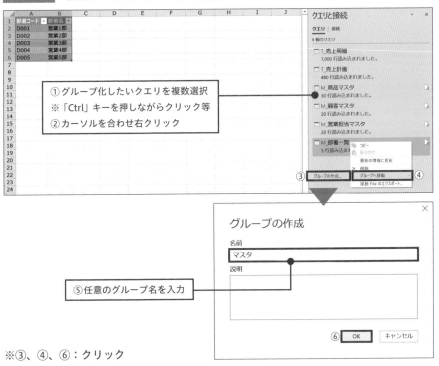

①グループ化したいクエリを複数選択
※「Ctrl」キーを押しながらクリック等
②カーソルを合わせ右クリック

③ グループの作成...
④ グループへ移動

グループの作成

名前
マスタ
説明

⑤任意のグループ名を入力

⑥ OK キャンセル

※③、④、⑥：クリック

図8-2-8　グループ作成後のウィンドウイメージ

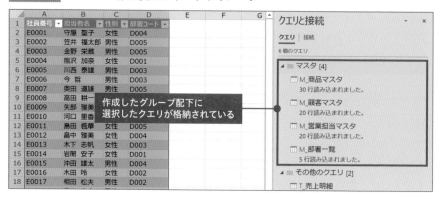

別ファイルに存在しないテーブルは手作業で作成すること

別ファイルにも存在しないテーブルが必要な場合は、手作業で新たに作成しましょう。

例えば、8-1で触れた「日付」に関するマスタの「カレンダー」テーブルです。こちらは、「日付」を元に図8-2-9のように関数をうまく使い、さまざまな時系列のフィールドを用意しておくと良いでしょう。

図8-2-9　「カレンダー」テーブルの作成例

▼シート上の表記

▼数式の内容

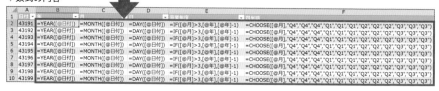

ここで使った関数の解説は割愛しますが、気になる方は該当の関数名でネット検索してみてください。

8-3 複数テーブルを「リレーションシップ」で連携させる

☑ 複数テーブルを連携させるにはどうすれば良いか

テーブル間の連携の設定は「リレーションシップ」で行う

すべてのテーブルを同一ブックへ取得できたら、次はステップ2の作業として各テーブルを連携させましょう。

図8-3-1 集計プロセス上のステップ2

集計プロセス	使用する機能
1 複数テーブルを一つのExcelブックに取り込む	パワークエリ、データモデル
2 取り込んだ各テーブルを連携させる	リレーションシップ
3 連携済みのデータモデルで集計する	ピボットテーブル（パワーピボット）

8-3のスコープ

連携させる前に、1つ決めておくべきことがあります。それは、どのテーブルをベースに連携させていくかということです。

今回は7種類のテーブルを連携させていきますが、図8-3-2の通り「売上明細」テーブルをベースとしていきます。基本的にはトランザクションのテーブルが、そもそもの集計／分析の目的を果たすために用意したものであることが多いです。

よって、実務では集計／分析の目的に照らして、ベースとするテーブルを選んでください。

ちなみに、ベースとするテーブルは8-2で解説した通り、予めデータモデルへ格納しておくと良いでしょう。

図8-3-2 ベースのテーブルの選定例

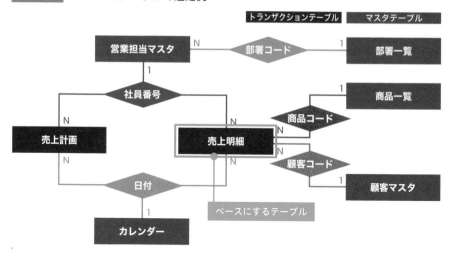

では、実際にリレーションシップを設定していきます。手順は図8-3-3の通りです。

図8-3-3 リレーションシップの設定方法

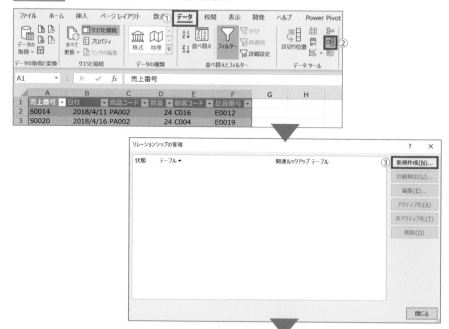

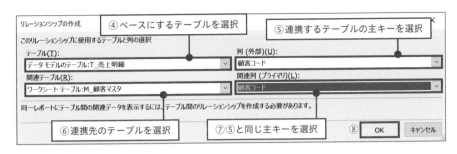

※①~③、⑧：クリック

ここで1つ注意点ですが、手順④でデータモデルにもシート上の両方に存在しているテーブルを選択しようとすると、図8-3-4のように両方が選択できてしまいます。

図8-3-4　データモデルとテーブルの両方にテーブルが存在する例

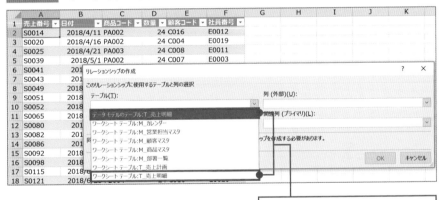

「売上明細」テーブルがデータモデルとテーブルの両方に存在する
※必ず「データモデル」を選択すること

ここは、必ず「データモデル」の方を選択してください。無事設定が完了すると、図8-3-5の状態になります。

図8-3-5　リレーションシップの設定完了イメージ

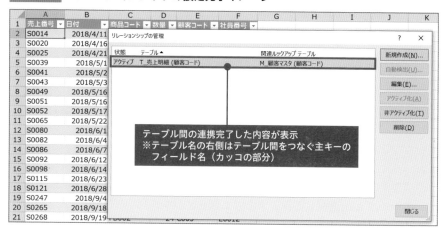

あとは、残りの連携の数だけ同じように作業を繰り返してください。

なお、データモデルと連携したテーブルは、自動的にデータモデルへ格納されます。実際、データモデルに格納されたかどうかは、シート上の「クエリと接続」ウィンドウの「接続」タブで確認が可能です（図8-3-6）。

図8-3-6　「クエリと接続」ウィンドウの「接続」タブイメージ

もし、誤って連携した場合等、この接続を更新・削除したい場合、次の手順で対応しましょう（図8-3-7）。

図8-3-7 「接続」の修正方法

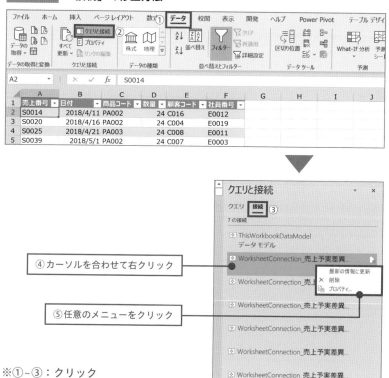

※①~③：クリック

今回の7種のテーブルで設定すべき連携パターンをすべて設定完了すると、図8-3-8のイメージとなります。

図8-3-8 すべての連携の完了イメージ

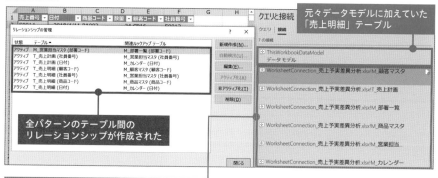

第8章 ビッグデータ時代の集計方法

リレーションシップの設定状況を視覚的に確認する

リレーションシップの設定がすべて完了したら、念のため「ダイアグラムビュー」という機能で問題ないか確認しましょう。

この機能は、「Power Pivot」アドインの設定が必要となります。設定方法は、図8-3-9をご覧ください（リボン「ファイル」タブ→「オプション」）。

図8-3-9 「**Power Pivot**」アドインの設定方法

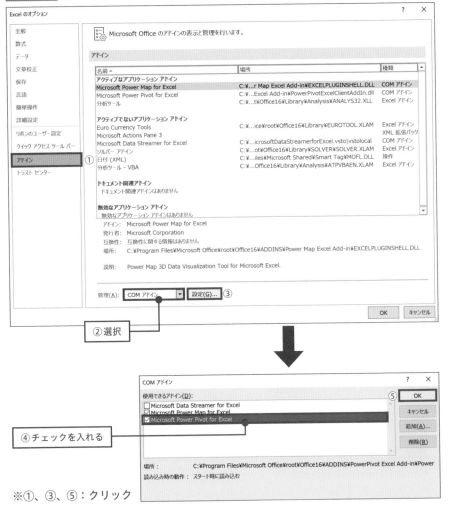

※①、③、⑤：クリック

設定完了すると、図8-3-10のようにリボン上に「Power Pivot」タブが追加されます。

図8-3-10 **リボン「Power Pivot」タブの表示イメージ**

ここまで設定できたら、図8-3-11の手順でダイアグラムビューを表示し、設定した連携が問題ないか確認しましょう。

なお、表示画面は図8-3-12の通りです。ちなみに、テーブル間をつなぐ線の「*」は、図8-3-2の「N」と同じく「複数」を意味します。

図8-3-11 **「ダイアグラムビュー」の確認方法**

▼ワークシート

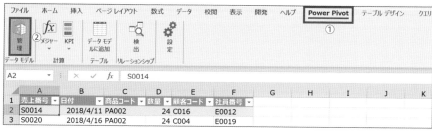

▼Power Pivot ウィンドウ

※①~③：クリック

図8-3-12 「ダイアグラムビュー」の表示イメージ

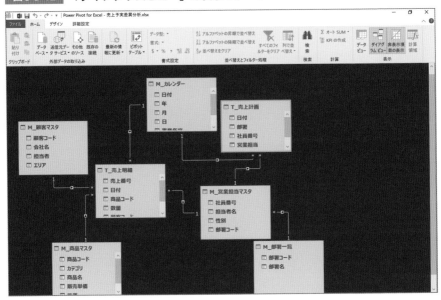

8-4 「データモデル」の集計は ピボットテーブルで行う

☑ 全テーブルを連携したデータモデルの集計はどう行うのか

全テーブルの連携後はピボットテーブルで集計が可能

　全テーブルを連携できたら、最後のステップ3です。ピボットテーブル（パワーピボット）で集計していきましょう。

図8-4-1　集計プロセス上のステップ3

	集計プロセス	使用する機能
1	複数テーブルを一つのExcelブックに取り込む	パワークエリ、データモデル
2	取り込んだ各テーブルを連携させる	リレーションシップ
3	連携済みのデータモデルで集計する	ピボットテーブル（パワーピボット）

8-4のスコープ

　パワーピボットは、図8-4-2の手順でレポートを挿入します。

図8-4-2　ピボットテーブルの挿入手順（パワーピボット）

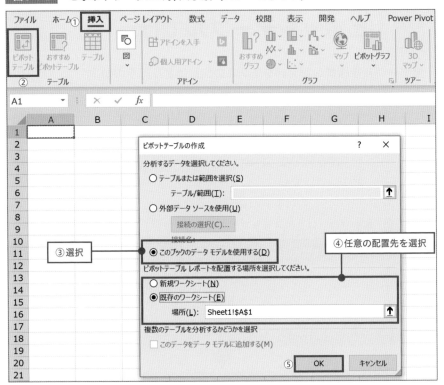

※①、②、⑤：クリック

　なお、連携したテーブル数が多いとフィールドセクションのスクロールが大変なため、「ピボットテーブルのフィールド」ウィンドウのレイアウトを変更し、各セクションを左右に表示することをおすすめします。変更手順は、図8-4-3の通りです。

図8-4-3 「ピボットテーブルのフィールド」レイアウト変更手順

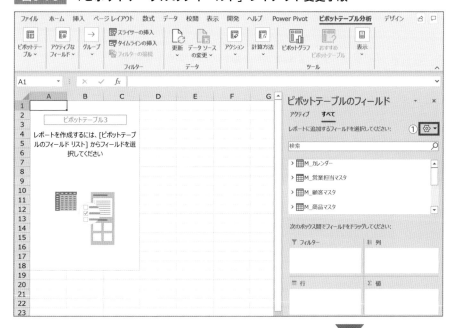

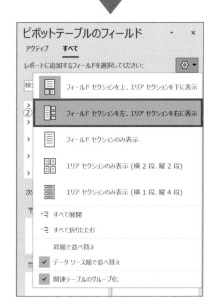

※①、②：クリック

設定が完了すると、図8-4-4のようにフィールドセクションの表示領域が広がり、集計作業がしやすくなります。

図8-4-4 「ピボットテーブルのフィールド」レイアウト変更例

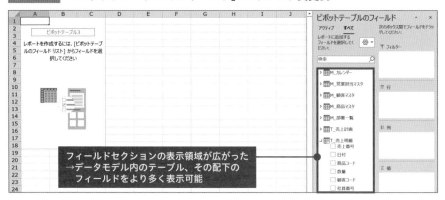

あとは、通常のピボットテーブルと同様に、任意のフィールドをエリアセクションへドロップして集計するのみです。

ちなみに、複数テーブルがフィールドリストに表示されている場合、図8-4-5のような特有の表示が出る可能性があります。

図8-4-5 フィールドリストで複数テーブル特有の表示例

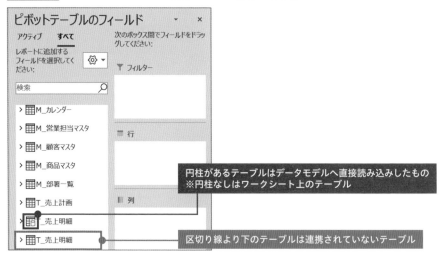

　ご覧の通り、同じテーブルでもデータモデルとワークシート上の両方に存在すると、フィールドリストに両方表示されてしまいます。必ず、他テーブルと連携されているデータモデル側で集計条件を設定してください。

　なお、ワークシート側を表示させずデータモデルのみにするには、クエリの読み込み先を「接続の設定のみ」にすればOKです。

パワーピボットでのピボットグラフとスライサーの使い方

　パワーピボットでも、ピボットグラフやスライサー等の関連機能は利用可能です。
　通常のピボットグラフは単独で作成できず、必ずピボットテーブルとセットでの作成でした（5-5参照）。しかし、パワーピボットの場合は単独で作成できます（図8-4-6）。

図8-4-6　ピボットグラフ単独の挿入手順（パワーピボット）

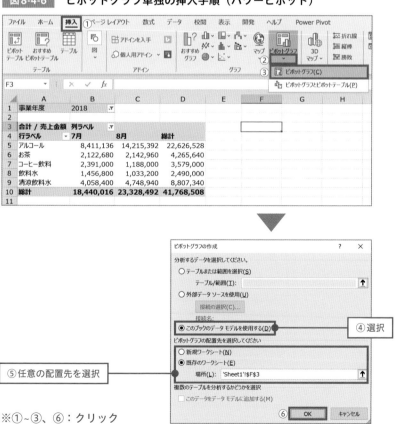

※①~③、⑥：クリック

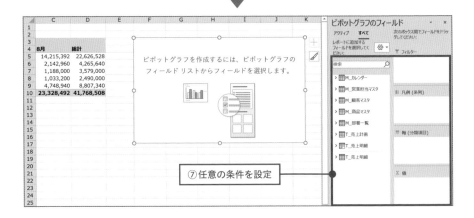

⑦任意の条件を設定

これで、ピボットテーブルと別の条件でグラフを作成したい場合は、かなり楽になります。

なお、スライサーの場合は通常とほぼ同じ手順となります（図8-4-7）。

図8-4-7 スライサーの使用イメージ（パワーピボット）

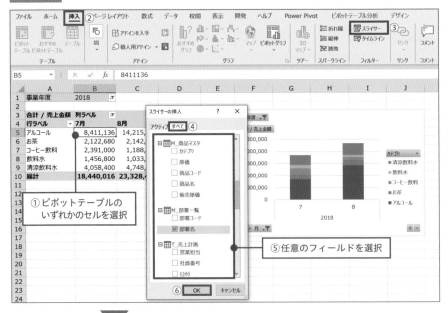

①ピボットテーブルのいずれかのセルを選択

④

⑤任意のフィールドを選択

⑥ OK

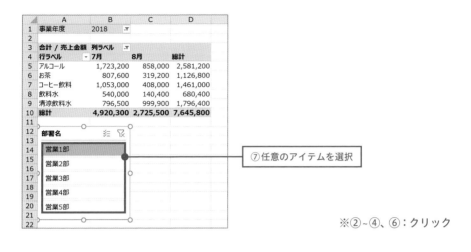

通常との相違点は手順④です。タブが表示され、「すべて」にしないと、対象の ピボットテーブルへ集計条件としてセットしたテーブル・フィールドしか使用できないのでご注意ください。

また、別条件で設定したピボットテーブルとピボットグラフを一緒に表示しており、それらを同じスライサーで絞込みを行いたい場合は、図8-4-8のようにレポート接続させましょう。

図8-4-8 **ピボットグラフとスライサーの接続方法**

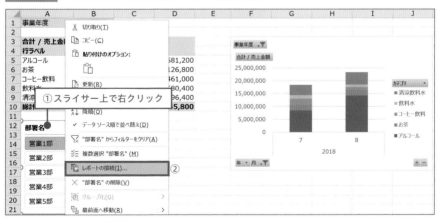

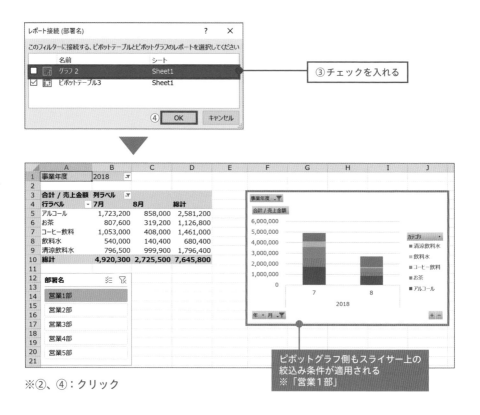

ピボットグラフ側もスライサー上の
絞込み条件が適用される
※「営業1部」

※②、④：クリック

　これで、同じスライサーでピボットテーブルもピボットグラフも絞込みが可能
となります。

　ちなみに、スライサーと類似機能のタイムラインも、挿入手順やレポート接続
の方法は一緒です。状況に応じて使い分けてください。

8-5 データモデル内のフィールドを使った計算テクニック

☑ データモデルに格納したテーブルのフィールドで計算したい場合は、どうすれば良いか

パワーピボットでは集計フィールドが使えない

データモデルを利用したパワーピボットは利点が多いですが、従来のピボットテーブルの一部機能が使用不可となります。例えば、5-1で解説した「集計フィールド」は使えません。

図8-5-1の通り、リボンの「ピボットテーブル分析」タブ上の該当コマンドが非活性状態となります（類似機能の「集計アイテム」含む）。

図8-5-1 パワーピボットでの集計フィールドの状態

集計元データがデータモデルの場合、
集計フィールド（アイテム）の機能は使えない

では、パワーピボットで集計フィールドが必要な場合は、どうすれば良いでしょうか？

売上明細から「部署別」「商品別」等で利益率を計算するというケースを題材に、解説していきましょう。

別フィールドの計算は「Power Queryエディター」を活用する

まず、利益率を計算するにあたり、「売上金額」と「利益額」を計算する必要があります。

8-4までの各テーブルを例に、以下の状態だったとしましょう。

・「売上明細」テーブルは各商品の「商品コード」と「数量」がある

・各商品の「販売単価」と「原価」は「商品マスタ」テーブルにある

この場合、パワークエリで2つのテーブルをマージの上、カスタム列で計算します。まずは「売上金額」から計算します（図8-5-2）。

図8-5-2　　カスタム列の作成方法（売上金額）

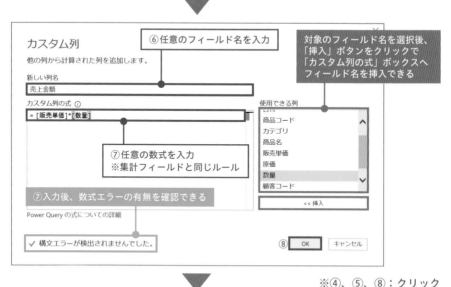

※④、⑤、⑧：クリック

手順①〜③は、各テーブルを取得するクエリがある前提です。この部分の詳細については、4-3をご参照ください。

なお、「利益額」の数式は図8-5-3の通りです。

図8-5-3　カスタム列の作成例（利益額）

▼数式の内容

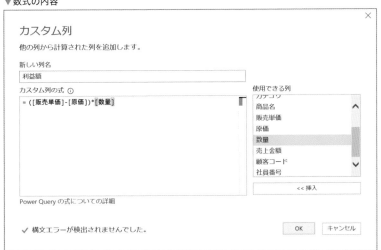

▼計算結果（Power Query エディター）

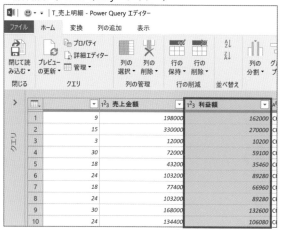

あとは通常通り、「閉じて読み込む」等でシートへ戻りましょう。

特定フィールドの計算は「メジャー」が便利

ここまで準備を終えたら、次は「メジャー」という計算機能を使います。まずは、「売上金額合計」を作成してみましょう（図8-5-4）。

図8-5-4　メジャーの作成方法（売上金額合計）

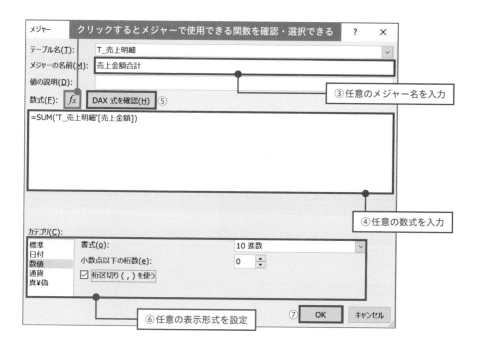

※②、⑤、⑦：クリック

　この「メジャー」とは、集計フィールドの代わりとなる、パワーピボット専用の計算機能です。

　四則演算（足し算、引き算等）等が中心だった集計フィールドと異なり、手順④のように「DAX（ダックス）」という関数を用います。

　DAXの関数は、SUM等、一部ワークシート上で使っている関数と同じものもありますが、特有の関数も散見されます。どんな関数があるか、ぜひ「fx」ボタンで確認してみてください。

　なお、数式エラーがないかどうか、必ず手順⑤で確認しましょう。

　メジャーの作成が完了すると、図8-5-4の手順①で指定したテーブルの配下にメジャー名が表示されます。使い方は図8-5-5の通りです。

図 8-5-5 メジャーの使用例

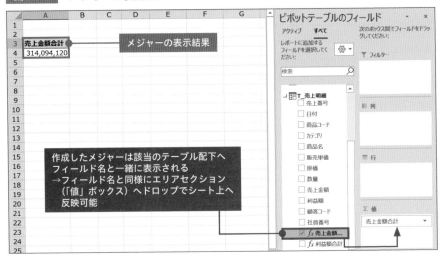

続いて、「利益額合計」と「利益率」もメジャーを作成していきましょう。作成例は、図8-5-6をご覧ください。

図 8-5-6 メジャーの作成例（利益額合計、利益率）

▼利益額合計

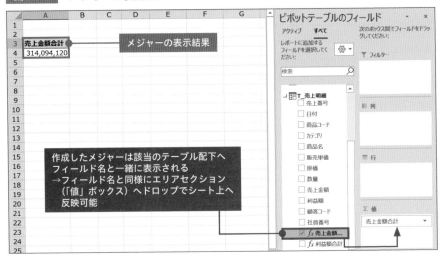

▼利益率

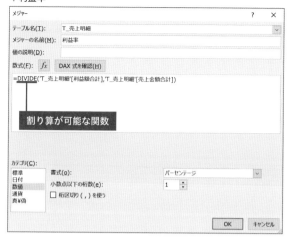

「利益率」で使った関数の「DIVIDE」はDAX特有ですが、計算対象はメジャーにしないとエラーになります。そのため、予め「売上金額合計」と「利益額合計」のメジャーを作成しました。

なお、メジャーは表示形式を設定できることもポイントです。通常のフィールドと違い、エリアセクションから出し入れしても表示形式は保持されます。

最後に、各メジャーを「値」ボックスへ入れ、任意の条件を設定すれば、当初の希望通り条件別の利益率を算出できます。(図8-5-7)

図8-5-7　メジャーを用いた条件別の利益率の算出例

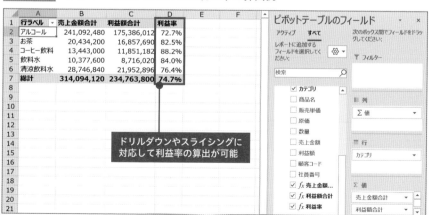

第8章　ビッグデータ時代の集計方法

ちなみに、メジャーの名称や数式を編集する、あるいはメジャー自体を削除したい場合は、図8-5-8の手順で対応可能です（編集の場合は「メジャー」ダイアログが起動します）。

図8-5-8　**メジャーの編集・削除の方法**

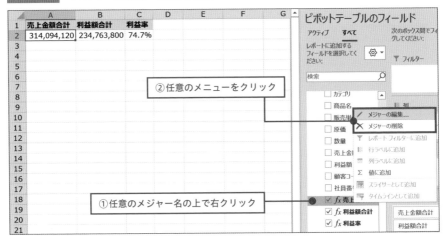

更なる効率化はプロセス全体の
仕組み化から始まる

1〜8章で解説してきた一連のテクニックは、もちろん単独で使用しても作業効率が大幅に高まるのですが、プロセス全体を意識した使い分けや組み合わせができるようになると、その効果は更に跳ね上がるでしょう。

　本書の締めくくりである第9章では、データ集計／分析のプロセス全体を仕組み化するための考え方とテクニックについて、解説していきたいと思います。

データ集計/分析の一連の プロセスを更に効率化するには

☑ 一連のデータ集計/分析作業を更に効率化するにはどうすれば良いか

データ集計/分析の全体の流れを整理する

ここまでデータ集計/分析のテクニックについて解説してきましたが、実際の作業プロセスの流れに沿って整理すると、図9-1-1のイメージとなります。

図9-1-1 データ集計/分析の作業プロセスの流れ

A：データ収集	B：データ整形	C：データ集計	D：データ分析
集計に使うデータを収集	データの不備を修正【3章】	分析に使うデータを集計【2章】	集計結果を視覚化【5章】
	扱いやすい形式へ加工【4章】	複数テーブル一元集計【8章】	問題点を深掘り分析【6章】
			データ間の関連性分析【7章】

各章で解説した通り、各プロセスで各テクニックを単独で使用しても十分効果的です。しかし、定期的に上記プロセスA〜Dを一連で行う業務があるのであれば、プロセス全体を意識した「仕組み化」を行うと良いでしょう。

プロセス全体の仕組み化を行うと、効率が上がるだけでなく、アウトプットの「質」も一定以上の水準で安定させることが可能です。

一連のプロセスを「仕組み化」するための3つのポイント

仕組み化を実現するためのポイントは、次の3点です。

> ① レポート（集計表）の「型」を固めること
> ② 手入力するデータは制御しておくこと
> ③ 一連の作業は極力自動化すること

これらのポイントが先ほどのプロセスのどの部分に関係するのか、図9-1-2を
ご覧ください。

図9-1-2　作業プロセス上の仕組み化対象範囲イメージ

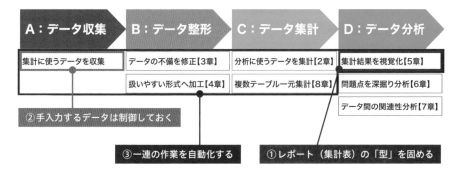

まず行うべきは、プロセスDにあるポイント①です。アウトプットのイメージ
を固めておくことで、必要なデータやプロセスA～Cの作業を逆算することが可
能になります。

これにより、作業の手戻りを防止できます。

続いて、プロセスAにあるポイント②です。

人がデータを手入力する場合、誤入力や「表記ゆれ」等のヒューマンエラーが
起こるリスクがあるため、予め「データの入力規則」を設定する等の物理的な制
御が重要です。ここでしっかり制御できると、プロセスBがだいぶ楽になります。

最後のポイント③は、ほぼプロセス全域が対象です。さすがに、プロセスDの
深掘り分析や関連性の分析（相関分析・回帰分析）は、個別に頭を使う必要があ
りますが、それ以外は十分に自動化が可能です。

むしろ、プロセスDでじっくり考える時間を確保するためにも、その前捌きと
なるプロセスA～Cは自動化して時短してしまいましょう。それが、圧倒的に実
務で成果を上げるためのコツです。

ちなみに、Excelで自動化に有効な機能を整理するため、「自動化範囲」と「設
定難易度」の4象限に主要機能をマッピングしてみました（図9-1-3）。

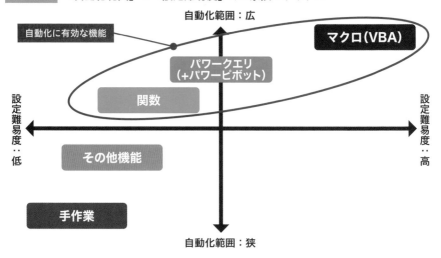

図9-1-3 「自動化範囲」×「設定難易度」の4象限マトリクス

ご覧の通り、関数とパワークエリ（＋パワーピボット）が難易度のわりに自動化できる範囲が広いです。よって、これらの機能を中心に自動化していくと良いでしょう。

9-2 最終的なレポートの「型」を固めることが先決

☑ **分析結果はどうすれば見やすくなるか**

押さえるべきレポートのポイントとは

ここでは、9-1で解説した仕組み化を実現するためのポイント①について、更に踏み込んでいきます。

---

① レポート（集計表）の「型」を固めること（9-2のスコープ）

② 手入力するデータは制御しておくこと

③ 一連の作業は極力自動化すること

最終的なアウトプットとなるレポート（集計表）を固めるために重要な情報は、「どんな目的で、どんな数値が必要か」です。これを手っ取り早く入手するには、レポートの報告対象者へ実際にヒアリングすると良いでしょう。

あとは、その情報を踏まえてレポート案を固め、報告対象者へチェックしてもらえると、認識のズレをなくすことが可能です。

ここまでしておくと、手戻りはなくなりますし、レポートに必要なデータや作業がはっきりします。

レポートは「サマリ」＋「ディテール」が基本

続いて、レポート案をどう固めれば良いのかですが、基本は「サマリ」＋「ディテール」の組み合わせでシートを用意することです。

「サマリ」とは、大きい粒度での概要的なレポートのことです。まずは、このシートで全体像を把握してもらいます。

その上で、詳細部分は「ディテール」のシートで確認してもらうと、読み手が理解しやすいです。図9-2-1、図9-2-2のイメージです。

図 9-2-1 「サマリ」レポート例

	A	B	C	D	E
1	事業年度	2019			
2					
3	部署名	売上目標合計	売上金額合計	予実差異	目標達成率
4	営業1部	30,000,000	30,163,824	163,824	100.5%
5	営業2部	15,000,000	14,900,220	-99,780	99.3%
6	営業3部	30,900,000	31,408,932	508,932	101.6%
7	営業4部	47,700,000	49,358,460	1,658,460	103.5%
8	営業5部	34,800,000	34,377,408	-422,592	98.8%
9	総計	158,400,000	160,208,844	1,808,844	101.1%

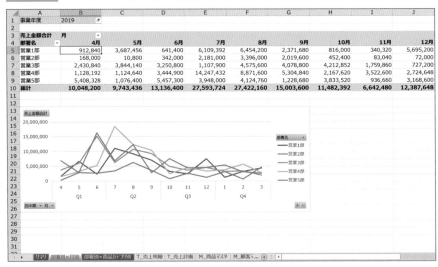

図 9-2-2 「ディテール」レポート例

	A	B	C	D	E	F	G	H	I	J
1	事業年度	2019								
2										
3	売上金額合計	月								
4	部署名	4月	5月	6月	7月	8月	9月	10月	11月	12月
5	営業1部	912,840	3,687,456	641,400	6,109,392	6,454,200	2,371,680	816,000	340,320	5,695,200
6	営業2部	168,000	10,800	342,000	2,181,000	3,396,000	2,019,600	452,400	83,040	72,000
7	営業3部	2,430,840	3,844,140	3,250,800	1,107,900	4,575,600	4,078,800	4,212,852	1,759,860	727,200
8	営業4部	1,128,192	1,124,640	3,444,900	14,247,432	8,871,600	5,304,840	2,167,620	3,522,600	2,724,648
9	営業5部	5,408,328	1,076,400	5,457,300	3,948,000	4,124,760	1,228,680	3,833,520	936,660	3,168,600
10	総計	10,048,200	9,743,436	13,136,400	27,593,724	27,422,160	15,003,600	11,482,392	6,642,480	12,387,648

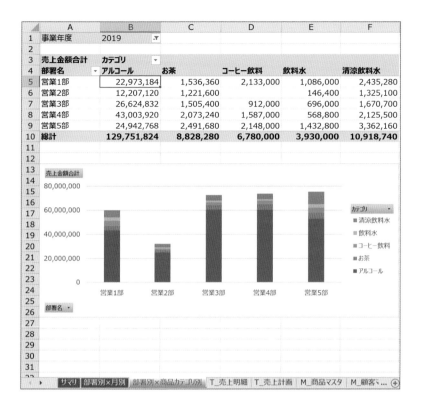

　いずれも、シート内をスクロールせずとも全体の内容を把握できるように配置しておくと良いでしょう（数字＋グラフ等の視覚情報）。

　なお、案固めの段階では、サンプルデータで実践に近いイメージで表示しておくと、報告対象者はチェックしやすくなります。

1シートで全体を把握するなら「ダッシュボード」が便利

　「サマリ」シート1枚で全体像を把握したい場合は、「ダッシュボード」形式にすることも有効です。このダッシュボードは、1シートに納まるようになるべく表示する数値を絞り、グラフ等のよりグラフィカルな表現を優先すると良いです。

　例えば、図9-2-3のイメージですね。

図9-2-3 　ダッシュボード例

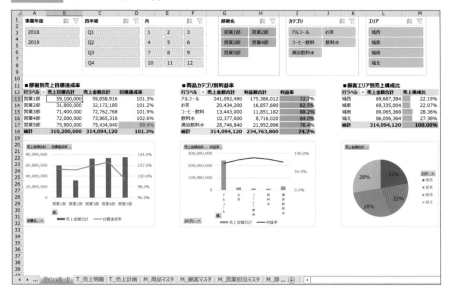

なお、図のようにスライサーやピボットテーブル（グラフ）を活用すると、読み手も自由に集計条件の絞込みができ、利便性が高まりますので、ぜひご活用ください。

　いずれにしても、レポートの「型」に絶対的な正解はありません。「ビジネス上の目的を果たすために、どんな形式が最適か」を考え、適宜ブラッシュアップしていくことが何より重要です。

手入力前提のテーブルは、ヒューマンエラーを制御する

☑ 手入力時のヒューマンエラーをどうすれば防げるのか

ヒューマンエラー防止のコツは「物理的な制御」

続いて、9-1で解説した仕組み化を実現するためのポイント②です。

① レポート（集計表）の「型」を固めること
② 手入力するデータは制御しておくこと（9-3のスコープ）
③ 一連の作業は極力自動化すること

集計元データとなるテーブルを手作業で更新するものがある場合、ヒューマンエラーを防止するような物理的な制御をしておきましょう。

例えば、図9-3-1のようなイメージです。

図9-3-1　物理的な制御のイメージ

まずは、ドロップダウンリストの設定方法から解説します。これは「データの入力規則」という機能を活用します（図9-3-2）。

第9章　更なる効率化はプロセス全体の仕組み化から始まる

図 9-3-2　入力規則（リスト）の設定方法

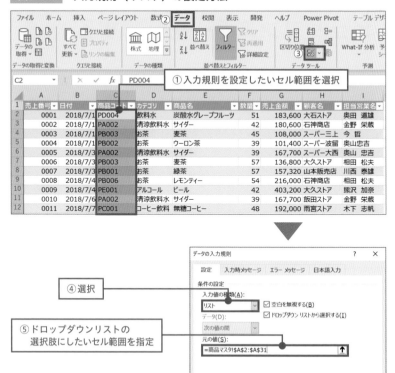

④ 選択

⑤ ドロップダウンリストの
選択肢にしたいセル範囲を指定

※②、③、⑥：クリック

　図9-3-2の手順⑤は、直接「○，×」等を手入力で設定することも可能ですが、メンテナンスの観点からは別表（マスタ等）を参照させることをおすすめします。
　この設定が完了すると、図9-3-3のように、ドロップダウンリストから選択して入力することが可能です。

図 9-3-3　ドロップダウンリストの使用イメージ＆エラーメッセージ

▼ドロップダウンリストの使用イメージ

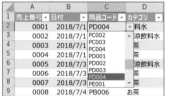

▼ドロップダウンリスト以外の値を入力時のエラーメッセージ

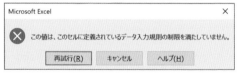

　なお、基本的にはリスト外の値を入力しようとすると、図9-3-3のエラーメッセージが表示されます。つまり、リスト内の値かブランクにしない限り、該当セルの更新はできない状態に制御されるわけです。

　続いて、IMEの日本語入力の設定方法は図9-3-4の通りです。

図9-3-4　入力規則（日本語入力）の設定方法

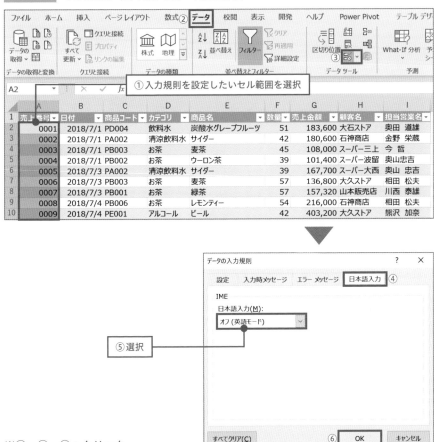

※②〜④、⑥：クリック

　これで、設定セルを選択した際に、元々のIMEの設定に関係なく、自動的に日本語入力のON/OFFが切り替わります。
　特に、英数字しか入力しないセルでは、日本語入力をOFFにしておくことで、

全角での誤入力や変換ミス等を防ぐことができます。

　最後に、関数の入ったセル等のロックの方法ですが、これは「セルのロック」と「シートの保護」の機能を組み合わせます（図9-3-5）。

図9-3-5　「シートの保護」の設定方法

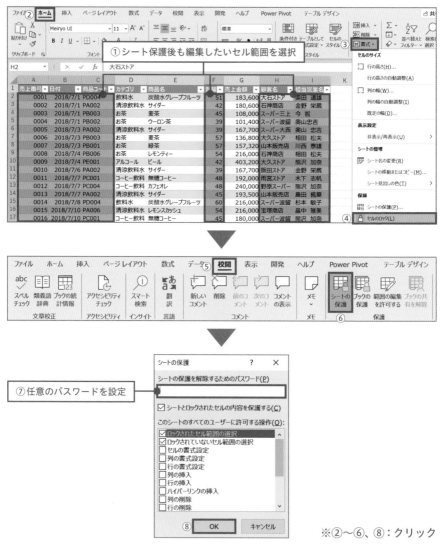

※②～⑥、⑧：クリック

　図9-3-5の手順①~④がポイントです。この手順を行わずに「シートの保護」を実行すると、全セルが編集不可になってしまいます。

　その理由ですが、実は全セルはデフォルトでロックがかかっている状態なのです。よって、手順①~④にて「シートの保護」設定以降も編集したいセルのロックを解除する必要があるわけです。

　なお、手順⑦はパスワードが不要なら未入力でOKです。

　このシート保護中にロックしたセルを編集しようとすると、図9-3-6のエラーメッセージが表示されます。

図9-3-6　ロックしたセルを編集時のエラーメッセージ

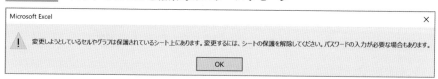

　シート保護を解除するまで、ロックしたセルの編集は一切禁止されるため、入力者に誤って編集されると困るセル（関数が入ったセル等）はロックしておくと良いでしょう。

　なお、シート保護中は、テーブルも通常の表扱いになってしまいます。よって、予め入力範囲が決まっている表へ利用してください。

制御が難しいなら、メッセージで間接的に働きかける

　物理的に制御が難しければ、適宜メッセージを表示させ、入力者の意識へ働きかけることも効果的です。そして、その際に有効なのが、「データの入力規則」の「エラーメッセージ」と「入力時メッセージ」という機能です。

　まずエラーメッセージですが、ドロップダウンリストと併用すると効果的です。設定自体は図9-3-7の通り、「データの入力規則」ダイアログの「エラーメッセージ」タブへ任意のメッセージを入力しておくのみです（直前の操作は図9-3-2と同様）。

図9-3-7 **入力規則（エラーメッセージ）の設定イメージ**

この機能を使うことで、エラー時に入力者側で何を行えば良いか、メッセージを伝えることができます。

また、スタイルを「注意」や「情報」に変更することで、物理的な制御を緩和することも可能です。

なお、入力時に入力ルール等を伝えたい場合は、データの入力規則」ダイアログの「入力時メッセージ」を使いましょう（図9-3-8）。

図9-3-8 **入力規則（入力時メッセージ）の設定イメージ**

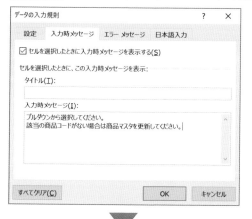

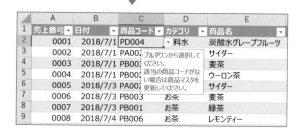

これを設定しておくことで、入力者の悩む時間や入力ルールを捉え違う確率を減らすことができます。

なお、「データの入力規則」以外にも、図9-3-9のように、IFと条件付き書式を組み合わせることで入力漏れの防止も可能です。

図9-3-9 IF＋条件付き書式（強調表示）でのメッセージ表示例

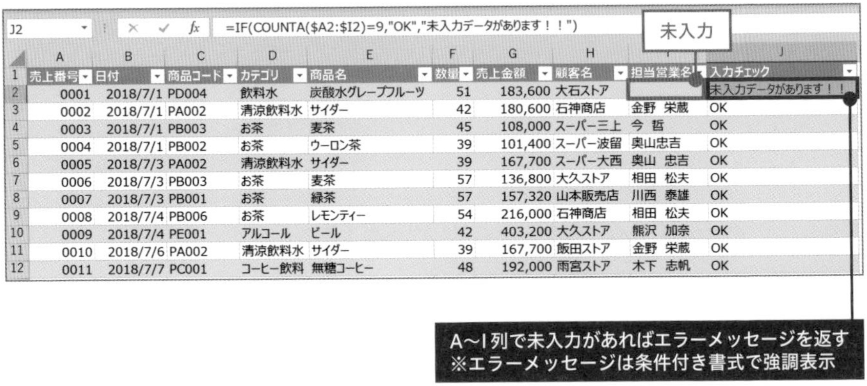

A~I列で未入力があればエラーメッセージを返す
※エラーメッセージは条件付き書式で強調表示

　このように、発想次第でヒューマンエラーは防止できます。後工程のデータ整形や集計作業を楽にするため、こうした事前準備を工夫するようにしてください。

　また、Excelには他にも「コントロール」や「ユーザーフォーム」等、より強固な制御ができる機能もあります。ぜひ、調べて使ってみてください。

データ集計/分析の 一連のプロセスを自動化する 基本パターン

☑ 一連のデータ集計/分析作業をどのように自動化するか

自動化の基本パターンは2種類

最後に、9-1で解説した仕組み化を実現するためのポイント③です。

> ① レポート（集計表）の「型」を固めること
> ② 手入力するデータは制御しておくこと
> ③ 一連の作業は極力自動化すること（9-4のスコープ）

ここでは、9-2で固めたレポートの作成を自動化させることがゴールですが、基本的に2つのパターンに大別できます。

1つ目のパターンは、関数中心での自動化です（図9-4-1）。

図9-4-1のブックは「元データ」シートを更新するだけで、データ整形・集計・グラフ作成までが自動化できる仕組みになっています。

このように、各章の基本テクニックだけでも、組み合わせることでプロセスの大部分を自動化することが可能になります。

ポイントは、シート毎に役割を持たせることです。

図9-4-1のブックでは、各シートを入力用・加工用・出力用の3つの機能を持たせています。

> ・入力用：収集したデータの入力先（「元データ」シート）
> ・加工用：データ整形結果の出力先（「売上明細」シート）
> ・出力用：集計結果（視覚化含む）の出力先（「部署別×商品カテゴリ別」シート）

図9-4-1　自動化パターン①（関数中心）の例

▼データ収集：手作業

▼データ整形：関数（「表記ゆれ」の修正）

D2   fx   =IF(元データ!$A2="","",JIS(SUBSTITUTE(元データ!D2,"ブラックコーヒー","無糖コーヒー")))

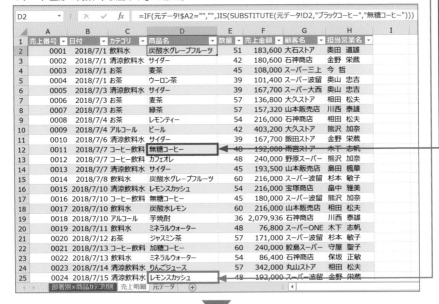

▼データ集計：関数／データ分析：グラフ

続いて2つ目のパターンは、パワークエリ中心です（図9-4-2）。題材自体は先ほどのパターン①と同じです。

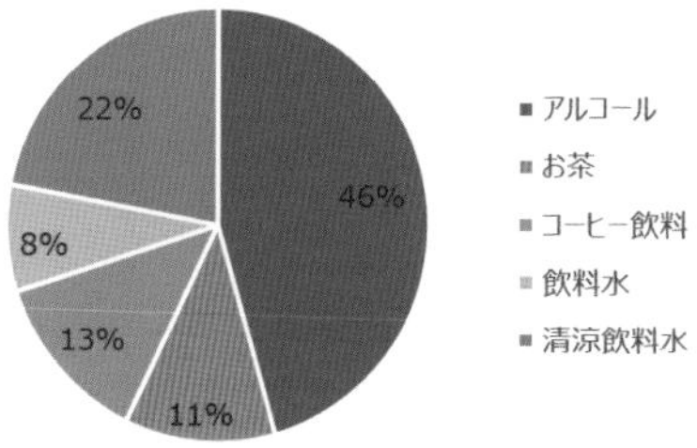

第9章

更なる効率化はプロセス全体の仕組み化から始まる

図9-4-2 自動化パターン②（パワークエリ中心）の例

▼データ収集：手作業

▼データ整形：パワークエリ（「表記ゆれ」の修正）

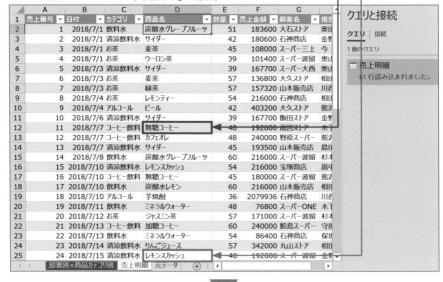

▼データ集計：ピボットテーブル／データ分析：ピボットグラフ

　こちらは、「元データ」シート更新後、パワークエリとピボットテーブルを更新すれば、データ整形・集計・グラフ作成を自動化できます。

　このように、活用する機能が異なっても、同じプロセスの自動化が可能です。あとは、扱うデータの内容や自身のExcelスキルを踏まえ、この2パターンのどちらを中心に活用するか選択しましょう。

　もちろん、最初は完璧である必要はありません。部分的にでも自動化し、段階的に自動化範囲を広げていければOKです。

基本パターンで物足りない場合はマクロ（VBA）を使う

　実は、関数もパワークエリも自動化できる範囲には限りがあります。例えば、次のような場合、どちらの機能でも対応が難しいです。

> ・セル以外（シートやブック、フォルダー等）の操作を自動化したい
> ・他のアプリ（Outlook、Access等）と連携した作業を自動化したい
> ・コピペ等複数回繰り返す必要がある処理を自動化したい
> ・オリジナルの関数を作りたい
> ・ダブルクリック等を契機に自動的に処理を走らせたい

このような場合、マクロ（VBA）なら実現可能です。

　もし、本書で解説した機能を十分使えるようになっても「この工程を自動化できないか」や「この工程がネックだな」等、物足りなく感じるようになったら、ぜひマクロ（VBA）にチャレンジしてください。若干敷居は高いものの、今以上に自動化可能な範囲が広がります。

　また、VBAを習得することで、他のプログラミング言語やRPA（Robotic Process Automation）等の自動化ツールにも応用が効くという副次的な効果も期待できます。

　ぜひ、Excelをきっかけに仕事を仕組み化するための知識や経験、感度を高め、仕事で成果を上げる確度を高めていきましょう。

おわりに

本書では、データ集計／分析に関して、費用対効果が高く、実務で有効なテクニックを厳選して解説してきました。演習等を通じ、今まで知らなかった、あるいは使えなかったテクニックの便利さをご理解いただけたのではないでしょうか。

正直、本書のテクニックを半分以上使いこなせれば、Excelを日常的に使っているビジネスパーソンの上位2割には間違いなく入れると思います。

あとは、とにかく実務で各機能を活用すること。もちろん、業務内容によって各テクニックの活用頻度は変わります。よって、「あなたの」実務に活用できそうなものに目星を付け、それらを最優先で使い倒し、各機能の練度を高めていきましょう。

そうした積み重ねをしていくと、あなたの実務上で起こり得る各ケースに最適なExcel機能を使いこなせるようになっていきます。つまり、Excelを良いとこ取りで使いこなせるようになるわけです。

それこそが、まさに本書を通じてあなたにたどり着いていただきたいゴールです。

Excelの性能を引き出すだけで、驚くほどデータ集計は時短でき、分析結果の「質」が高まります。結果、時間的・精神的に余裕が生まれ、仕事での目標達成や、クライアントや上長等の評価も得やすくなります。

また、Excelを通じてデータ集計／分析に関する基本的なデータの取り扱い方や作業プロセスをしっかり理解しておくと、副次的な効果として、Excel以外のデータベースやBIツールの構築・運用を行う際にも応用できることでしょう。

ぜひ本書を通じて、あなたのデータ集計／分析スキルをレベルアップさせてください。

本書がその一助になれたなら、これに勝る喜びはありません。

索引

カバーデザイン：坂本真一郎（クオルデザイン）

本文デザイン・DTP：有限会社 中央制作社

ピボットテーブルも関数もぜんぶ使う！
Excel でできるデータの集計・分析を極めるための本

2020年 9月15日　初版第1刷発行
2024年10月 2日　初版第9刷発行

著者　　森田 貢士

発行人　片柳 秀夫

編集人　志水 宣晴

発行　　ソシム株式会社
　　　　https://www.socym.co.jp/
　　　　〒 101-0064　東京都千代田区神田猿楽町 1-5-15 猿楽町 SS ビル
　　　　TEL：(03)5217-2400（代表）
　　　　FAX：(03)5217-2420

印刷・製本　　株式会社暁印刷